无线传感与定位新技术

梁久祯　陈　璟　著

科学出版社

北京

内 容 简 介

本书系统地介绍最近几年在无线传感网络与定位方面的新技术，主要内容包括：无线传感网络组网中的汇聚节点选址优化方案，基于 Wi-Fi 的移动终端定位与位置指纹数据库更新算法，基于线性序列扩频定位新技术，基于智能终端的记步测量与惯性导航技术，最后给出无线定位系统的两个典型应用案例。

本书为室内无线定位研究提供了详细的关键技术和实现方案，可作为研究生或高年级本科生无线定位课程的参考书，或从事无线定位研究工作人员的参考书。

图书在版编目(CIP)数据

无线传感与定位新技术/梁久祯，陈璟著. —北京：科学出版社，2017.6

ISBN 978-7-03-052974-9

Ⅰ. ①无… Ⅱ. ①梁… ②陈… Ⅲ. ①无线电通信－传感器－研究②无线电通信－通信网－定位系统－研究 Ⅳ. ①TP212②TN92

中国版本图书馆 CIP 数据核字(2017)第 118045 号

责任编辑：任　静 / 责任校对：郭瑞芝

责任印制：徐晓晨 / 封面设计：迷底书装

科学出版社出版

北京东黄城根北街 16 号

邮政编码：100717

http://www.sciencep.com

北京建宏印刷有限公司 印刷

科学出版社发行　各地新华书店经销

*

2017 年 6 月第　一　版　开本：720×1 000　1/16

2018 年 2 月第二次印刷　印张：15 1/2

字数：297 000

定价：85.00 元

(如有印装质量问题，我社负责调换)

前　言

物联网、云计算、大数据齐头并进成为当前最热门的三大 IT 技术，将实现对传统行业和互联网行业颠覆性的改造和提升，并带来巨大的经济效益。而无线传感器网络是物联网最接近物理世界的一端，作为后起之秀对物联网技术的迅速崛起起到了关键性的作用。物联网概念一提出，全国就涌现出了大批的物联网技术创新型企业，面向智能家居、车联网、智能交通和智慧城市等新兴的领域。

全球定位系统作为一种室外定位技术，已经在车辆导航、物流配送、灾害应急、军事打击等领域得到了广泛的应用。但是在室内情况下，由于受建筑物遮挡的影响，全球定位系统的定位精度会大大下降，甚至于无法进行室内定位。因此需采用其他更加合理的技术方案实现室内定位。目前，在室内定位这个领域已存在多种定位方案，有基于声音、无线电、光波，以及基于惯性系统等技术方案。另外，自从 2007 年第一部 iPhone 移动设备发售，2008 年第一部 Android 移动设备发售，2010 年第一台 iPad 平板电脑发售，短短的几年，智能移动设备迅速在人们的生活中扮演了一个不可或缺的角色。社交网络、移动微博、网络游戏这些传统互联网业务也迅速向移动设备迁移。由于移动设备天生的移动特性，人们越来越希望可以通过移动设备获取自身的位置，感知他人的位置。

然而，受建设成本、复杂室内环境、算法鲁棒性不强等因素的影响，目前尚未有比较完善的定位技术方案。各种定位方案都有着或多或少的缺陷，实现面向复杂室内环境的、健壮的、较高精度的无线定位目前仍然是一个研究热点及难点。

在这样的背景下，课题组经过 5 年的努力，围绕无线定位开展研究工作，积累了大量的参考资料和研究成果。经过认真筛选，抓住当前该领域的研究热点问题，撰写了《无线传感与定位新技术》这部书。本书的内容安排如下：第 1 章绪论、第 2 章无线传感网络与定位技术、第 3 章无线传感网络节点选址技术，由梁久祯负责；第 4 章 Wi-Fi 定位技术、第 6 章 CSS 定位技术、第 7 章无线定位技术应用，由陈璟负责；第 5 章航位推算与室内定位技术，由朱向军负责；李军飞、王革超、张熠等参与了部分内容的写作工作。全书统稿由梁久祯负责，审稿由陈璟负责。

本书的出版得到国家自然科学基金（61170121）、江苏省自然科学基金（BK20150159）、常州大学信息科学与工程学院的支持，在此一并表示感谢。

前 言

目　录

第1章 绪 论

1.1 研究背景

半导体无线通信芯片技术、微电子技术、微传感器生产技术、低功耗嵌入式技术的发展，促成了物联网技术的迅速崛起[1]。携带手机通信工具的人们可以随时随地访问互联网获取网络服务来满足自身的需求。物联网正以“无处不在的网络，无所不能的业务”的万物相连模式将物融入到人们的生活，并悄然改变着物与人的沟通方式。随着万物相连的信息时代的到来，位置信息在导航、安全消防以及医疗安保等多个领域中扮演越来越重要的角色。在城市的安防中，不仅需要知道城市中某个地区安防系统发出了警报，还必须获取到火灾发生的所在街道和楼层具体位置，这样才能指导消防工作人员迅速赶赴指定地点灭火。可见物联网技术服务中一个非常关键的信息是位置服务相关。在未来，无线定位技术将是支撑物联网解决实际应用问题的关键，缺乏具体位置信息的数据对实际应用是无效和不可用的[2]。

近年来，移动互联网的迅速崛起，3G/4G 数据流量服务的提升和手机设备的先进化，使得基于位置的服务（Location-based Services，LBS）成为商业服务推广的关键技术[3]。LBS 是指用户通过携带移动手机或其他电子设备的定位装置，通过 GPS、GPRS、3G/4G、Wi-Fi 等技术获得自身所在地区的具体位置。近几年随着移动互联网的普及，涌现了一大批手机移动服务 App 软件。用户打开服务软件，根据自身位置信息得到一些个性化网络服务或精确的搜索，如海淘、饿了么、美团等软件能够获取用户周边的活动商家的打折、免费领取优惠券等促销活动等信息，帮助客户寻找附近的影院、酒店、加油站、超市等位置。微信、米聊、陌陌等社交软件可以帮助用户寻找附近兴趣相投的人沟通认识、寻找共同话题、参加游戏节目等促进友谊。百度地图、高德地图、Google 地图等定位软件提供的导航服务能精确地获取用户实时的位置和帮助用户寻找最短到达指定目的地路线。滴滴、快的、拼车、叮叮搭车等主流的打车软件不仅可以帮助客户呼叫附近的空车，还能够使路线上同路的人完成拼车的服务。在医院，携带 RFID 标签可以帮助医护人员照看好婴儿，避免认错亲子；照看老年人和精神病患者，跟踪和监控他们的区域活动而避免走失。在未来，位置服务将会涵盖人们的资产管理、急救服务、道路辅助导航、车辆调度等生活的方方面面。

定位是指通过测量某些所需参数来确定目标在某一参考坐标系中的位置[4]。根据定位系统的作用范围和获得位置的方式不同，定位系统大致可分为全球定位系统与本地定位系统，如图 1-1 所示。

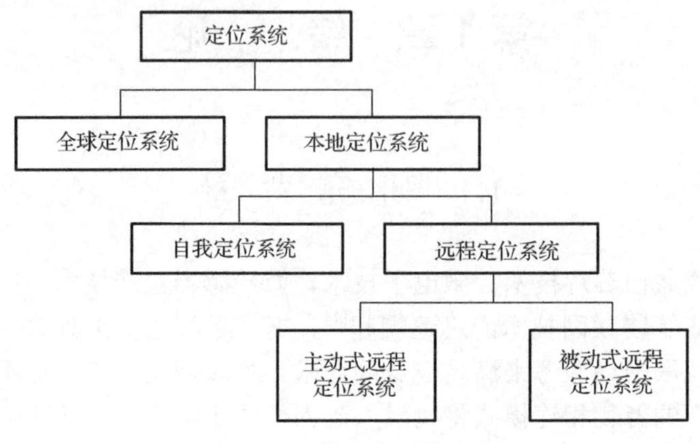

图 1-1 无线定位系统分类

全球定位系统（Global Positioning System，GPS）允许每个移动终端获取自己的全球位置，该系统较为成熟，应用也极为广泛，能够方便快捷地提供高精度的连续位置、速度、航向、姿态和时间信息。而本地定位系统（Local Positioning System，LPS）是相对定位系统，并可以分为自我定位系统和远程定位系统两种。自我定位系统允许人或物通过给定静态节点的位置来获得自己的位置信息，如惯性导航系统（Inertial Navigation System，INS）。远程定位系统允许每个节点获得在覆盖区域内与其他节点之间的相对位置，这里节点可以是静态的也可以是动态的。比较常见的有主动式远程定位系统，如远程定位系统有射频识别系统（Radio Frequency Identification，RFID）、本地无线定位系统（Wireless Local Positioning System，WLPS）[5]、交通警报与防撞系统等，以及被动式远程定位系统，如雷达跟踪与视觉系统等。

根据采用的定位方法和定位参数测量手段，定位技术可分为三类，即航位推算（Dead Reckoning，DR）定位、接近式（proximity）定位，以及无线定位（radio location）[4]。其中，航位推算定位是基于一个锚节点或者起始点，借助地图匹配、传感器、数据融合等技术确定目标节点在坐标系中的位置；接近式定位又称为信标定位，通过最近的固定锚节点来确定目标节点在坐标系中的位置；无线电定位是利用接受的无线电信号的电参量来获取所需的定位参数，并采用相应的定位算法来计算出目标节点在坐标系中的位置[4]。

目前，在室外环境中，GPS、GLONASS、伽利略、北斗等卫星导航系统，可以满足绝大部分的军事和民用定位需求。但是，当需要在建筑物内部进行定位的时候，卫星定位系统的定位精度严重下降，难以满足实际应用需求。另外，随着无线网络通信技术、信息处理技术的快速发展以及电子电路、无线射频等硬件技术的长足进步，基于室内定位信息的服务与应用的需求日益增加。此外，节点定位问题是无线传感网络中的关键基础技术之一，也是无线传感网络中拓扑控制、基于位置的路由等其他基础技术实现的前提。

然而，受建设成本、复杂室内环境、算法鲁棒性不强等因素的影响，目前尚未有比较完善的室内定位技术方案。实现面向复杂室内环境的、健壮的、较高精度的无线定位目前仍然是一个研究热点及难点。

LBS 是建立在对移动物体位置的准确定位基础之上的，因此，LBS 研究中的一个最基础、最关键的问题是如何高效、低成本、准确地获取用户的位置信息。LBS 运营商只有准确地获取移动用户的位置信息，才能为用户提供一系列方便快捷的服务。在室外环境中 GPS 得到了广泛、成熟的应用，为室外环境实现 LBS 提供了很好的技术支持。然而，由于 GPS 是通过卫星接收信号，在高楼大厦聚集的地方，信号不能穿透，在室内环境中信号更加微弱，根本无法使用。

为此，在室内定位领域出现了多种定位技术。如短距离无线平台上有 Wi-Fi、ZigBee、UWB、CSS、RFID、红外定位[6]、光信号定位[7]、SLAM（simultaneous localization and mapping）技术[8]。然而，很多技术的实现都需要特定设备来完成，增加了使用成本，也不利于扩展。所以，开发一种经济适用、设备兼容性强的室内定位技术是十分有必要的。

近几年来，智能移动设备（智能手机、平板电脑、智能手表等）得到快速的发展，现有的智能设备不仅在计算、存储和处理能力等性能方面得到了很大提升，而且嵌入了大量微型传感器。比如，Wi-Fi 信号传感器、声音信号传感器、加速度传感器、磁场传感器以及陀螺仪等一系列传感器都已经成为智能移动设备的标配。这给以往多种定位方案提供了强大的平台支持。而智能移动设备的普及也为在室内环境中实现一个经济且用户友好的定位系统提供了一个新的机遇。

1.2 室内无线定位技术概述

到目前为止，依赖单一技术并不能得到一个全局最佳的解决方案，例如，基于卫星的定位系统只能在室外达到比较准确的定位。现有的室内定位技术需要专用的本地设施（如 RFID 阅读器、ZigBee 锚节点）和特定的移动设备（如高精度惯性测量单元)，建设成本较高。而且，必须对每一个应用进行单独的需求分析才能提供一个较好的解决方案。所以，分析各种不同的室内定位技术，评估其性能参数，并将不同技术与精确描述的用户需求相匹配是非常重要的。室内定位性能参数有很多，如精确度、覆盖度、完整性、可行性、更新率、延迟、花费、基础设施、隐私和健壮性等[9]。不同技术之间的性能参数差异也是很大的，这种情况导致选择与特定应用相匹配的定位技术是一个复杂的过程。在更高的级别上来看，所有的室内定位技术按照物理特性不同分为三类：电磁波（可见光、红外线、微波）技术，机械波（声波）技术以及惯性导航（加速度计、电子罗盘、陀螺仪）技术。

1.2.1 无线定位技术

无线定位，通常是指利用无线电信号确定出移动设备在某一参考坐标系中的位置。无线定位主要有室内无线定位和室外无线定位。根据使用网络技术的不同，室内无线定位主要有 RFID、ZigBee、UWB、CSS、Wi-Fi 等定位技术。本节后续内容会简略介绍各种无线定位技术。

射频识别定位技术[10,11]：RFID 指的是通过电磁波向射频兼容设备获取与存取数据的技术。一个 RFID 系统通常由 RFID 阅读器、RFID 标签以及它们之间的通信所组成。RFID 阅读器可以阅读 RFID 标签发送出来的数据。RFID 定位系统中比较出名的有 SpotON[10]系统，以及 LANDMARC[11]系统。SpotON 系统是使用信号强度分析的方法实现 RFID 的定位，而 LANDMARC 系统则引入了参考标签的方法来实现 RFID 的定位。

ZigBee 定位技术[12]：ZigBee 是根据 IEEE 802.15.4 协议（无线个人区域网）开发的一种短距离、低功耗的无线通信技术，适合用于自动控制和远程控制领域。其定位技术主要分为两种：基于测距的定位技术和基于非测距的定位技术。基于测距的定位能够实现精确定位，但是对于无线传感器节点的硬件要求很高，因而会使得硬件的成本增加、能耗高。基于非测距的定位技术，无需测量节点间的距离或方位，降低了对节点硬件的要求，但定位的误差也相应有所增加。基于非测距的定位方法主要有两类：一类方法是先对未知节点和信标节点之间的距离进行估计，然后利用三边测量法或极大似然估计法进行定位；另一类方法是通过邻居节点和信标节点确定包含未知节点的区域，然后把这个区域的质心作为未知节点的坐标。基于非测距的定位方法精度低，但能满足大多数应用的要求，主要有质心定位算法、DV-Hop 算法[13]、凸规划定位算法、三角形内点测试（Approximate Point-in-triangulation Test，APIT）算法[14]等。

超宽带定位技术[15]：超宽带（Ultra-wideband，UWB）的基础是以非常小的占空比（通常是 1∶1000）发送超短时间（通常小于 1ns）脉冲。相比于其他射频技术，UWB 可以在多个频带（从 3.1～10.6GHz）上同时发送一个信号，而且它的发射功率非常低，抗干扰能力也非常强。而且由于 UWB 的超短时间脉冲非常容易被检测出来，所以可以很容易地区分 UWB 信号传播的主路径和其他多径。由于可以很容易通过短时脉冲的检测来获取信号的到达时间，所以基于 UWB 的定位系统通常会使用到达时间或者到达时间差的方法来实现精准定位。

CSS 定位技术[16]：CSS 技术是 Chirp Spread Spectrum 的简称，即线性调频扩频技术。Chirp 信号长期以来被广泛应用于雷达领域，可以很好地解决冲击雷达系统测距长度和测距精度不可同时优化的矛盾。冲击雷达采用冲激脉冲作为检测信号，要增加测量距离，则必须牺牲测量精度；要增加测量精度，则必须牺牲测量距离。而脉冲压缩技术使用具有线性调频特性的 Chirp 信号代替冲激脉冲，可以同时增加测量距离和测量精度。CSS 定位技术与 UWB 定位技术相仿，通常也都是使用到达时间、到达时间差来实现精准定位。

1.2.2 Wi-Fi 定位技术

相对于其他几种无线定位技术，Wi-Fi 定位技术由于大量智能移动设备中已配备的 Wi-Fi 信号收发模块而更具优势。而且近几年各大运营商以及用户自身应无线上网的需求而大量部署起来的 Wi-Fi 网络基础设施也从另一方面大大降低了 Wi-Fi 定位基础设施的建设费用，从而降低了 Wi-Fi 定位的成本。

Wi-Fi 定位的发展历程大约有 10 多年的时间。较早研究 WLAN 定位比较出名的有微软在 2000 年发布的 RADAR[17,18]系统，它提出了位置指纹法，并且使用了最近邻算法、*K* 近邻算法来进行位置指纹搜索，并且使用连续追踪的 Viterbi-like 算法来提高该方法的定位精准度。之后又有一些大学和研究所跟进研究，2001 年左右加州大学洛杉矶分校的 Nibble[19]系统使用了基于贝叶斯网络的概率模型。2002 年，Ladd 等[20]提出了直方图方法，Roos 等[21]又提出了基于网格的贝叶斯定位感知系统。2004 年，莱斯大学的 Haeberlen 等[22]使用了高斯方法。2005 年，PlaceLab 系统[23]提出了 *K* 近邻 *p* 未知以及排名方法，马里兰大学的 Horus[24]系统则在概率模型的基础上又添加了聚簇技术、小范围变动补偿技术、质心算法、时间平均算法来提高定位精度。

2007 年，Liu 等[9]对室内无线定位系统与技术做了一次全面的总结，其中也包含了大量 Wi-Fi 定位技术与方法的总结；而德国曼海姆大学的 King 等[25]则总结了前人的研究方法，并且书写了一套 Wi-Fi 定位研究工具集，供研究者使用。

虽然有许多的研究者对 Wi-Fi 定位提出了多种算法来提升 Wi-Fi 定位的精准度，然而由于室内无线环境的复杂性，大部分算法在位置指纹法的基础之上研究更精准的指纹搜索方案。这些方案通常需要先在定位环境进行测量建立指纹数据库，建立过程通常需要消耗大量的人力物力。后续的研究则集中在位置指纹数据库的自动构建[26-28]，以及深入物理层进行更精准定位模型的建立[29,30]。

1.2.3 声波定位技术

相对于电磁波来说，声音的传播速度较慢，所以在定位问题中就更容易计算发送者和接收者之间声音传播所使用的时间，从而能更精确地计算两点之间的距离。

Harter 等的 Active Bat 系统[31]，以及 Priyantha 等的 Cricket 系统[32]都使用一个快速的电磁波信号来事先同步发送者和接收者，然后测量声波从发送者到接收者的传播时间，利用电磁波和声波的传播时间差来计算发送者和接收者的距离。这两个系统都是事先在天花板上装好声波的发射设备，然后用特制的声波接收硬件作为接收客户端来进行定位。

Peng 等的 Beep-Beep[33]则是设计了一种可以免除设备之间时间同步的方法，并且在两个移动设备上完成了基于声音的测距工作。针对高速、本地化，移动设备对移动设备这样的一个应用场景，Zhang 等又利用移动设备上的声音传感器开发了 SwordFight 系统[34]。

此外，Liu 等[35]还提出了使用声音测距技术来约束设备之间的位置关系，从而消除 Wi-Fi 定位中存在的大误差问题。Nandakumar 等[36]提出的 Centaur 定位系统框架，则是使用声音测距和 Wi-Fi 定位进行贝叶斯推断，设计算法使得声音测距在非视距情况下更具鲁棒性，并且使得仅仅只能发声的设备也能参与声波定位。

1.2.4 其他定位技术

除了使用无线电波和声波进行室内定位，还存在着使用红外线、机器视觉以及机器人等方法进行室内定位。而目前，基于智能移动设备配备的大量惯性系统传感器来进行室内定位的方法也逐渐受到研究者的青睐。按照计算运动距离的方法，惯性定位技术可以分为两类：惯性导航系统[37]和航位推算技术。惯性导航系统主要通过对惯性传感器的加速度或者速度的积分来计算运动距离，因此对传感器精度和环境噪声要求比较高，主要用于车载、飞机、武器等导航领域；基于运动模型的航位推算技术采用运动模型对目标进行计步和步长估计来间接获得移动距离，同时计算目标的运动方向，通过历史位置和当前运动距离、运动方向来计算下一个位置点。基于运动模型的航位推算技术不仅在建设成本和维护成本具有很大的优势，而且避免了惯性导航系统中积分漂移引起的误差，具有很高的可靠性、方便性，逐渐成为个人定位导航技术的研究热点和发展趋势。

1.3 室内无线定位技术研究现状

1.3.1 室内无线定位技术研究现状

随着无线通信技术与相关的信息处理技术、硬件技术的快速发展，新兴的无线通信手段不断出现，如近场通信（Near Field Communication，NFC）、ZigBee、UWB、3G/LTE、WiMax 等，越来越多的设备具有无线通信功能，室内无线定位技术不再局限于传统的红外、超声波等，而更多地依靠无线电的参数测量来进行室内定位。

总体来讲，对应于不同的无线通信手段，无线定位技术可大致分为非测距定位技术和基于测距的定位技术两大类。非测距定位方法主要有质心定位算法[38]、利用多跳通信节点间跳数信息估算的 DV-HOP 算法[39]、APIT 法[40]等，这些方法主要应用于大范围的无线传感网中，可满足对静态节点的较低精度定位要求；基于测距的定位主要有 TOA 估计定位、TDOA 估计定位、AOA 估计定位和基于 RSSI 的定位等方法。室内定位由于距离尺度小、精度要求高，通常采用基于测距或指纹匹配的定位方法，如 Radar 定位系统[17]、MoteTrack 定位系统[41]、Horus 定位系统[42]等采用 RSSI 构建指纹数据库，利用模式匹配的方法进行室内定位，TI 公司的 CC2431 定位引擎基于 RSSI 与传播模型进行三边定位[43]，基于 CSS 与 UWB 等无线技术则通常采用 TOA 或 TDOA 测量进行定位，另外配置天线阵列的情况下，可以结合 AOA 估计进行室内无线定位。

1.3.2 室内无线定位技术标准化现状

室内无线定位技术标准化主要指两方面，一是可用于进行室内无线定位的无线通信技术本身，二是定位技术与定位系统的标准化。

无线技术的标准制定的一个主要组织便是美国电气电子工程师协会（The Institute of Electrical and Electronics Engineers，IEEE），可用于进行室内无线定位的标准主要为 802.11 标准簇与 802.15 标准簇，分别对应无线局域网（Wireless Local Area Networks，WLAN）与无线个域网（Wireless Personal Area Network，WPAN）。IEEE 主要负责为无线网络的物理层与媒体访问控制层制定标准，上层主要由各技术联盟制定和维护相应标准，具体如图 1-2 所示。

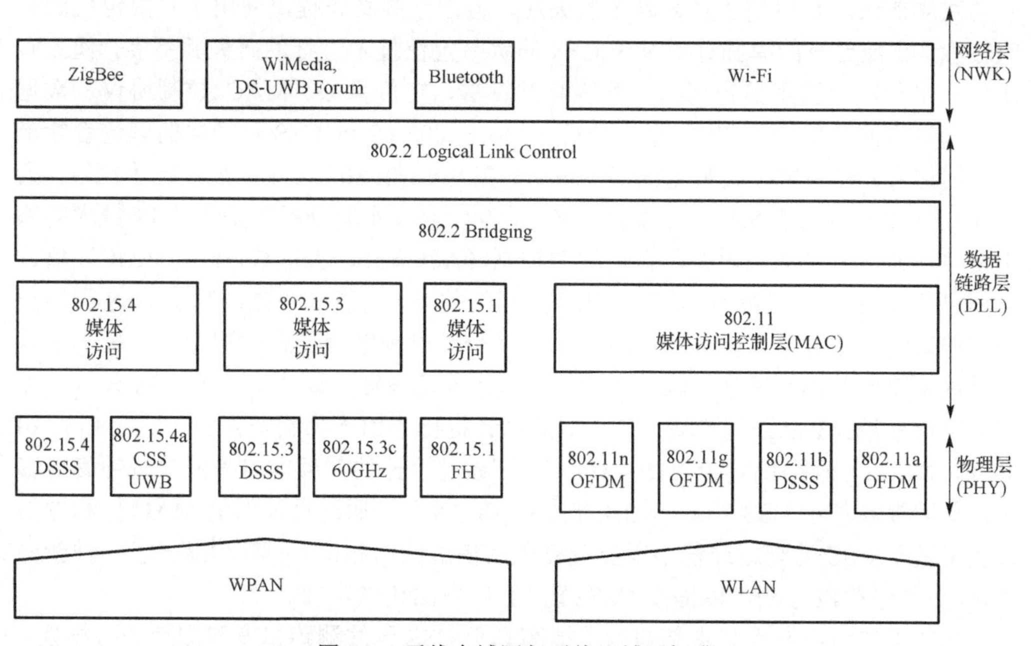

图 1-2 无线个域网与无线局域网标准

ISO 组织制定了关于实时定位系统的标准 ISO/IEC 24730。ISO/IEC 24730 第 1 部分为应用程序接口，基于 ANSI371.3 标准制定；第 2 部分为 2.4GHz 空中接口，基于 ANSI371.1 标准制定，该部分包含 Savi Technology 公司的 4 项专利和 WhereNet 公司的 5 项专利；第 2（B）部分为 2.4G 宽带 CSS 定位系统，第 3 部分为 433MHz 空中接口，基于 ANSI371.2 标准制定；第 4 部分为全球定位系统；第 5 部分为 UWB 定位系统。

1.3.3 基于 CSS 的宽带无线定位技术研究

具体到基于 CSS 的宽带定位技术，由于该定位技术是基于 TOA 估计进行测距，进而完成定位，因此 TOA 估计问题是一个重要的研究的方向。在 TOA 估计方面已有大量的工作，从最初的两路信号互相关法到使用三阶统计量的双谱时延估计方法[44]，以及应用四阶累积量和互四阶累计量的估计方法[45]。超分辨算法[46]的提出以及在此基础上改进，如矩阵束（matrix pencil）方法[47]、基于无线传播信道估计的改进超分辨算法[48]、结合最小均方误差与矩阵束的方法[49,50]等都有效地提高了 TOA 估计的精度。基于 IEEE 802.15.4a CSS 的四个 Chirp 子信号间的关系而设计的匹配滤波器[51]降低了用于 TOA 的硬件复杂度；基于 Chirp 信号子空间的载波频偏抑制方法[52]结合采样频偏抑制方法可以有效提高基于 CSS 无线网络节点的 TOA 估计精度。

基于 CSS 的宽带无线定位技术已得到一定程度的认同，在室内定位领域也有较好的发展前景，也得到了越来越多的关注，但由于其真正提出应用于室内定位的时间较晚，目前已有的单独针对基于 CSS 的宽带定位技术进行的研究并不多，偶见有研究成果分散于测距报告算法、测距滤波算法、定位算法、MAC 控制协议、数据包检测等方面。例如，Ullah 等[53]分析了 IEEE 802.15.4a CSS 物理层的理论吞吐量与延迟边界，并测试了其带宽效率，并将结果与 IEEE 802.15.4 标准进行了比较，为 CSS 物理层的应用研究打下了基础；Yoon 等[54]通过实验分析了基于 CSS 技术的测距特性，并统计了测距误差与自动增益控制（Automatic Gain Control，AGC）值、数据包传输成功率、测距成功率等几个指标的关系，为进一步提高基于 CSS 的测距精度的研究工作打下了基础；王沁等[55]为减少因时钟频偏导致的测距误差提出了基于时钟频率比的测距算法；Lee 等[56]基于卡尔曼滤波器，设计了基于 CSS 技术的多小区定位系统；Wang 等[57]基于最大似然估计提出了用于抑制非视距（Non Line of Sight，NLOS）误差的定位算法；Hur 等[58]通过设计的射频电路来消除时钟偏差影响，从而提高基于 CSS 技术的测距精度；Cho 等[59,60]通过设计新的 MAC 控制方法解决了基于 CSS 的测距过程中需要反复争用信道的问题；Jang 等[61]提出了一种新的 Chirp 数据包检测方法，以提高 CSS 通信的信噪比和稳定性。

这些工作的出发点基本都是为了提高基于 CSS 无线测距精度和测距的鲁棒性，然而通过消除节点时钟频偏来抑制采样频，通过信号子空间方法抑制偏载波频偏以及改进 CSS 测距的实时性等方法，都未能根本改变基于 CSS 测距的特性，即测距结果包含正值偏差。

此外，还有一些基于 CSS 定位技术的应用性研究，如 Rohrig 等[62]基于 CSS 宽带定位技术设计了可定位追踪叉车的仓库管理系统；Rullán-Lara 等[63]基于 CSS 宽带定位技术使用 TDOA 定位方法和扩展卡尔曼滤波器设计了用于追踪无人驾驶飞行器的实时定位系统；Lee 等[64]基于 CSS 宽带定位技术设计了一个用于施工安全管理的人员定位系统。

1.4 本书的章节安排

全书共分 7 章，各章节具体安排如下。

第 1 章为绪论。介绍无线传感网络组网与定位的社会需求背景与研究意义，主要介绍室内无线定位相关技术，室内无线定位技术的研究现状和发展趋势。

第 2 章介绍无线组网技术与 ZigBee 网定位技术，以及目前测距和非测距的定位算法。

第 3 章介绍常用的节点部署策略和使用 Steiner 中心作为汇聚节点的 SCSN 模型，阐述 SCSN 分布式和集中式模型在系统应用中具体的执行流程，结构意识自适应算法的具体实现步骤。

第 4 章介绍 Wi-Fi 定位技术中的位置指纹法、轨迹优化问题，以及 Loc 定位研究工具集。提出的 Wi-Fi 位置指纹数据库的更新算法，使用用户的反馈数据，通过检测 AP 位置移动等引起的 RSS 改变，加快了位置指纹数据库的更新速度。

第 5 章介绍基于智能终端的计步测量方法和惯性导航技术，主要涉及基于改进状态机的高精度记步测量算法，基于状态机自适应阈值和方向测量的惯性导航新算法。

第 6 章介绍一种性能价格比相对具有优势的短距离定位技术——CSS，讲述 Chirp 扩频信号、CSS 技术特点、CSS 信号延时估计方法、CSS 定位方法及其原理。

第 7 章给出了基于无线定位新技术的几个应用案例，第一个是基于 ZigBee 的煤矿地下人员定位系统，第二个是基于 Wi-Fi 的商场人员定位系统，第三个是室内老人关爱定位系统，第四个是基于 Ubisense 平台的仓储物流系统。

参 考 文 献

[1] 王保云. 物联网技术研究综述[J]. 电子测量与仪器学报, 2009, 23(12): 1-7.
[2] 彭宇, 王丹. 无线传感器网络定位技术综述[J]. 电子测量与仪器学报, 2011, 25(5): 389-399.

[3] Bellavista P, Kupper A, Helal S. Location-based services: Back to the future[J]. Pervasive Computing,IEEE, 2008, 7(2): 85-89.

[4] 田孝华，周义建. 无线电定位理论与技术[M]. 北京: 国防工业出版社, 2011.

[5] Tong H, Zekavat S A. A novel wireless local positioning system via a merger of DS-CDMA and beamforming: Probability-of-detection performance analysis under array perturbations[J]. IEEE Transactions on Vehicular Technology, 2007, 56(3): 1307-1320.

[6] Want R, Hopper A, Falcao V, et al. The active badge location system[J]. ACM Transactions on Information Systems (TOIS), 1992, 10(1): 91-102.

[7] Bytelight. Bytelight[EB/OL]. http://www.bytelight.com/[2014-03-16].

[8] Dissanayake M W M G, Newman P, Clark S, et al. A solution to the simultaneous localization and map building (SLAM) problem[J]. IEEE Transactions on Robotics and Automation, 2001, 17(3): 229-241.

[9] Liu H, Darabi H, Banerjee P, et al. Survey of wireless indoor positioning techniques and systems[J]. IEEE Transactions on Systems, Man, and Cybernetics, Part C: Applications and Reviews , 2007, 37(6): 1067-1080.

[10] Hightower J, Want R, Borriello G. SpotON: An indoor 3D location sensing technology based on RF signal strength[R]. Washington: University of Washington, 2000.

[11] Ni L M, Liu Y, Lau Y C, et al. LANDMARC: Indoor location sensing using active RFID[J]. Wireless Networks, 2004, 10(6): 701-710.

[12] Sugano M, Kawazoe T, Ohta Y, et al. Indoor localization system using RSSI measurement of wireless sensor network based on ZigBee standard[J]. Target, 2006, 538: 050.

[13] Chen H, Sezaki K, Deng P, et al. An improved DV-Hop localization algorithm for wireless sensor networks[C]//Proceedings of the third IEEE Conference on Industrial Electronics and Applications, 2008: 1557-1561.

[14] Lin Z G, Li L, Zhang H Q, et al. An APIT algorithm based on DV-HOP multi-hop[J]. Advanced Materials Research, 2013, 787: 1038-1043.

[15] Alavi B, Pahlavan K. Modeling of the TOA-based distance measurement error using UWB indoor radio measurements[J]. IEEE Communications Letters, 2006, 10(4): 275-277.

[16] Lee S, Shin H, Ha R, et al. IEEE 802.15. 4a CSS-based mobile object locating system using sequential Monte Carlo method[J]. Computer Communications, 2014, 38: 13-25.

[17] Bahl P, Padmanabhan V N. RADAR: An in-building RF-based user location and tracking system[C]//Proceedings of the 19th Annual Joint Conference of the IEEE Computer and Communications Societies, 2000, 2: 775-784.

[18] Bahl P, Padmanabhan V N, Balachandran A. Enhancements to the RADAR user location and tracking system[R]. Microsoft Research, 2000.

[19] Castro P, Chiu P, Kremenek T, et al. A probabilistic room location service for wireless networked environments[C]//Proceedings of the 3rd International Conference on Ubiquitous Computing, 2001: 18-34.

[20] Ladd A M, Bekris K E, Rudys A, et al. Robotics-based location sensing using wireless ethernet[J]. Wireless Networks, 2005, 11(1-2): 189-204.

[21] Roos T, Myllymäki P, Tirri H, et al. A probabilistic approach to WLAN user location estimation[J]. International Journal of Wireless Information Networks, 2002, 9(3): 155-164.

[22] Haeberlen A, Flannery E, Ladd A M, et al. Practical robust localization over large-scale 802.11 wireless networks[C]//Proceedings of the 10th Annual International Conference on Mobile Computing and Networking, 2004: 70-84.

[23] Lamarca A, Chawathe Y, Consolvo S, et al. Placelab: Device positioning using radio beacons in the wild[C]// Proceedings of the International Conference on Pervasive Computing, 2005: 116-133.

[24] Youssef M, Agrawala A. The Horus WLAN location determination system[C]//Proceedings of the 3rd International Conference on Mobile Systems, Applications, and Services, 2005: 205-218.

[25] King T, Butter T, Haenselmann T. Loc lib, trace, eva, ana: research tools for 802.11-based positioning systems[C]//Proceedings of the 2nd ACM International Workshop on Wireless Network Testbeds, Experimental Evaluation and Characterization, 2007: 67-74.

[26] Chintalapudi K, Padmanabha Iyer A, Padmanabhan V N. Indoor localization without the pain[C]//Proceedings of the 16th Annual International Conference on Mobile Computing and Networking, 2010: 173-184.

[27] Yang Z, Wu C, Liu Y. Locating in fingerprint space: Wireless indoor localization with little human intervention[C]//Proceedings of the 18th Annual International Conference on Mobile Computing and Networking, 2012: 269-280.

[28] Rai A, Chintalapudi K K, Padmanabhan V N, et al. Zee: Zero-effort crowdsourcing for indoor localization[C]//Proceedings of the 18th Annual International Conference on Mobile Computing and Networking, 2012: 293-304.

[29] Sen S, Radunovic B, Choudhury R R, et al. You are facing the Mona Lisa: Spot localization using PHY layer information[C]//Proceedings of the 10th International Conference on Mobile Systems, Applications, and Services, 2012: 183-196.

[30] Yang Z, Zhou Z, Liu Y. From RSSI to CSI: Indoor localization via channel response[J]. ACM Computing Surveys (CSUR), 2013, 46(2): 25.

[31] Ward A, Jones A, Hopper A. A new location technique for the active office[J]. IEEE Personal Communications, 1997, 4(5): 42-47.

[32] Priyantha N B, Chakraborty A, Balakrishnan H. The cricket location-support system[C]//

Proceedings of the 6th Annual International Conference on Mobile Computing and Networking, 2000: 32-43.

[33] Peng C, Shen G, Zhang Y, et al. Beepbeep: A high accuracy acoustic ranging system using cots mobile devices[C]//Proceedings of the 5th International Conference on Embedded Networked Sensor Systems, 2007: 1-14.

[34] Zhang Z, Chu D, Chen X, et al. SwordFight: Enabling a new class of phone-to-phone action games on commodity phones[C]//Proceedings of the 10th International Conference on Mobile Systems, Applications, and Services, 2012: 1-14.

[35] Liu H, Gan Y, Yang J, et al. Push the limit of Wi-Fi based localization for smartphones[C]// Proceedings of the 18th Annual International Conference on Mobile Computing and Networking, 2012: 305-316.

[36] Nandakumar R, Chintalapudi K K, Padmanabhan V N. Centaur: Locating devices in an office environment[C]// Proceedings of the 18th Annual International Conference on Mobile Computing and Networking, 2012: 281-292.

[37] 齐保振. 基于运动传感的个人导航系统及算法研究[D]. 杭州：浙江大学, 2013.

[38] Bulusu N, Heidemann J, Estrin D. GPS-less low-cost outdoor localization for very small devices[J]. IEEE Personal Communications, 2000, 7(5): 28-34.

[39] Niculescu D, Nath B. DV based positioning in ad hoc networks[J]. Telecommunication Systems, 2003, 22(1): 267-280.

[40] He T, Huang C, Blum B M, Stankovic J A, et al. Range-free localization schemes for large scale sensor networks[C]//Proceedings of the 9th Annual International Conference on Mobile Computing and Networking, San Diego, CA, USA: ACM, 2003.

[41] Lorincz K, Welsh M. Motetrack: A robust, decentralized approach to RF-based location tracking[J]. Location-and Context-Awareness, 2005: 49-62.

[42] Youssef M, Agrawala A. The Horus location determination system[J]. Wireless Networks, 2008, 14(3): 357-374.

[43] Chipcon A S. CC2431 preliminary data sheet (Rev. 1.01)[EB/OL]. http: //www. ti. com.

[44] Hinich M J, Wilson G R. Time delay estimation using the cross bispectrum[J]. IEEE Transactions on Signal Processing, 1992, 40(1): 106-113.

[45] Tugnait J K. On time delay estimation with unknown spatially correlated Gaussian noise using fourth-order cumulants and cross cumulants[J]. IEEE Transactions on Signal Processing, 1991, 39(6): 1258-1267.

[46] Lo T, Litva J, Leung H. A new approach for estimating indoor radio propagation characteristics[J]. IEEE Transactions on Antennas and Propagation, 1994, 42(10): 1369-1376.

[47] Dharamdial N, Adve R, Farha R. Multipath delay estimations using matrix pencil[C]// Proceedings

of the IEEE Wireless Communications and Networking, New Orleans, LA USA: IEEE, 2003.

[48] Li X, Pahlavan K. Super-resolution TOA estimation with diversity for indoor geolocation[J]. IEEE Transactions on Wireless Communications, 2004, 3(1): 224-234.

[49] Kim N Y, Sujin K, Youngok K, et al. A high precision ranging scheme for IEEE 802. 15.4 a chirp spread spectrum system[J]. IEICE Transactions on Communications, 2009, 92(3): 1057-1061.

[50] Sujin K, Kim N Y, Youngok K, et al. A computationally efficient ranging scheme for IEEE 802.15. 4a CSS system[J]. IEICE Transactions on Communications, 2010, 93(3): 745-748.

[51] Kim Y S, Jang S H, Yoon S H, et al. A new architecture of matched filter for chirp spread spectrum in IEEE 802.15. 4a[J]. ETRI Journal, 2010, 32(2): 330-332.

[52] Oh D, Kwak M, Chong J W. A subspace-based two-way ranging system using a chirp spread spectrum modem, robust to frequency offset[J]. IEEE Transactions on Wireless Communications, 2012, 11(4): 1478-1487.

[53] Ullah N, Chowdhury M S, Khan P, et al. Throughput and delay limits of chirp spread spectrum - based IEEE 802.15. 4a[J]. International Journal of Communication Systems, 2012, 25(1): 1-15.

[54] Yoon C, Cha H. Experimental analysis of IEEE 802.15. 4a CSS ranging and its implications[J]. Computer Communications, 2011, 34(11): 1361-1374.

[55] 王沁, 于锋, 李刚. R-TWR: 一种基于时钟频率比的 TOA 测距新方案[J]. 小型微型计算机系统, 2010(7): 1261-1266.

[56] Lee K H, Cho S H. CSS based localization system using Kalman filter for multi-cell environment[C]// Proceedings of the International Conference on Advanced Technologies for Communications, Hanoi, Vietnam: IEEE, 2008.

[57] Wang X, Wang Z, O'Dea B. A TOA-based location algorithm reducing the errors due to non-line-of-sight (NLOS) propagation[J]. IEEE Transactions on Vehicular Technology, 2003, 52(1): 112-116.

[58] Hur H, Ahn H S. A circuit design for ranging measurement using chirp spread spectrum waveform[J]. IEEE Sensors Journal, 2010, 10(11): 1774-1778.

[59] Cho H, Lee J, Kim S W. An algorithm to arbitrate multiple chirp-spread-spectrum nodes for ranging: the three node case[C]// Proceedings of the IEEE Conference on Robotics, Automation and Mechatronics (RAM), Qingdao, China: IEEE, 2011.

[60] Cho H, Kim S W. An anti-collision algorithm for localization of multiple chirp-spread-spectrum nodes[J]. Expert Systems with Applications, 2012, 39(10): 8690-8697.

[61] Jang S, Yoon S, Chong J. A new packet detection algorithm for IEEE 802.15. 4a DBO-CSS in AWGN channel[C]// Proceedings of the IEEE International Symposium on Circuits and Systems,

Seattle, Washington, USA: IEEE, 2008.

[62] Rohrig C, Spieker S. Tracking of transport vehicles for warehouse management using a wireless sensor network[C]// Proceedings of the IEEE/RSJ International Conference on Intelligent Robots and Systems, Nice, France: IEEE, 2008.

[63] Rullán-Lara J L, Salazar S, Lozano R. Real-time localization of an UAV using Kalman filter and a Wireless Sensor Network[J]. Journal of Intelligent & Robotic Systems, 2012: 1-11.

[64] Lee H S, Lee K P, Park M, et al. RFID-based real-time locating system for construction safety management[J]. Journal of Computing in Civil Engineering, 2012, 26(3): 366-377.

第2章 无线传感网络与定位技术

位置信息在很多场合是理解传感器数据的关键内容，位置信息也可用于提高网络的性能。在大规模的无线传感网络中往往具有锚节点，这些节点可以作为接入点、网关或基站。锚节点的坐标位置是预先已知的，可以利用 GPS 等定位系统获得，或者由一些勘测技术或地图来人工确定。由于大规模无线传感网络由数以万计的节点组成，带位置信息模块的节点成本比较高，不可能每个模块都装备定位模块，利用锚节点的已知位置来估计那些普通传感器的位置是非常有必要的。例如，在森林防火系统的应用场景中，可以从传感器网络获取到温度的异常信息，但更重要的是要获知哪个地方的温度异常，这样才能让用户更加准确地知道发生火情的具体位置，从而迅速有效地展开灭火救援等相关工作[1,2]。

在传感器网络中，传感器节点的能量有限、可靠性差、节点规模大且随机布放、无线模块的通信距离有限，对定位算法和定位技术提出了很高的要求。传感器网络的定位算法通常需要具备以下特点。

（1）自组织性。传感器网络的节点随机分布，不可能依靠全局的基础实施协助定位。

（2）健壮性。传感器节点的硬件配置低、能量少、可靠性差，测量距离时会产生误差，算法必须具有较好的容错性。

（3）能量高效。尽可能地减少算法中计算的复杂性，减少节点间的通信开销，以尽量延长网络的生存周期，通信开销是传感器网络的主要能量开销。

（4）分布式计算。每个节点自身位置的计算在本地完成，不能将所有信息传送到某个节点进行集中计算。

无线传感器网络是由空间上分布式的自主节点组成的，每个节点由双向无线传输与一个或多个传感器进行通信，完成环境参数的感知，这些环境参数包括温度、震动、湿度、压力、运动、化学或污染物等。通常传感器数据的一个共同特征是低速率变化，因而更新频率可以降低，网络所需的数据带宽可以适中。通常被感知的数据以协作方式发送给固定节点，进行存储和处理。无线传感器网络的发展最初起源于军事应用，如战场侦察等。目前无线传感器网络应用在很多民用方面，包括环境和栖息地检测、健康护理、家庭自动化和交通控制等。

无线传感器网络可以具有下列一种或几种特征。

（1）移动性。传感器节点在初始部署之后可以改变位置。移动性可能由于环境的影响，如风向或水流。另外移动性可能由于传感器节点附着在移动实体上，或移动实体所携带。换句话说，移动性是由于偶然因素造成的，或者是有意为之，譬如节点有目的地移动到不同的物理位置。在后面这种情况下，移动可能是主动的（传感器定向运动），或者是被动的（附着在移动物体上，但不由传感器节点所控制）。

（2）电池的能量有限。通常传感器节点由电池供电。由于电池物理体积的限制，其存储的能量限制节点的运行寿命。典型的电池只能大约存储 $1J/mm^3$，因而整个可用能量可能只有 1kJ。因此，能耗是无线传感器网络的一个重要问题。

（3）计算能力低和内存空间有限。传感器节点通常造价低廉、体积小，在普通传感器节点上运行复杂计算的算法是不可行的。另外，由于非永久性内存（RAM）和非易失性内存（闪存）的空间限制，应该避免长时间的过量的额外流量。

（4）通信带宽低。通信带宽低（即每秒几千比特），网络通信经常必须与邻居节点共享带宽。另外重要的是要在网络协议中避免过多的额外流量。

（5）使用寿命有限。如果没有其他能源可供使用，一个传感器节点的使用寿命经常是由电池决定的。使用寿命取决于电池容量与平均能源的比值，采用低数据采样率、低通信率和长时间休眠期，无线传感器网络的能源是当前限制其发展的一个因素。人们通常希望传感器节点以大规模的方式部署在野外环境。由于勤务保障方面的困难、代价和潜在的风险，不希望手工充电或换电池。

（6）大规模部署。传感器节点可以采用大规模方式进行部署。对于土壤和水质之类的环境监测来说，在大范围内可以部署几百甚至数千个传感器。部署方式可以是随机的，例如，采用飞机抛撒的方式，或者是按照某种策略进行部署。

（7）节点的异构性。早期传感器网络通常由同质的设备构成，从硬件和软件的角度来看大多数是相同的。从当前的众多原型系统来看，传感器网络是由大量不同的装置组成的。

（8）恶劣的环境条件。传感器节点可以部署在恶劣的环境条件下，如高温、高压、高电压和强腐蚀性的环境。

（9）无人值守操作。一旦传感器节点部署完毕，通常是无人值守的。

传感器网络系统的研制和定位算法的设计需求需要考虑上述特征。最主要的限制因素是处理能力，数据处理时间（限制了电池能量）和由于费用导致的信号处理硬件能力有限。

2.1 无线传感器网络中的 ZigBee 技术

什么是 ZigBee[3-12]？ZigBee 是根据IEEE802.15.4 协议（无线个人区域网）开发的一种短距离、低功耗的无线通信技术。这一名称来源于蜜蜂的八字舞，由于蜜蜂

（bee）是靠飞翔和“嗡嗡（zig）”的抖动翅膀的“舞蹈”来与同伴传递花粉所在方位信息，也就是说蜜蜂依靠这样的方式构成了群体中的通信网络。其特点是近距离、低复杂度、低功耗、低数据速率、低成本。主要适合用于自动控制和远程控制领域，可以嵌入各种设备。简而言之，ZigBee 就是一种便宜、低功耗、近距离的无线组网通信技术。

2.1.1　起源

ZigBee，在中国被译为“紫蜂”，它与蓝牙类似，是一种新兴的短距离无线技术，用于传感控制（sensor and control）应用。此想法在 IEEE 802.15 工作组中提出，于是成立了 TG4 工作组，并制定规范 IEEE 802.15.4。2002 年，ZigBee 联盟成立。2004 年，ZigBee V1.0 诞生，它是 ZigBee 的第一个规范，但由于推出仓促，存在一些错误。2006 年，推出 ZigBee 2006，比较完善。2007 年底，ZigBee PRO 推出 ZigBee 的底层技术，物理层和 MAC 层直接引用了 IEEE 802.15.4。近几年，各种定位芯片推出，ZigBee 获得快速发展。

长期以来，低价、低传输率、短距离、低功率的无线通信市场一直存在着。自从蓝牙出现以后，曾让工业控制、家用自动控制、玩具制造商等业者雀跃不已，但是蓝牙的售价一直居高不下，严重影响了这些厂商的使用意愿。如今，这些业者都参加了 IEEE 802.15.4 小组，负责制定 ZigBee 的物理层和媒体介入控制层。IEEE 802.15.4 规范是一种经济、高效、低数据速率（<250kbit/s）、工作在 2.4GHz 和 868/928MHz 的无线技术，用于个人区域网和对等网络，它是 ZigBee 应用层和网络层协议的基础。ZigBee 是一种新兴的近距离、低复杂度、低功耗、低数据速率、低成本的无线网络技术，它是一种介于无线标记技术和蓝牙技术之间的技术，主要用于近距离无线连接。它依据 IEEE 802.15.4 标准，在数千个微小的传感器之间相互协调实现通信。这些传感器只需要很少的能量，以接力的方式通过无线电波将数据从一个传感器传到另一个传感器，所以它们的通信效率非常高。

ZigBee 联盟是一个高速成长的非营利业界组织，成员包括国际著名半导体生产商、技术提供者、技术集成商以及最终使用者。联盟制定了基于 IEEE 802.15.4，具有高可靠性、高性价比、低功耗的网络应用规格。

ZigBee 联盟的主要目标是以通过加入无线网络功能，为消费者提供更富有弹性、更容易使用的电子产品。ZigBee 技术能融入各类电子产品，应用范围横跨全球的民用、商用、公共事业以及工业等市场。使得联盟会员可以利用 ZigBee 这个标准化无线网络平台，设计出简单、可靠、便宜又节省电力的各种产品来。ZigBee 联盟锁定的焦点为制定网络、安全和应用软件层；提供不同产品的协调性及互通性测试规格；在世界各地推广 ZigBee 品牌并争取市场的关注；促进技术的发展。

2.1.2 技术简介

ZigBee 技术近年来从 2006 年开始，基于 ZigBee 的无线通信产品和应用迅速得到普及和高速发展。

ZigBee 技术并不是完全独有、全新的标准，它的物理层、MAC 层和链路层采用了 IEEE 802.15.4 协议标准，但在此基础上进行了完善和扩展。其网络层、应用汇聚层和高层应用规范（API）由 ZigBee 联盟进行制定。

ZigBee 是以一个个独立的工作节点为依托，通过无线通信组成星状、片状或网状网络，因此，每个节点的功能并非都相同。为降低成本，系统中大部分的节点为子节点，从组网通信上，它只是其功能的一个子集，称为精简功能设备；而另外还有一些节点，负责与所控制的子节点通信、汇集数据和发布控制，或起到通信路由的作用，称之为全功能设备（也称为协调器）。

ZigBee 的特点突出，尤其在低功耗、低成本上，主要有以下几个方面。

（1）低功耗。在低耗电待机模式下，2 节 5 号干电池可支持 1 个节点工作 6～24 个月，甚至更长，这是 ZigBee 的突出优势。相比较，蓝牙能工作数周、Wi-Fi 只工作数小时。

（2）低成本。通过大幅简化协议（不到蓝牙的 1/10），降低了对通信控制器的要求，按预测分析，以 8051 的 8 位微控制器测算，全功能的主节点需要 32KB 代码，子功能节点少至 4KB 代码，而且 ZigBee 免协议专利费。

（3）低速率。ZigBee 工作在 20～250kbit/s 的较低速率，分别提供 250kbit/s（2.4GHz）、40kbit/s（915MHz）和 20kbit/s（868MHz）的原始数据吞吐率，满足低速率传输数据的应用需求。

（4）近距离。传输范围一般介于 10～100m，在增加 RF 发射功率后，亦可增加到 1～3km，这指的是相邻节点间的距离。如果通过路由和节点间通信的接力，传输距离将可以更远。

（5）短时延。ZigBee 的响应速度较快，一般从睡眠转入工作状态只需 15ms，节点连接进入网络只需 30ms，进一步节省了电能，相比较，蓝牙需要 3～10s、Wi-Fi 需要 3s。

（6）高容量。ZigBee 可采用星状、片状和网状网络结构，由一个主节点管理若干子节点，同时主节点还可由上一层网络节点管理。

（7）高安全性。ZigBee 提供了三级安全模式，包括无安全设定、使用接入控制清单（Access Control List，ACL）防止非法获取数据以及采用高级加密标准（AES-128）的对称密码，以灵活确定其安全属性。

（8）免执照频段。采用直接序列扩频在工业、科学和医疗（Industrial Scientific and Medical，ISM）频段：2.4GHz（全球）、915MHz（美国）和 868MHz（欧洲）。

2.1.3　自组织网通信

ZigBee 技术所采用的自组织网是怎么回事？举一个简单的例子就可以说明这个问题。当一队伞兵空降后，每人持有一个 ZigBee 网络模块终端，降落到地面后，只要他们彼此间在网络模块的通信范围内，通过彼此自动寻找，很快就可以形成一个互联互通的 ZigBee 网络。而且，由于人员的移动，彼此间的联络还会发生变化。因而，模块还可以通过重新寻找通信对象，确定彼此间的联络，对原有网络进行刷新，这就是自组织网。

1. ZigBee 技术使用自组织网通信的原因

网状通信实际上就是多通道通信。在实际工业现场，由于各种原因，往往并不能保证每一个无线通道都能够始终畅通，就像城市的街道一样，可能因为车祸、道路维修等，某条道路的交通出现暂时中断，此时由于我们有多个通道，车辆（相当于我们的控制数据）仍然可以通过其他道路到达目的地，而这一点对工业现场控制而言则非常重要。

自组织网采用动态路由的方式，所谓动态路由是指网络中数据传输的路径并不是预先设定的，而是传输数据前，通过对网络当时可利用的所有路径进行搜索，分析它们的位置关系以及远近，然后选择其中的一条路径进行数据传输。网络管理软件中，路径的选择使用的是“梯度法”，即先选择路径最近的一条通道进行传输，如传不通，再使用另外一条稍远一点的通路进行传输，以此类推，直到数据送达目的地。在实际工业现场，预先确定的传输路径随时都可能发生变化，或者因各种原因路径被中断了，或者过于繁忙不能进行及时传送。动态路由结合网状拓扑结构，就可以很好地解决这个问题，从而保证数据的可靠传输。

2. ZigBee 无线数据传输网络描述

简单地说，ZigBee 是一种高可靠的无线数据传输网络[4,5]，类似于码分多址（Code Division Multiple Access，CDMA）和全球移动通信系统（Global System for Mobile Communications，GSM）网络。

ZigBee 是一个由可多到 65000 个无线数据传输模块组成的一个无线数据传输网络平台，在整个网络范围内，每一个 ZigBee 网络数据传输模块之间可以相互通信，每个网络节点间的距离可以从标准的 75m 无限扩展。

与移动通信的 CDMA 网或 GSM 网不同的是，ZigBee 网络主要是为工业现场自动化控制数据传输而建立，因而，它必须具有简单、使用方便、工作可靠、价格低的特点。而移动通信网主要是为语音通信而建立，每个基站价值一般都在百万元人民币以上，而每个 ZigBee“基站”却不到 1000 元人民币。每个 ZigBee 网络节点不仅本身可以作为监控对象，例如，其所连接的传感器直接进行数据采集和监控，还可以自动中转别的网络节点传过来的数据资料。除此之外，每一个 ZigBee 网络节点还可在自己信号覆盖的范围内，和多个不承担网络信息中转任务的孤立的子节点无线连接。

3. ZigBee 的频带

ZigBee 的频带分为三种：

（1）868MHz 传输速率为 20Kbit/s 适用于欧洲。

（2）915MHz 传输速率为 40Kbit/s 适用于美国。

（3）2.4GHz 传输速率为 250Kbit/s 全球通用。

由于此三个频带物理层并不相同，其各自信道带宽也不同，分别为 0.6MHz，2MHz 和 5MHz，分别有 1 个、10 个和 16 个信道，不同频带的扩频和调制方式有区别，虽然都使用了直接扩频（Direct Sequence Spread Spectrum，DSSS）的方式，但从比特到码片的变换方式有较大的差别，调制方式都用了调相技术，但 868MHz 和 915MHz 频段采用的是双相移相键控（Binary Phase Shift Keying，BPSK），而 2.4GHz 频段采用的是偏移四相相移键控（Offset-Quadrature Phase Shift Keying，O-QPSK）。在发射功率为 0dBm 的情况下，蓝牙通常能用在 10m 的作用范围。而基于 IEEE 802.15.4 的 ZigBee 在室内通常能达到 30～50m 作用距离，在室外如果障碍物少，甚至可以达到 100m 作用距离，所以 ZigBee 可归为低速率的短距离无线通信技术。

2.1.4 ZigBee 产品

ZigBee 主要应用在距离短、功耗低且传输速率不高的各种电子设备之间，典型的传输数据类型有周期性数据、间歇性数据和低反应时间数据。根据设想，它的应用目标主要是：工业控制[5]（如自动控制设备、无线传感器网络），医护（如监视和传感），家庭智能控制（如照明、水电气计量及报警）消费类电子设备的遥控装置，PC 外设的无线连接等领域。

依据 ZigBee 的联盟和参与联盟的主要厂商的基本设想，产品应提供一站式的解决方案，以方便应用，使那些不熟悉射频技术的人员也能迅速上手。因此其产品不仅提供射频的无线信道解决方案，同时其内置的协议栈将 ZigBee 的通信[6]、组网等无线沟通方面的工作已完全由产品实现，用户只需要根据协议提供的标准接口进行应用软件编程。由于协议栈的简化，完成 ZigBee 协议的内嵌处理器一般可采用低价低功耗的 8 位 MCU。

ZigBee 也是目前嵌入式应用的一个热点。对于嵌入式系统应用，往往需要相互间的通信，以交换测量数据和控制指令。目前采用的方式多是有线连接，包括点对点或总线方式，如 RS485、CAN、Modbus 等。随着无线网络通信技术的发展，在一些不便于或需要消除有线连接的场合，无线通信技术便有了它的用武之地。

目前，市场上已有多家公司推出应用于近距离通信的射频芯片产品，如工作在 2.4GHz 的 nRF24E1（Nordic）、CC1020/2500（Chipcon），工作在 300～450MHz 的 MAX7044/7033（Maxim）等。不少嵌入式应用也采用了这类技术，但它们大部分只提供解决无线通信的射频通道，没有标准规范（或采用自己的专用标准）来制定 MAC 层、链路层和网络层的通信协议，不具备兼容性；对通信的控制软件完全依赖目标系统设计，由用户自己完成，不仅额外增加了工作量，而且编制代码的可靠性、效率都较低，对组网应用更可能存在问题；不同厂家的产品不具备互操作能力，不具有通用性。

正是因为 ZigBee 具有广阔的市场前景，所以引来了全球众多厂商的青睐，纷纷推出各种 ZigBee 无线芯片、无线单片机、ZigBee 开发系统，形成了百花争艳的市场局面，这种局面，对降低芯片价格，丰富 ZigBee 技术的应用软件，加快 ZigBee 技术普及，是大有好处的事情。现在主要的 ZigBee 芯片提供商（2.4GHz）有：TI/CHIPCON、EMBER（ST）、JENNIC（捷力）、FREESCALE、MICROCHIP。目前提供 ZigBee 技术的方式有三种。

1．ZigBee RF+MCU

TI CC2420+MSP430：CC2420 被称为第一款满足 2.4GHz ZigBee 产品使用要求的射频 IC，拟应用于家庭及楼宇自动化系统、工业监控系统和无线传感网络。CC2420 基于 Chipcon 公司（被 TI 收购）的 SmartRF 03 技术，是用 0.18μm CMOS 工艺生产的。CC2420 采用 7mm×7mm QFN 48 封装。TI 推出 MSP430 实验板，其部件号为 MSP-EXP430FG4618。该工具可帮助设计人员利用高集成度片上信号链（Signal Chain on Chip，SCoC）MSP430FG4618 或 14 引脚小型 F2013 微控制器快速开发超低功耗医疗、工业与消费类嵌入式系统。该电路板除集成两个 16 位 MSP430 器件外，还包含一个 TI（Chipcon 产品线）射频模块连接器，以用于开发低功耗无线网络。

FREESCLAE MC13XX+GT60：Freescale 公司的 MC1319x 收发信机系列非常适用于 ZigBee 和 IEEE 802.15.4 应用。它们结合了双数据调制解调器和数字内核，有助于降低 MCU 处理功率要求并缩短执行周期。事实上，由于可以利用连接 RF IC 和 MCU 的串行外围设备接口（Serial Peripheral Interface，SPI），飞思卡尔系列中的几乎任何 MCU 都可以使用。

MICROCHIP MJ2440+PIC MCU：Microchip 首个射频收发器 MRF24J40 是一个针对 ZigBee 协议及专有无线协议的 2.4 GHz IEEE 802.15.4 收发器，适用于要求低功耗和卓越射频性能的射频应用。随着 MRF24J40 收发器的推出，Microchip 现在可通过加入仅需极少外部元件的高集成度射频收发器，提供完整的 ZigBee 协议平台。Microchip 的无线电技术凭借全面的媒体存取控制器（Media Access Controller，MAC）的支持，以及先进加密标准（Advanced Encryption Standard，AES）硬件加密引擎，实现低功耗，并且性能超过所有 IEEE 802.15.4 规范。

2. 单芯片集成 SOC

TI CC2430/CC2431(8051 内核):CC2430 也是 TI 公司的一个关键产品,CC2430 使用一个 8051 8 位 MCU 内核,并具备 128KB 闪存和 8KB RAM,可用于各种 ZigBee 或类似 ZigBee 的无线网络节点,包括调谐器、路由器和终端设备。另外,CC2430 还包含模数转换器(Analog to Digital Converter,ADC)、几个定时器、AES-128 协同处理器、看门狗定时器、32kHz 晶振的休眠模式定时器、上电复位电路(power-on-reset)、掉电检测电路(brown-out-detection),以及 21 个可编程 I/O 引脚。CC2430 尺寸大约是 7mm×7mm。

Freescale MC1321x:MC1320x 是飞思卡尔公司推出的符合 IEEE 802.15.4 标准的下一代收发信机,它包括一个集成的发送/接收(Transmission/Reception,T/R)开关,可以帮助降低对外部组件的需求,进而降低原料成本和系统总成本。该收发信机支持飞思卡尔的软件栈选项、简单 MAC(SMAC)、IEEE 802.15.4 MAC 和全 ZigBee 堆栈。集成了 MC9S08GT MCU 和 MC1320x 收发信机,闪存可以在 16～60 KB 的范围内选择。MC13211 提供 16 KB 的闪存和 1KB 的 RAM,非常适合采用 SMAC 软件的点到点或星形网络中的经济高效的专属应用。对于更大规模的联网,则可以使用 MC13212(具有 32KB 的内存和 2KB 的 RAM 内存)和 IEEE 802.15.4 MAC。

此外,MC13213(带有 60KB 的内存和 4KB 的 RAM)和 ZigBee 协议堆栈设计用于帮助设计人员开发完全可认证的 ZigBee 产品。MC13213 可以提供全面的编码和解码、用于基带 MCU 的可编程时钟、以 4MHz(或更高)频率运行的标准 4 线 SPI、外部低噪声放大器和功率放大器(Power Amplifier,PA)实现的功能扩展以及可编程的输出功率。

EMBER EM250:EM250 半导体系统提供更长的距离和可靠的共存性,包括低功耗 16 位微控制器,128KB 闪存,5KB RAM,2.4GHz 无线电和 Ember 公司的 EmberZNet 2.1 软件。EmberZNet 2.1 是 ZigBee 兼容的网络堆栈,具有独特的能扩展 ZigBee 功能性、简单性和性能的增强特性。这些特性包括支持移动节点,大型密集的网络,以及能在节点和授权分布式构造模式之间提供更加可靠无线通信的传输层。EM250 具有用作 ZigBee 位标器节点,全功能设备(Full Function Device,FFD)或精减功能设备(Reduced Function Device,RFD)所需的资源。

3. 单芯片内置 ZIGBEE 协议栈＋外挂芯片

JENNIC SOC+EEPROM:JN-5139 芯片是一个低功率及低价位的无线微处理器,主要针对无线感测网络的产品,JN-5139 整合了 32-bit RISC 微处理器,完全兼容 2.4GHz IEEE 802.15.4 的收发器,具有 192KB ROM,另外,可选择搭配 RAM 的容量为 8～96KB,也整合一些数字及模拟周边线路,大幅降低外部零件的需求。内建的内存主要是用来储存系统的软件,包含了通信协议堆栈、路径表、应用程序代码与资料。也包含了硬件的 MAC 地址与 AES 加解密的加速器，并拥有省电与定时睡眠模式，另外还有安全码与程序代码加密机制。

EMBER 260+MCU：新型 EM260 是 ZigBee 无线网络处理器，专为基于标准化的 TI 及其他精选 MCU 平台的 OEM 厂商提供。这种处理器首次实现了具有“位置识别”的 ZigBee 兼容网络节点，可以简化调试、管理及网络再分段（network sub-segmentation）。在具有强大竞争力的 ZigBee 产品中，EM260 在功耗方面还具有最高的 RF 输出与 RX 灵敏度。

2.1.5 ZigBee 网络

1. ZigBee 网络构成

ZigBee 设备是指包含 IEEE 802.15.4 的 MAC 和 PHY 实现的实体，是 ZigBee 网络最基本的元素[7]。全功能设备（FFD）和精减功能设备（RFD）共同组成了 ZigBee 网络，FFD 和 RFD 的不同是按照节点的功能区分的，一个 FFD 可以充当网络中的协调器和路由器，因此一个网络中应该至少含有一个 FFD。RFD 只能与主设备通信，实现简单，只能作为终端设备节点 ZigBee 网络主要有三种组网方式，即星形网络、树状网络和网格形网络，其拓扑结构如图 2-1 所示。

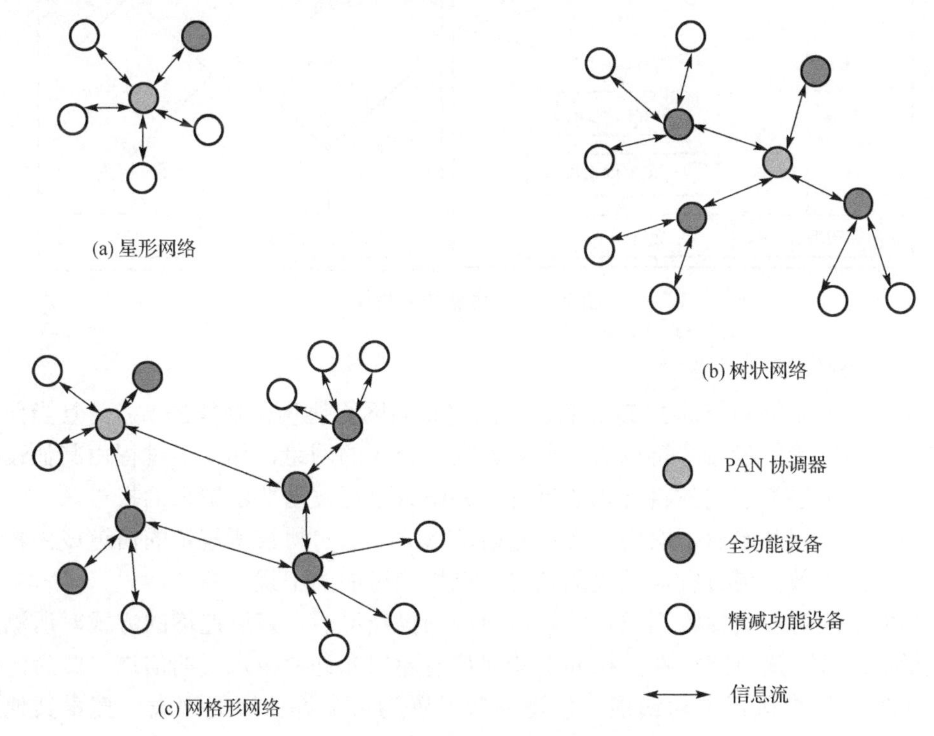

图 2-1　IEEE 802.15.4 网络拓扑模型

2. 网络组建及节点入网

网络组建及节点入网的流程如图 2-2 所示，该图为一个节点从上电到加入网络的全过程，可以看到不同的节点类型对应不同的入网过程。下面按照节点的不同对网络组建做全面介绍。

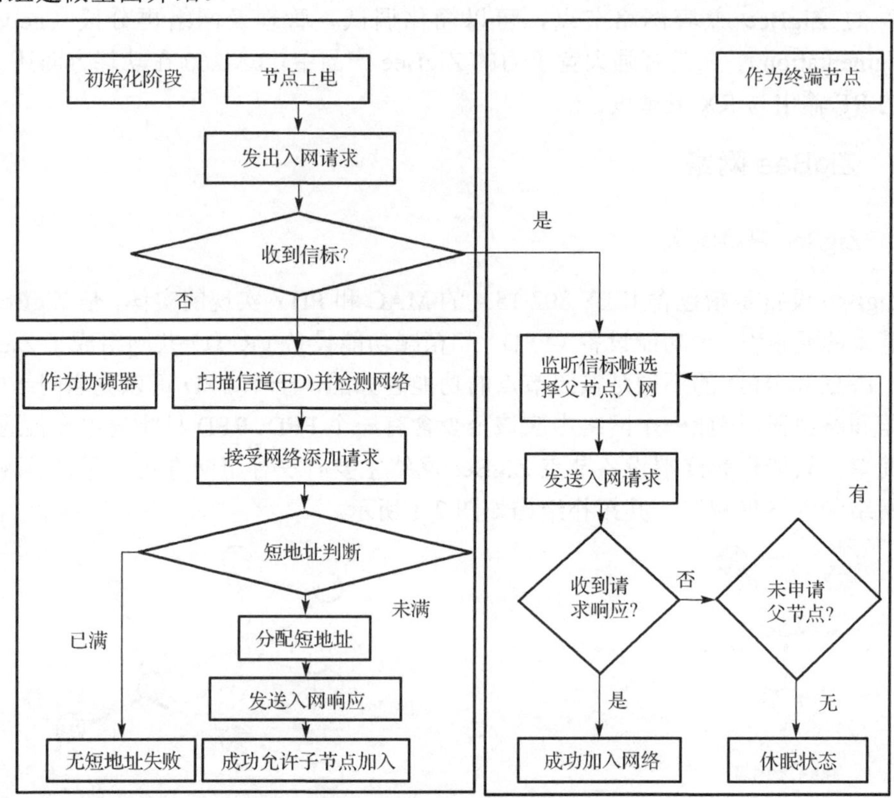

图 2-2　组网算法流程图

1）协调器组建网络

作为一个完整功能的 FFD 设备，即能够充当网络协调器功能的节点，且当前还没有与网络连接的设备才可以尝试着去建立一个新的网络，如果该过程由其他设备开始，则网络层管理实体将终止该过程，并向其上层发出非法请求的报告。

当建网过程开始后，网络层将首先请求 MAC 层对协议所规定的信道或由物理层所默认的有效信道进行能量检测扫描，以检测可能的干扰。

当网络层管理实体收到成功的能量检测扫描结果后，将以递增的方式对所测量的能量值进行信道排序，并且抛弃那些能量值超出允许能量水平的信道。此后，网络层管理实体将执行主动扫描，信道参数设置为可允许信道的列表，搜索其他的 ZigBee 设备。为了决定用于建立一个新网络的最佳通道，网络层管理实体将检查

PAN 描述符，并且所查找的第一个信道为网络的最小编号。如果网络层管理实体找不到适合的信道，就将终止建网过程，并且向应用层发出启动失败信息。

如果网络层管理实体找到了合适的信道，则将为这个新网络选择一个 PAN 标识符。在选择 PAN 标识符时，设备将选择一个随机的 PAN 标识符值，该值小于等于 0x3FFF 且在已选择信道里未被使用。

如果选择标识符失败，网络层管理实体将终止程序并向其上层通告。网络层管理实体一旦选择了一个 PAN 标识符，将选择一个等于 0x0000 的 16 位网络地址，并且设置 MAC 层的 macShortAddressPIB 属性，使其等于所选择的网络地址。一旦选择了网络地址，网络层管理实体核对 PIB 属性的 endedPANId 的值。如果这个值是 0x0000000000000000，这个属性以 MAC 常量 aExtendedAddress 初始化。一旦 nwkExtendedPANld 的值核对，PAN 的启动状态返回到网络层。当网络层管理实体收到 PAN 的启动状态后，将向启动 ZigBee 协调器请求状态的上层报告。

2）终端节点加入网络

协调器组建网络之后，频繁地发送信标帧来表示它的存在，而其他普通节点即可完成设备发现任务，终端节点要加入该 PAN，那么只要将自己的信道以及 PANID 设置成与现有的父节点使用的信道相同，并提供正确的认证信息，即可请求加入网络。此时，父节点要检查自身的短地址资源，如果自身地址未满，那么就可以为该子节点分配短 MAC 地址，只要节点接收到父节点为之分配的 16 位短地址，那么在通信的过程中，将使用该地址进行通信。如果没有足够的资源，那么节点将收到来自父节点的连接失败响应，此时子节点即可以向其他父节点请求 ZigBee 网络地址来加入网络。网络层将不断重复这个过程直到节点成功加入网络。

3．地址分配模式

在协调器组建网络之初，将自身短地址设置为 0x0000，在节点入网后将按照 ZigBee 标准规定的地址分配模式为节点分配短地址。用以下参数描述网络，C_{m}：最大子节点数，R_{m}：最大路由节点数，L_{m}：最大网络深度，其地址的分配与网络拓扑参数有很大的关系：

$$C_{\mathrm{skip}(d)}=\begin{cases}1+C_{\mathrm{m}}(L_{\mathrm{m}}-d-1), & R_{\mathrm{m}}=1\\ \dfrac{1+C_{\mathrm{m}}-R_{\mathrm{m}}-C_{\mathrm{m}}Rm^{L_{\mathrm{m}}-d-1}}{1-R_{\mathrm{m}}}, & R_{\mathrm{m}}\neq 1\end{cases} \tag{2-1}$$

式中，C_{skip} 指的是对应每一个网络深度的地址空间偏移量。如果在某一层 $C_{\mathrm{skip}}=0$，那么这就表示该节点不能接受任何的子节点加入网络。对于每一层都是由父节点为其子节点分配地址，若该子节点为第一个路由节点，那么该节点的地址就是父节点的短地址加 1，而对于同一深度的其他路由节点，其地址是按照加入时间的先后分别以 C_{skip} 的偏移量依次递增。

对于网络中的终端设备节点其地址是按照如下的式分配：

$$A_n = A_{\text{parent}} + C_{\text{skip}}(d)R_{\text{m}} + n \tag{2-2}$$

式中，A_n对应网络中某一深度的第 n 个子节点的地址。这样在每个节点加入网络之前，父节点将按照该地址分配机制为子节点分配相应的地址。在如图 2-3 所示的网络拓扑结构中，按照该地址分配模式，则节点的地址如图中标注所示。

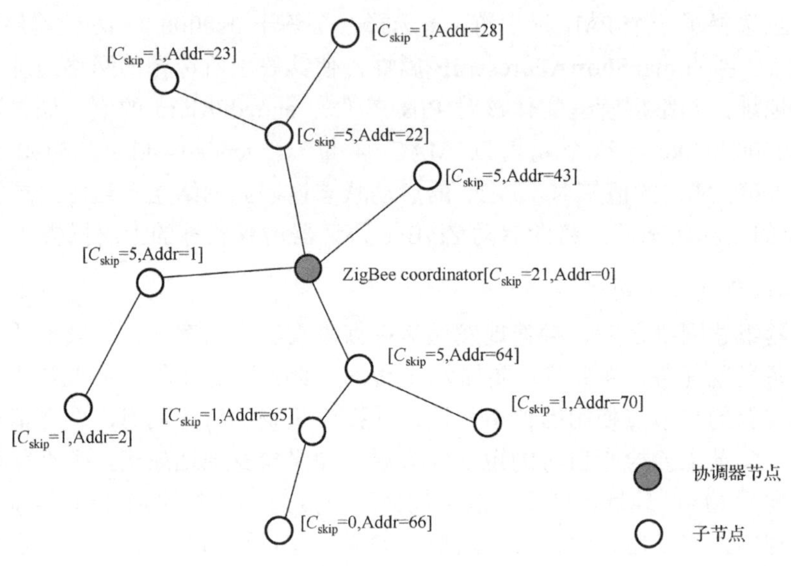

图 2-3　网络中地址分配示例

4. ZigBee 技术的应用场合

ZigBee 的目标是建立一个“无所不在的网络”，尽管在无线网络方面存在着其他几种网络技术，如蓝牙、UWB 等，但 ZigBee 技术仍然以其独特的优势而熠熠生辉。在无线网络技术朝着高速率、高传输距离靠近时，ZigBee 技术却反其道而行之，向着低速率短距离迈进。这种特点适应了以下几种场合的应用。

（1）无线传感器网络。传感器网络是通向现实的物理世界的钥匙，将 ZigBee 自组网技术应用到无线传感器网络中，更加凸现其低功耗、低成本的技术优势，传感器网络是目前研究方向，而作为以 ZigBee 技术为基础的无线传感器网络更是研究热点。

（2）工业自动化领域[8]。将 ZigBee 技术应用到工业中，使得工业现场的数据可以通过无线链路直接在网络上直接传输、发布和共享。

（3）智能家庭。通过 ZigBee 网络，我们可以远程控制家里的电器、门窗。下班前可以在路上就打开家里的空调；下雨的时候可以远程关闭门窗；家中有非法入侵时可以及时得到通知；方便地采集水电煤气的使用量；通过一个 ZigBee 遥控器，控制所有的家电设备……

（4）医疗领域。在医院，ZigBee 网络可以帮助医生及时准确地收集急诊病人的信息和检查结果，快速准确地做出诊断。

（5）军事领域。方兴未艾的 ZigBee 技术的成熟与发展为军队的物流信息化提供了有力的硬件支持。ZigBee 技术用于战场监视和机器人控制，使得单兵作战成为可能。由 ZigBee 的应用领域可以看出，虽然 ZigBee 技术并不是为无线传感器网络应用而专门提出的，但其特点与无线传感器网络对无线节点的要求非常吻合，因而现在对 ZigBee 大部分的研究和应用都是针对无线传感网络的。

2.2　ZigBee 协议

ZigBee 协议栈结构由一些层构成，每个层都有一套特定的服务方法与上一层连接。数据实体（data entity）提供数据的传输服务[9]，而管理实体（management entity）提供所有的服务类型。每个层的服务实体通过服务接入点（Service Access Point，SAP）和上一层相接，每个 SAP 提供大量服务方法来完成相应的操作。

ZigBee 协议栈基于标准的 OSI 七层模型[10]如图 2-4 所示，但只是在相关的范围来定义一些相应层来完成特定的任务。IEEE 802.15.4—2003 标准定义了下面的两个层：物理层（Physical Layer，PHY 层）和媒体访问控制层（Media Access Control Layer，MAC 层）。ZigBee 联盟在此基础上建立了网络层（Network Layer，NWK 层）以及应用层（Application Layer，APL 层）的框架（framework）。APL 层又包括应用支持子层（Application Support Sublayer，APS）、ZigBee 的设备对象（ZigBee Device Object，ZDO）以及制造商定义的应用对象。

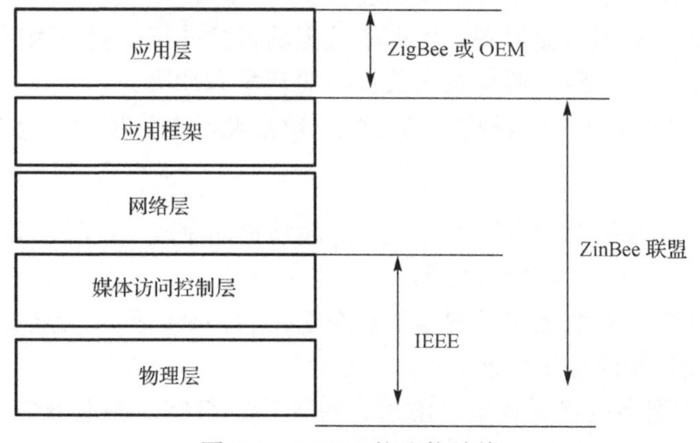

图 2-4　ZigBee 协议栈结构

2.2.1 物理层与媒体访问控制层

1. 物理层

IEEE 802.15.4 协议的物理层是协议的最底层，承担着和外界直接作用的任务。它采用扩频通信的调制方式，控制 RF 收发器工作，信号传输距离约为 50m（室内）或 150m（室外）。

IEEE 802.15.4 有两个 PHY 层，提供三个独立的频率段：868/915MHz 频段包括欧洲使用的 868MHz 频段以及美国和澳大利亚使用的 915MHz 频段，2.4GHz 频段全球通用。

2. 媒体访问控制层

MAC 层遵循 IEEE 802.15.4 协议，负责设备间无线数据链路的建立、维护和结束，确认模式的数据传送和接收，可选时隙，实现低延迟传输，支持各种网络拓扑结构，网络中每个设备为 16 位地址寻址。它可完成对无线物理信道的接入过程管理，包括以下几方面：网络协调器产生网络信标、网络中设备与网络信标同步、完成 PAN 的入网和脱离网络过程、网络安全控制、利用 CSMA/CA（Carrier Sense Multiple Access with Collision Avoidance）机制进行信道接入控制、处理和维持 GTS（guaranteed time slot）机制、在两个对等的 MAC 实体间提供可靠的链路连接。

3. 数据传输模型

MAC 规范定义了三种数据传输模型[11]：数据从设备到网络协调器、从网络协调器到设备、点对点对等传输模型。对于每一种传输模型，又分为信标同步模型和无信标同步模型两种情况。在数据传输过程中，ZigBee 采用了 CSMA/CA 碰撞避免机制和完全确认的数据传输机制，保证了数据的可靠传输。同时为需要固定带宽的通信业务预留了专用时隙，避免发送数据时的竞争和冲突。

MAC 规范定义了四种帧结构：信标帧、数据帧、确认帧和命令帧。

1）信标帧

信标帧的负载数据单元由四部分组成：超帧描述字段、GTS 分配字段、待转发数据目标地址字段和信标帧负载数据。

（1）信标帧中超帧描述字段规定了这个超帧的持续时间、活跃部分持续时间以及竞争访问时段持续时间等信息。

（2）GTS 分配字段将无竞争时段划分为若干个 GTS，并把每个 GTS 具体分配给了某个设备。

（3）转发数据目标地址列出了与协调者保存的数据相对应的设备地址。一个设备如果发现自己的地址出现在待转发数据目标地址字段里，则意味着协调器存有属于它的数据，所以它就会向协调器发出请求传送数据的MAC命令帧。

（4）信标帧负载数据为上层协议提供数据传输接口。例如，在使用安全机制的时候，这个负载域将根据被通信设备设定的安全通信协议填入相应的信息。通常情况下，这个字段可以忽略。

在信标不使能网络里，协调器在其他设备的请求下也会发送信标帧。此时信标帧的功能是辅助协调器向设备传输数据，整个帧只有待转发数据目标地址字段有意义。

2）数据帧

数据帧用来传输上层发到MAC子层的数据，它的负载字段包含了上层需要传送的数据。数据负载传送至MAC子层时，被称为MAC服务数据单元。它的首尾被分别附加了MHR头信息和MFR尾信息后，就构成了MAC帧。

MAC帧传送至物理层后，就成为了物理帧的负载PSDU。PSDU在物理层被“包装”，其首部增加了同步信息SHR和帧长度字段PHR字段。同步信息SHR包括用于同步的前导码和SFD字段，它们都是固定值。帧长度字段的PHR标识了MAC帧的长度，为一个字节长而且只有其中的低7位有效位，所以MAC帧的长度不会超过127个字节。

3）确认帧

如果设备收到目的地址为其自身的数据帧或MAC命令帧，并且帧的控制信息字段的确认请求位被置1，设备需要回应一个确认帧。确认帧的序列号应该与被确认帧的序列号相同，并且负载长度应该为零。确认帧紧接着被确认帧发送，不需要使用CSMA/CA机制竞争信道。

4）命令帧

MAC命令帧用于组建PAN网络，传输同步数据等。目前定义好的命令帧有六种类型，主要完成三方面的功能：把设备关联到PAN网络，与协调器交换数据，分配GTS。命令帧在格式上和其他类型的帧没有太多的区别，只是帧控制字段的帧类型位有所不同。帧头的帧控制字段的帧类型为011B（B表示二进制数据）表示这是一个命令帧。命令帧的具体功能由帧的负载数据表示。负载数据是一个变长结构，所有命令帧负载的第一个字节是命令类型字节，后面的数据针对不同的命令类型有不同的含义。

2.2.2 网络层协议及组网方式

1. 网络层

网络层的作用是建立新的网络，处理节点进入和离开网络，根据网络类型设置节点的协议堆栈，使网络协调器对节点分配地址，保证节点之间的同步，提供网络的路由[12]。

网络层确保 MAC 子层的正确操作，并为应用层提供合适的服务接口。为了给应用层提供合适的接口，网络层用数据服务和管理服务这两个服务实体来提供必需的功能。网络层数据实体（Network Layer Data Entity，NLDE）通过相关的 SAP 来提供数据传输服务，即 NLDE.SAP；网络层管理实体（Network Layer Management Entity，NLME）通过相关的 SAP 来提供管理服务，即 NLME.SAP。NLME 利用 NLDE 来完成一些管理任务和维护管理对象的数据库，通常称作网络信息库（Network Information Base，NIB）。

1）网络层数据实体

NLDE 提供数据服务，以允许一个应用在两个或多个设备之间传输应用协议数据（Application Protocol Data Units，APDU）。NLDE 提供以下服务类型。

（1）通用的网络层协议数据单元（Network Protocol Data Units，NPDU）：NLDE 可以通过一个附加的协议头从应用支持子层 PDU 中产生 NPDU。

（2）特定的拓扑路由：NLDE 能够传输 NPDU 给一个适当的设备。这个设备可以是最终的传输目的地，也可以是路由路径中通往目的地的下一个设备。

2）网络层管理实体

NLME 提供一个管理服务来允许一个应用和栈相连接。NLME 提供以下服务。①配置一个新设备：NLME 可以依据应用操作的要求配置栈。设备配置包括开始设备为 ZigBee 协调者，或者加入一个存在的网络。②开始一个网络：NLME 可以建立一个新的网络。③加入或离开一个网络：NLME 可以加入或离开一个网络，使 ZigBee 的协调器和路由器能够让终端设备离开网络。④分配地址：使 ZigBee 的协调者和路由器可以分配地址给加入网络的设备。⑤邻接表（neighbor）发现：发现、记录和报告设备的邻接表下一跳的相关信息。⑥路由的发现：可以通过网络来发现及记录传输路径，而信息也可被有效地路由。⑦接收控制：当接收者活跃时，NLME 可以控制接收时间的长短并使 MAC 子层能同步直接接收。

3）网络层帧结构

网络层帧结构由网络头和网络负载区构成。网络头以固定的序列出现，但地址和序列区不可能被包括在所有帧中。

4）网络层关键技术

ZigBee 协议栈的核心部分在网络层。网络层主要实现节点加入或离开网络、接收或抛弃其他节点、路由查找及传送数据等功能，支持 Cluster-Tree（簇-树）、AODVjr、Cluster-Tree+AODVjr 等多种路由算法，支持星形、树形、网格等多种拓扑结构。

Cluster-Tree（簇-树）是一种由网络协调器（Coordinator）展开生成树状网络的拓扑结构，适合于节点静止或者移动较少的场合，属于静态路由，不需要存储路由表。AODVjr 算法是针对无线自组网按需距离矢量路由协议（Ad Hoc on-demand Distance Vector Routing，AODV）算法的改进，考虑到节能、应用方便性等因素，简化了 AODV 的一些特点，但是仍然保持 AODV 的原始功能。

Cluster-Tree+AODVjr 路由算法汇聚了 Cluster-Tree 和 AODVjr 的优点。网络中的每个节点被分成四种类型：Coordinator、RN+、RN−、RFD（RN，即 Routing Node，路由节点）。其中 Coordinator 的路由算法跟 RN+相同，Coordinator、RN+和 RN−都是全功能节点，能给其他节点充当路由节点；RFD 只能充当 Cluster-Tree 的叶子（leaf node）。如果待发送数据的目标节点是自己的邻居，直接通信即可；反之，如果不是自己的邻居时，三种类型的节点处理数据包各不相同：RN+可以启动 AODVjr，主动查找到目标节点的最佳路由，且它可以扮演路由代理（routing agent）的角色，帮助其他节点查找路由；RN−只能使用 Cluster-Tree 算法，它可以通过计算，判断该数据包请自己的父节点还是某个子节点转发；而 RFD 只能把数据交给父节点，请其转发。

2. 网络层实现

1）无线模块的设计

根据不同类型节点功能不同的特点，在不同的硬件平台设计模块。设计制作的 ZigBee 系列模块完全满足 IEEE 802.15.4 和 ZigBee 协议的规范要求，符合 ISM/SRD 规范，通过美国 FCC 认证。模块集无线收发器、微处理器、存储器和用户 API 等软硬件于一体，能实现 1.0 版 ZigBee 协议栈的功能。Coordinator 可以连接使用 ARM 处理器开发的嵌入式系统，功能较多的路由节点（RN+，RN−）由高档单片机充当，功能较少的叶子节点使用普通的单片机。模块还可以根据实际需要，工作在不同的睡眠模式和节能方式。

在无线收发器里最重要的部件是射频芯片，它的好坏对信号的传输收发有着直接的影响。射频芯片采用 Chipcon 公司生产的符合 IEEE 802.15.4 标准的模块 CC2420；控制射频芯片的微处理器，可以根据需要选择 Atmel 公司的 AVR 系列单片机或者 Silicon Labs 公司的 8051 内核单片机。单片机与射频芯片之间通过 SPI 进行通信，连接速率是 6Mbit/s。单片机与外部设备之间通过串口进行通信，连接速率是 38.4kbit/s。单片机自带若干 ADC 或者温度传感器，可以实现简单的模数转换或者温度监控。为了方便代码移植到不同的硬件平台，模块固件采用标准 C 语言编写代码实现。

2）网络的建立

ZigBee 网络最初是由协调器发动并且建立。协调器首先进行信道扫描，采用一个其他网络没有使用的空闲信道，同时规定 Cluster-Tree 的拓扑参数，如最大子节点数、最大层数、路由算法、路由表生存期等。

协调器启动后，其他普通节点加入网络时，只要将自己的信道设置成与现有的协调器使用的信道相同，并提供正确的认证信息，即可请求加入网络。一个节点加入网络后，可以从其父节点得到自己的短 MAC 地址，ZigBee 网络地址以及协调器规定的拓扑参数。同理，一个节点要离开网络，只需向其父节点提出请求即可。一个节点若成功地接收一个儿子，或者其儿子成功脱离网络，都必须向协调器汇报。因此，协调器可以即时掌握网络的所有节点信息，维护网络信息库（PAN Information Base，PIB）。

3）路由设计与实现

在传输数据时，不同类型的节点有不同的处理方法，协调器的处理机制与 RN+相同，网络层路由设计分为 RN+，RN−和 RFD 三个模块，因为实际点对点通信是通过 MAC 地址进行数据传输的，所以每个节点在接收到信息包时，都要维护邻居表，邻居表主要起地址解析（address resolution）的作用：将邻居节点的网络地址转换成 MAC 地址。另外，类型是 RN+的节点在接收到信息包或者启动 AODVjr 查找路由时，还必须维护路由表。邻居表和路由表的记录都有生存期，超过生存期的记录将被删除。

4）测试方法

无线通信有其特殊性质，每个节点发送的数据包既是信号源，同时又可能是干扰源，因此无线网络的测试是一大难题。为了能在室内方便测试网络性能，引入黑名单机制，强制让一些节点对黑名单节点发送的数据包“视而不见”，以测试十几点甚至几十点的特殊网络。在实际应用时，去掉黑名单并不影响网络的工作性能。测试时，还可以采用符合 IEEE 802.15.4 的包（sniffer），记录测试过程中空气中所传输的无线数据。每个模块还可以通过 I/O 输出自己的收发状态等信息。通过多种手段对测试过程进行分析，才能提高开发测试效率。

2.2.3　应用层

根据实际具体应用，应用层主要由用户开发。它维持器件的功能属性，发现该器件工作空间中其他器件的工作，并根据服务和需求在多个器件之间进行通信。

ZigBee 的应用层由应用子层（APS sublayer）、设备对象（包括 ZDO 管理平台）以及制造商定义的应用设备对象组成。APS 子层的作用包括维护绑定表（绑定表的作用是基于两个设备的服务和需要把它们绑定在一起）、在绑定设备间传输信息。ZDO 的作用包括在网络中定义一个设备的作用（如定义设备为协调者或为路由器或为终端设备）、发现网络中的设备并确定它们能提供何种服务、起始或回应绑定需求以及在网络设备中建立一个安全的连接。

1. 应用支持子层

应用支持子层在网络层和应用层之间提供了一个接口，接口的提供是通过ZDO和制造商定义的应用设备共同使用的一套通用的服务机制，此服务机制是由两个实体提供：通过APS数据实体接入点（APSDE.SAP）的APS数据实体（APSDE），通过APS管理实体接入点（APSME.SAP）的APS管理实体（APSME）。APSDE提供数据传输服务对于应用PDUS的传送在同一网络的两个或多个设备之间。APSME提供服务以发现和绑定设备并维护一个管理对象的数据库，通常称为APS信息库（APS Information Base，AIB）。

2. 应用层框架

ZigBee应用层框架是应用设备和ZigBee设备连接的环境。在应用层框架中，应用对象发送和接收数据通过APSDE.SAP（应用支持子层数据实体-服务接入点），而对应用对象的控制和管理则通过ZDO公用接口来实现。APSDE.SAP提供的数据服务包括请求、确认、响应以及数据传输的指示信息。有240个不同的应用对象能够被定义，每个终端节点的接口标识从1到240，还有两个附加的终端节点为了APSDE.SAP的使用，标识0被用于ZDO的数据接口，255则用于所有应用对象的广播数据接口，而241～254予以保留。

使用APSDE.SAP提供的服务，应用层框架提供了应用对象的两种数据服务类型：主值对服务（Key Value Pair Service，KVP）和通用信息服务（Generic Message Service，MSG）。两者传输机制一样，不同的是MSG并不采用应用支持子层数据帧的内容，而是留给profile应用者自己去定义。

3. ZigBee设备对象

ZigBee设备对象描述了一个基本的功能函数类，在应用对象、设备profile和APS之间提供了一个接口。ZDO位于应用框架和应用支持子层之间，它满足ZigBee协议栈所有应用操作的一般要求。ZDO还有以下作用：

（1）初始化应用支持子层、网络层和安全服务文档；

（2）从终端应用中集合配置信息来确定和执行发现、安全管理、网络管理，以及绑定管理。ZDO描述了应用框架层的应用对象的公用接口，控制设备和应用对象的网络功能。在终端节点0，ZDO提供了与协议栈中下一层相接的接口。

4. ZigBee安全管理

安全层使用可选的AES-128对通信加密，保证数据的完整性。ZigBee安全体系提供的安全管理主要是依靠相称性密匙保护、应用保护机制、合适的密码机制以及相关的保密措施。安全协议的执行（如密匙的建立）要以ZigBee整个协议栈正确运行且不遗漏任何一步为前提，MAC 层、NWK 层和 APS 层都有可靠的安全传输机制用于它们自己的数据帧。APS 层提供建立和维护安全联系的服务，ZDO 管理设备的安全策略和安全配置。

1）MAC 层安全管理

当 MAC 层数据帧需要被保护时，ZigBee 使用 MAC 层安全管理来确保 MAC 层命令、标识以及确认等功能。ZigBee 使用受保护的 MAC 数据帧来确保一个单跳网络中信息的传输，但对于多跳网络，ZigBee 要依靠上层（如 NWK 层）的安全管理。MAC 层使用高级编码标准（Advanced Encryption Standard，AES）作为主要的密码算法和描述多样的安全组，这些组能保护 MAC 层帧的机密性、完整性和真实性。MAC 层作为安全性处理，但上一层（负责密匙的建立以及安全性使用的确定）控制着此处理。当 MAC 层传送/接收数据帧时，它首先会查找此帧的目的地址（源地址），然后找回与地址相关的密匙，再依靠安全组来使用密匙处理此数据帧。每个密匙和一个安全组相关联，MAC 层帧头中有一位来指明该帧是否使用安全机制。

当传输一个帧时，如需保证其完整性，MAC 层头和载荷数据会被计算使用，来产生信息完整码（Message Integrity Code，MIC）。MIC 由 4、8 或 16 位组成，被附加在 MAC 层载荷中。当需保证帧机密性时，MAC 层载荷也有其附加位和序列数（数据一般组成一个 nonce）。当加密载荷时或保护其不受攻击时，此 nonce 被使用。当接收帧时，如果使用了 MIC，则帧会被校验，如载荷已被编码，则帧会被解码。当每个信息发送时，发送设备会增加帧的计数，而接收设备会跟踪每个发送设备的最后一个计数。如果一个信息被探测到一个老的计数，该信息会出现安全错误而不能被传输。MAC 层的安全组基于三个操作模型：计数器模型（Counter Mode，CTR）、密码链模型（Cipher Block Chaining，CBC）以及两者混合形成的 CCM 模型。MAC 层的编码在计数器模型中使用 AES 来实现，完整性在密码链模型中使用 AES 来实现，而编码和完整性的联合则在 CCM 模型中实现。

2）NWK 层安全管理

NWK 层也使用 AES，但和 MAC 层不同的是标准的安全组全部是基于 CCM 模型。此 CCM 模型是 MAC 层使用的 CCM 模型的小修改，它包括了所有 MAC 层 CCM 模型的功能，此外还提供了单独的编码及完整性的功能。这些额外的功能通过排除使用 CTR、CBC 及 MAC 模型来简化 NWK 的安全模型。另外，在所有的安全组中，使用 CCM 模型可以使一个单密匙用于不同的组中。这种情况下，应用可以更加灵活地来指定一个活跃的安全组给每个 NWK 的帧，而不必理会安全措施是否使能。

当 NWK 层使用特定的安全组来传输、接收帧时，NWK 层会使用安全服务提供者（Security Services Provider，SSP）来处理此帧。SSP 会寻找帧的目的/源地址，取回对应于目的/源地址的密匙，然后使用安全组来保护帧。NWK 层对安全管理有责任，但其上一层控制着安全管理，包括建立密匙及确定对每个帧使用相应的 CCM 安全组。

2.3　无线定位基本方法

2.3.1　三边测量法

假设图 2-5 中的 3 个基站 BS1，BS2，BS3 的坐标为 $(x_1, y_1),(x_2, y_2),(x_3, y_3)$，三个圆的交点为移动节点 MS 的位置，设为 (x, y)。

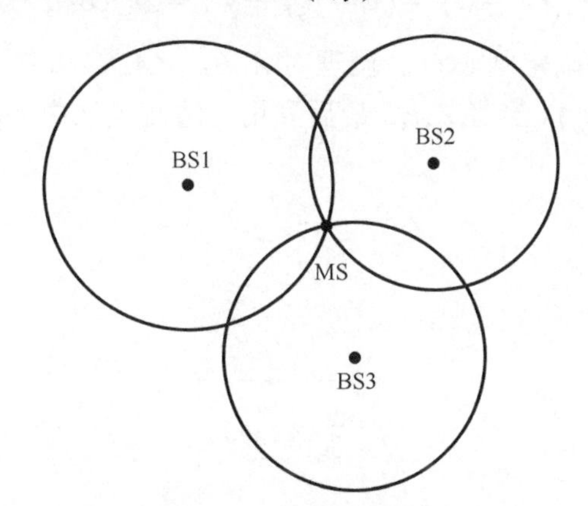

图 2-5　三边测量法[13]

移动节点 MS 到各个基站的距离分别为 d_1, d_2, d_3。根据几何关系可知：

$$\begin{cases}(x-x_1)^2+(y-y_1)^2=d_1^2\\(x-x_2)^2+(y-y_2)^2=d_2^2\\(x-x_3)^2+(y-y_3)^2=d_3^2\end{cases} \tag{2-3}$$

将方程组（2-3）最后一个式子减去前两式，可得

$$\begin{cases}2(x_1-x_3)x+2(y_1-y_3)y=x_1^2-x_3^2+y_1^2-y_3^2+d_3^2-d_1^2\\2(x_2-x_3)x+2(y_2-y_3)y=x_2^2-x_3^2+y_2^2-y_3^2+d_3^2-d_2^2\end{cases} \tag{2-4}$$

由式（2-4）得到移动节点 MS 的位置坐标：

$$\begin{bmatrix}x\\y\end{bmatrix}=1/2\begin{bmatrix}x_1-x_3 & y_1-y_3\\x_2-x_3 & y_2-y_3\end{bmatrix}^{-1}\begin{bmatrix}x_1^2-x_3^2+y_1^2-y_3^2+d_3^2-d_1^2\\x_2^2-x_3^2+y_2^2-y_3^2+d_3^2-d_1^2\end{bmatrix} \tag{2-5}$$

2.3.2 三角测量法

三角测量法[14]原理如图 2-6 所示，已知 A, B, C 三个节点的坐标分别为 (x_1, y_1)，(x_2, y_2)，(x_3, y_3)，节点 D 到 A, B, C 的角度分别为 $\angle ADC$，$\angle ADB$，$\angle BDC$，假设节点 D 坐标为 (x, y)。对于节点 A，C 和 $\angle ADC$，确定圆心为 $O_1(x_{O_1}, y_{O_1})$，半径为 r_1 的圆，$\alpha = \angle AO_1C$：

$$\begin{cases} \sqrt{(x_{O_1} - x_1)^2 + (y_{O_1} - y_1)^2} = r_1 \\ \sqrt{(x_{O_1} - x_3)^2 + (y_{O_1} - y_3)^2} = r_1 \\ (x_1 - x_3)^2 + (y_1 - y_3)^2 = 2r_1^2 - 2r_1^2 \cos\alpha \end{cases} \tag{2-6}$$

由式（2-6），能够确定圆心 O_1，同理对 A, B，$\angle ADC$ 和 $B, C, \angle BDC$ 也能够确定 $O_2(x_{O_2}, y_{O_2})$，$O_3(x_{O_3}, y_{O_3})$，半径 r_2, r_3。最后利用三边测量法由 D，O_1, O_2, O_3 确定 (x, y) 的坐标。

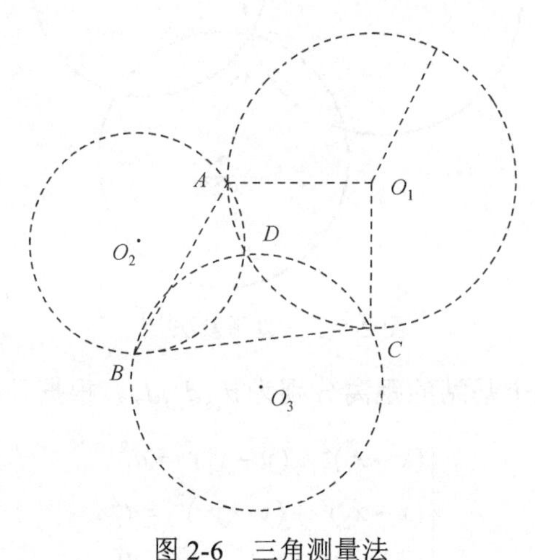

图 2-6　三角测量法

2.3.3 双曲线定位法

双曲线定位法[15]描述如下，假设可以通过某一种特定测量方法得到移动节点 MS 到基站 BS1 和 BS2 之间的距离差为 $d_{1,2} = d_1 - d_2$。那么，根据双曲线的数学方程：

$$|MF_1| - |MF_2| = 2a \tag{2-7}$$

式中，M 是双曲线上一个点，F_1 和 F_2 是双曲线的两个焦点，$2a$ 是焦点之间的距离。通过式（2-7）可以得出这样的结论：移动节点 MS 的位置就在以两个基站 BS1 和 BS2 所在的位置作为焦点，到两焦点距离差为 $d_{1,2}$ 的双曲线上面。

如图 2-7 所示，假设 BS1,BS2,BS3 的坐标分别为：$(0,0),(0,y_2),(x_3,y_3)$，移动节点 MS 的坐标为(x,y)。则有

$$\begin{cases} d_{1,2} = d_2 - d_1 = \sqrt{x^2 + (y - y_2)^2} - \sqrt{x^2 + y_2} \\ d_{1,3} = d_3 - d_1 = \sqrt{(x - x_3)^2 + (y - y_3)^2} - \sqrt{x^2 + y^2} \\ d_{2,3} = d_3 - d_2 = \sqrt{(x - x_3)^2 + (y - y_2)^2} - \sqrt{x^2 + (y - y_2)^2} \end{cases} \tag{2-8}$$

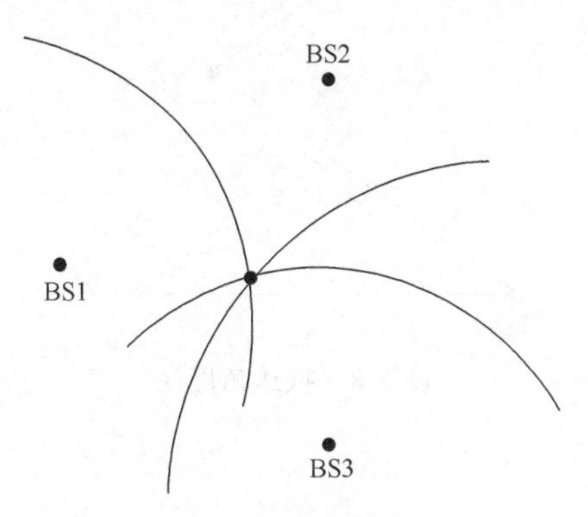

图 2-7　双曲线定位

对方程组（2-8）进行整理可以得

$$[4d_{1,2}^2(b^2+1) - 4y_2^2]y^2 + [8abd_{1,2}^2 + 4(y_2^2 - d_{1,2}^2 y_2)]y + [4a^2 d_{1,2}^2 - (y_2^2 - d_{1,2})^2] = 0 \tag{2-9}$$

由式（2-9）可以得到两个解，其中一个为移动节点的真实位置，另外一个为干扰位置。通过一些其他的辅助条件，如方位入射角度等进行判别，可以干扰节点去除，这样就得到了估计的移动节点的坐标。

2.3.4　抵达角度定位方法

通过测量移动节点（MS）相对于基站（BS）的角度，两个基站的角度测量可将目标移动台的位置确定出来。

假设理想情况下，如图 2-8 所示，两个基站的位置已知，设 BS1 的坐标为$(0,0)$，BS2 的坐标为$(0,y_2)$，两基站测量得到移动节点的角度分别为α,β，则两个接收机与目标点所形成的两条直线可以表示为

$$\begin{cases} y = x\tan\alpha \\ y = x\tan\beta + y_2 \end{cases} \tag{2-10}$$

通过求解方程组（2-10）即可得到移动节点的坐标为

$$\begin{cases} x = \dfrac{y_2}{\tan\alpha - \tan\beta} \\ y = \tan\alpha x \end{cases} \tag{2-11}$$

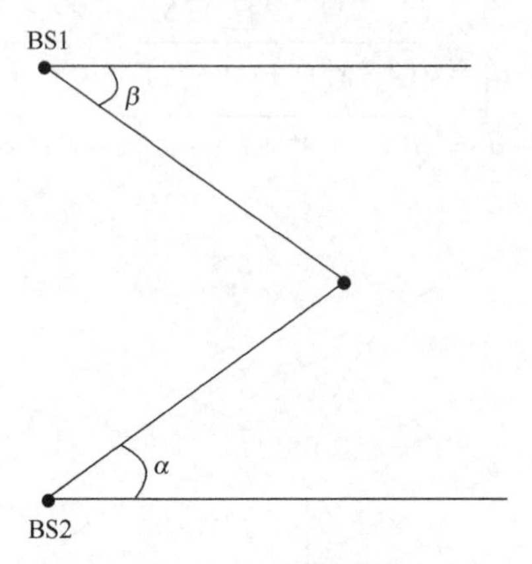

图 2-8　抵达角度法

2.3.5　最小二乘法

当室内环境下设置 3 个或 3 个以上基站 BS 时，各个 BS 的坐标分别为 (x_1, y_1), $(x_2, y_2), \cdots, (x_k, y_k)$，BS 到移动节点 MS 的距离为 $d_1, d_2, \cdots, d_k$，可建立方程组（2-12）：

$$\begin{cases} (x - x_1)^2 + (y - y_1)^2 = 4_1^2 \\ \vdots \\ (x - x_k)^2 + (y - y_k)^2 = d_k^2 \end{cases} \tag{2-12}$$

由式（2-12），可得 $\boldsymbol{Ax} = \boldsymbol{b}$，其中

$$\boldsymbol{A} = \begin{bmatrix} (x_1 - x_k) & (y_1 - y_k) \\ (x_2 - x_k) & (y_2 - y_k) \\ \vdots & \vdots \\ (x_{k-1} - x_k) & (y_{k-1} - y_k) \end{bmatrix}, \quad \boldsymbol{x} = \begin{bmatrix} x \\ y \end{bmatrix}, \quad \boldsymbol{b} = \begin{bmatrix} x_k^2 - x_1^2 + y_k^2 - y_1^2 + d_1^2 - d_k^2 \\ x_k^2 - x_2^2 + y_k^2 - y_2^2 + d_2^2 - d_k^2 \\ \vdots \\ x_k^2 - x_{k-1}^2 + y_k^2 - y_{k-1}^2 + d_{k-1}^2 - d_k^2 \end{bmatrix} \tag{2-13}$$

由于测量过程中存在误差 $\boldsymbol{N}$，利用最小二乘法[16]原理可得

$$Q(\boldsymbol{x}) = \|\boldsymbol{N}\|^2 = \|\boldsymbol{b} - \boldsymbol{Ax}\|^2 \tag{2-14}$$

对式（2-14）求导得

$$\frac{\mathrm{d}Q(\boldsymbol{x})}{\mathrm{d}\boldsymbol{x}} = 2\boldsymbol{A}\boldsymbol{A}^{\mathrm{T}}\boldsymbol{x} - 2\boldsymbol{A}\boldsymbol{b} = 0 \tag{2-15}$$

如果 $\boldsymbol{A}\boldsymbol{A}^{\mathrm{T}}$ 非奇异，解得 $\boldsymbol{x}$ 为

$$\boldsymbol{x}=(\boldsymbol{A}^{\mathrm{T}}\boldsymbol{A})^{-1}\boldsymbol{A}^{\mathrm{T}}\boldsymbol{b} \tag{2-16}$$

2.3.6 极大似然估计法

极大似然估计法[17]（maximum likelihood estimation）如图 2-9 所示，已知获得信标节点 1,2,3, …, n 的坐标分别为$(x_1,y_1),(x_2,y_2),(x_3,y_3),\cdots,(x_n,y_n)$，它们到待定节点 D 的距离分别为$\rho_1,\rho_2,\cdots,\rho_n$，假设 D 的坐标为(x,y)，则存在下式：

$$\begin{cases}(x_1-x)^2+(y_1-y)^2=\rho_1^2\\(x_2-x)^2+(y_2-y)^2=\rho_2^2\\\qquad\vdots\\(x_n-x)^2+(y_n-y)^2=\rho_n^2\end{cases} \tag{2-17}$$

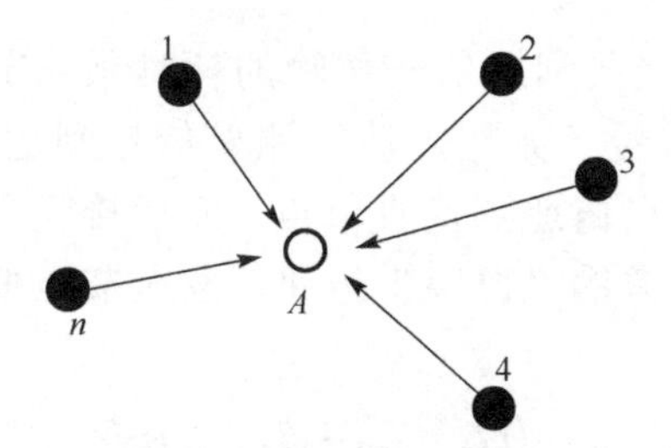

图 2-9 极大似然估计法

式（2-16）可表示线性方程式：$\boldsymbol{Ax}=\boldsymbol{b}$，其中：

$$\boldsymbol{A}=\begin{bmatrix}2x_1-x_n & 2y_1-y_n\\2x_2-x_n & 2y_2-y_n\\\cdots & \cdots\\2x_{n-1}-x_n & 2y_{n-1}-y_n\end{bmatrix},\quad \boldsymbol{b}=\begin{bmatrix}x_1^2-x_n^2+y_1^2-y_n^2+\rho_n^2-\rho_1^2\\x_2^2-x_n^2+y_2^2-y_n^2+\rho_n^2-\rho_2^2\\\cdots\\x_{n-1}^2-x_n^2+y_{n-1}^2-y_n^2+\rho_n^2-\rho_{n-1}^2\end{bmatrix},\quad \boldsymbol{x}=\begin{bmatrix}x\\y\end{bmatrix}$$

使用标准的最小均方差估计方法可以得到节点 D 的坐标为

$$\hat{\boldsymbol{x}}=(\boldsymbol{A}^{\mathrm{T}}\boldsymbol{A})^{-1}\boldsymbol{A}^{\mathrm{T}}\boldsymbol{b}$$

在传感器网络中，根据定位过程中是否测量实际节点间的距离，把定位算法分为：基于距离的（rang-based）定位算法和距离无关的（range-free）定位算法，前者需要测量相邻节点的绝对距离或方位，并利用节点间的实际距离来计算未知节点的位置；后者无需测量节点间的绝对距离或方位，而是利用节点间估计的距离计算节点位置。

2.4 基于测距的定位算法

基于距离的定位机制是通过测量相邻节点间的实际距离或方位进行定位。具体过程通常分为三个阶段：第一个阶段是测距阶段，未知节点首先测量到邻居节点的距离或角度，然后进一步计算到邻近信标节点的距离或方位，在计算到邻近信标节点的距离时，可以计算未知节点到信标节点的直线距离，也可以用二者之间的跳段距离作为直线距离的近似；第二个阶段是定位阶段，未知节点再计算出到达三个或三个以上信标节点的距离或角度后，利用三边测量法、三角测量法或极大似然估计法计算未知节点的坐标；第三个阶段是修正阶段，对求得的节点的坐标进行求精，提高定位精度，减小误差。下面将介绍常用的基于测距的定位算法。

2.4.1 TOA 定位算法

在 TOA[18]方法中，主要利用信号传输的耗时预测节点和参考节点的距离。这些系数通常运用慢速信号（如超声波）测量信号到达的时间，原理如图 2-10 所示，超声信号从发送节点传递到接收节点，而后接收节点发送另一个信号回发送节点作为响应。通过双方的“握手”传递，发送节点即能从节点的周期延时中推断距离：

$$d = \frac{\left((T_3 - T_0) - (T_2 - T_1)\right) \cdot V}{2} \tag{2-18}$$

式中，V 代表超声波信号的传递速度，这种测量方法的误差主要来自信号的处理时间，如计算延迟以及在接收端的位置延迟 $T_2 - T_1$。

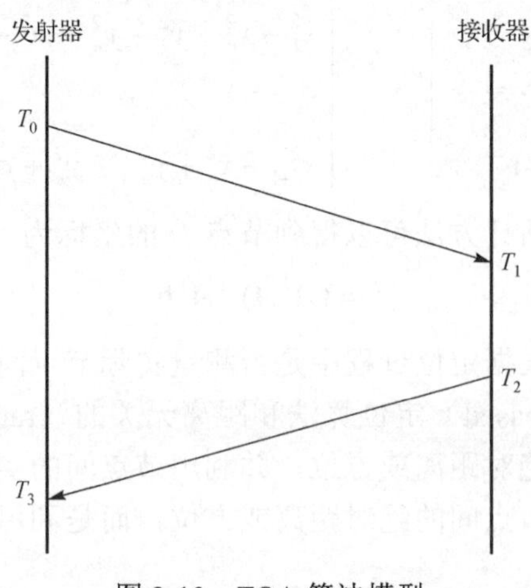

图 2-10 TOA 算法模型

基于 TOA 的定位精度高，但要求节点间保持精确的时间同步，因此对传感器的硬件和功能提出了较高的要求。

2.4.2 TDOA 定位算法

TDOA[19]测距技术被广泛应用在 WSN 方案中。一般在节点上安装超声波发生器和 RF 接收器。测距时，在发射端两种收发器同时发射信号，利用声波与电磁波在空气中传播速度的巨大差异，在接收端通过记录两种不同信号到达时间的差异，基于已知信号传播速度，直接把时间转化为距离。该技术的测距精度较 RSSI 高，可到达厘米级别，但受限于超声波传播距离和非视距（Non Line of Sight，NLOS）问题对超声波信号的传播影响。

如图 2-11 所示，发射机同时发射无线射频信号和超声波信号，接收机记录两种信号到达的时间为 T_1,T_2，已知无线射频信号和超声波的传播速度为 c_1,c_2，那么两点之间的距离为 $(T_2-T_1)S$，其中 $S=\dfrac{c_1c_2}{c_1-c_2}$，总地来说，在实际应用中，TDOA 测距可以达到较高的精度。

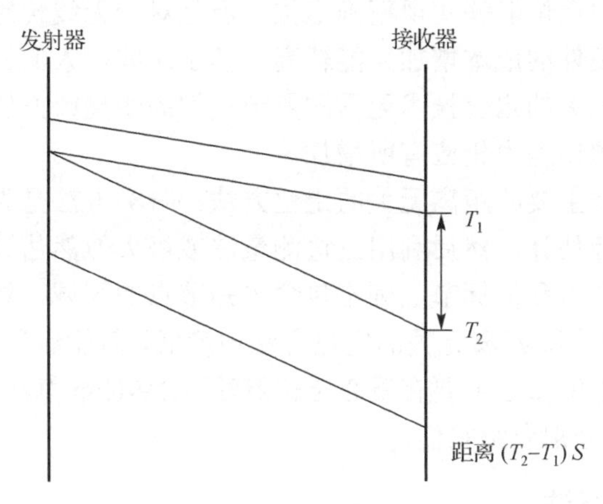

图 2-11　TDOA 算法模型

2.4.3 RSSI 定位算法

RSSI[20]随着通信距离的变化而变化，通常是节点间的距离越远，RSSI 值相对越低。一般来说，利用 RSSI 来估计节点之间的距离需要使用以下方法，已知发射节点的发射功率，在接收节点处测量接收功率，计算无线电波的传播损耗，再使用理论或经验的无线电波传播模型将传播损耗转化为距离。

常用的无线信号传播模型为

$$P_{r,dB}(d) = P_{r,dB}(d_0) - \eta 10\lg\left(\frac{d}{d_0}\right) + X_{\delta,dB} \tag{2-19}$$

式中，$P_{r,dB}(d)$为以d_0为参考点的信号的接收功率；η为路径衰减系数；$X_{\delta,dB}$为以δ^2为方差的正态分布，为了说明障碍物的影响；式（2-18）是无线信号较常使用的传播损耗模型，如果参考点的距离d_0和接收功率已知，就可以通过式计算出距离d的值。理论上，如果环境条件已知，路径衰减系数为常量，接收信号强度就可以应用于距离估计。然而不一致的衰减关系影响了距离估计的质量，这就是RSSI-RF信号测距技术的误差经常为米级的原因。在某些特定的环境条件下，可以适当地补偿RSSI造成的误差，使得基于RSSI的测距技术可以达到较好的精度。

虽然在实验的环境中RSSI表现出良好的特性，但在实际的环境中，温度、障碍物、传播模式等条件往往都是变化的，使得该技术在实际应用中仍然存在困难。

2.5　基于非测距的定位算法

尽管基于距离的定位能够实现精确定位，但是对于无线传感器节点的硬件要求很高，因而会使得硬件的成本增加、能耗高。基于这些，人们提出了与距离无关的定位技术。与距离无关的定位技术无需测量节点间的距离或方位，降低了对节点硬件的要求，但定位的误差也相应有所增加。

目前提出了两类主要的距离无关的定位方法：一类方法是先对未知节点和信标节点之间的距离进行估计，然后利用三边测量法或极大似然估计法进行定位；另一类方法是通过邻居节点和信标节点确定包含未知节点的区域，然后把这个区域的质心作为未知节点的坐标。距离无关的定位方法精度低，但能满足大多数应用的要求。

与距离无关的定位算法主要有质心定位算法、DV-Hop算法、凸规划定位算法、APIT算法等，下面分别介绍它们。

2.5.1　质心定位算法

质心定位算法[21]是南加州大学的Bulusu等学者提出的一种仅基于网络连通性的室外定位算法。如图2-12所示，该算法的核心思想是：传感器节点以所有在其通信范围内的信标节点的几何质心作为自己的估计位置。具体过程为：信标节点每隔一段时间向邻居节点广播一个信标信号，信号中包含节点自身的ID和位置信息；当传感器节点在一段侦听时间内接收到来自信标节点的信标信号数量超过某一个预设门限后，该节点认为与此信标节点连通，并将自身位置确定为所有与之连通的信标节点所组成的多边形的质心。

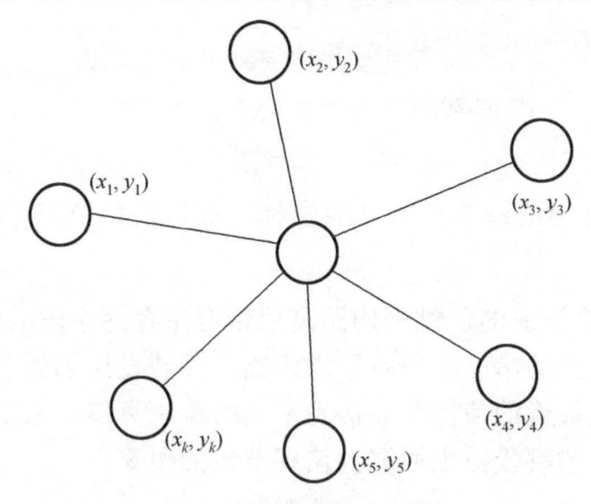

图 2-12　基于网络连通性的室外定位算法

当传感器节点接收到所有与之连通的信标节点的位置信息后，就可以根据这些信标节点所组成的多边形的顶点坐标来估算自己的位置。假设这些坐标分别为$(x_1, y_1), (x_2, y_2), \cdots, (x_k, y_k)$，则可根据式（2-20）计算出传感器节点的坐标：

$$(x_{\text{est}}, y_{\text{est}}) = \left(\frac{x_1 + \cdots + x_k}{k}, \frac{y_1 + \cdots + y_k}{k} \right) \tag{2-20}$$

该算法仅能实现粗粒度定位，需要较高的信标节点密度；但它实现简单，完全基于网络的连通性，无需信标节点和传感器节点间协调，可以满足那些对位置精度要求不太苛刻的应用。

2.5.2　DV-Hop 算法

DV-Hop[22]算法的定位过程可以分为以下三个阶段。

（1）计算未知节点与每个信标节点的最小跳数。

首先使用典型的距离矢量交换协议，使网络中的所有节点获得距信标节点的跳数（distance in hops）。

信标节点向邻居节点广播自身位置的信息分组，其中包括跳段数、初始化 0。接受节点记录具有到每个信标节点的最小跳数，忽略来自同一个信标节点的最大跳段数，然后将跳段数加 1，并转发给邻居节点，通过这个方法，可以使网络中的每个节点获得每个信标节点的最小跳数。

（2）计算未知节点与信标节点的实际跳段距离。

每个信标节点根据第一个阶段中记录的其他信标节点的位置信息和相距跳段数，利用式（2-20）估算平均每跳的实际距离：

$$\text{Hopsize}_i = \frac{\sum_{j \neq i} \sqrt{(x_i - x_j)^2 + (y_i - y_j)^2}}{\sum_{j \neq i} h_j} \tag{2-21}$$

式中，$(x_i, y_i), (x_j, y_j)$为信标节点 i, j 的坐标；h_j为信标节点 i 与 $j(j \neq i)$之间的跳段数。

然后，信标节点将计算的每跳平均距离用带有生存期字段的分组广播到网络中，未知节点只记录接收到的第一个每跳平均距离，并转发给邻居节点。这个策略保证了绝大多数节点仅从最近的信标节点接受平均每跳距离值。未知节点接收到平均每跳距离后，根据记录的跳段数来估算到信标节点的距离：

$$D_i = \text{hops} \times \text{Hopsize}_{\text{ave}} \tag{2-22}$$

（3）利用三边测量法或者极大似然估计法计算自身的位置。

估算出未知节点到信标节点的距离后，就可以用三边测量法或者极大似然估计法计算出未知节点的自身坐标。

举例如图 2-13 所示，已知锚节点 $L1$ 与 $L2$、$L3$ 之间的距离和跳数，计算得到平均每跳距离（40+75）/（2+5）=16.42；假设 A 从 $L2$ 获取平均每跳距离，则它与 3 个节点之间的距离分别为 D_1：3×16.42；D_2：2×16.42；D_3：3×16.42，然后使用三边测量法确定节点 A 的位置。

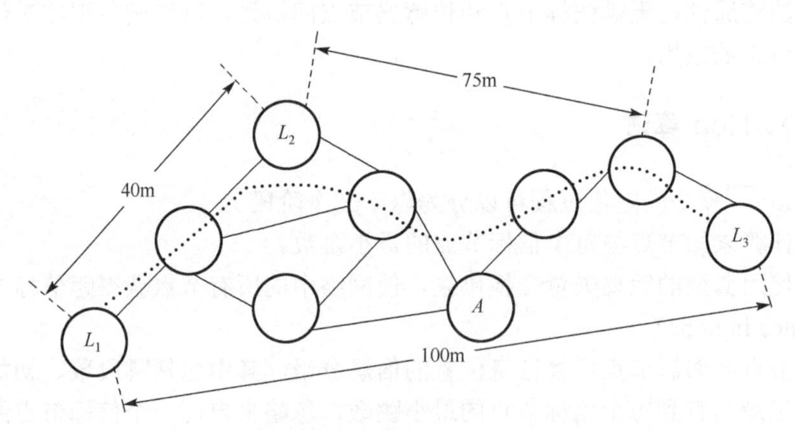

图 2-13　三边测量法或者极大似然估计法计算坐标

DV-Hop 算法在网络平均连通度为 10，信标节点比例为 10%的各向同性网络中平均定位精度大约为 33%；其缺点是仅在各向同性的密集网络中，DV-Hop 算法才能合理地估算平均每跳的距离。从上面的描述中可以看出，此方法利用平均每跳距离计算实际距离，对节点的硬件要求低，实现简单，然而存在一定误差。

2.5.3 APIT 算法

He 等提出的 APIT[23]算法的基本思想是三角形覆盖逼近。传感器节点处于多个三角形覆盖区域的重叠部分中，目标节点从所有邻居信标节点集合中选择三个节点，测试目标节点是否位于这三个节点组成的三角形内部，重复这一过程直到穷举所有的三元组合或者达到期望的精度，然后计算所有覆盖目标节点的三角形重叠部分的质心作为其位置估计。如图 2-14 所示，阴影部分区域是包含传感器节点的所有三角形的重叠区域，黑色指示的质心位置作为传感器节点的位置。

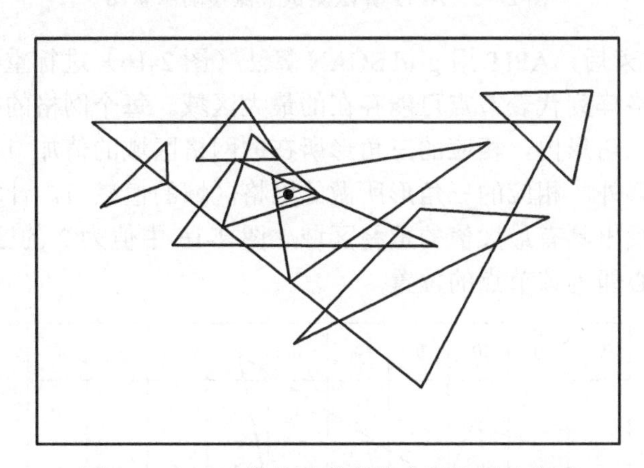

图 2-14　APIT 算法传感器节点的位置示意图

算法的理论基础是最佳三角形内点测试（perfect point-in-triangulation test）法，为了在静态网络中执行 PIT 测试，APIT 测试应运而生：假如节点 M 的邻居节点没有同时远离或靠近三个信标节点 A、B、C，那么 M 就在三角形 ABC 内；否则，M 在三角形 ABC 外。APIT 算法利用无线传感网络较高的节点密度来模拟节点移动，利用无线信号的传播特性来判断是否远离或靠近信标节点，通过邻居节点间信息交换，仿效 PTT 测试的节点移动。

如图 2-15(a)所示，节点 M 通过与邻居节点 1 交换信息，得知自身如果运动至节点 1，将远离信标节点 B 和 C，但会接近信标节点 A，与邻居节点 2，3，4 的通信和判断过程类似，最终确定自身位于三角形 ABC 中；而在图 2-15(b)中，节点 M 可知假如自身运动至邻居节点 3 处，将同时远离信标节点 A、B、C，故判断自身不在三角形 ABC 中。

在 APIT 算法中，一个目标节点任选三个相邻信标节点，测试自己是否位于它们所组成的三角形中，使用不同信标节点组合重复测试直到穷尽所有组合或达到所需定位精度。

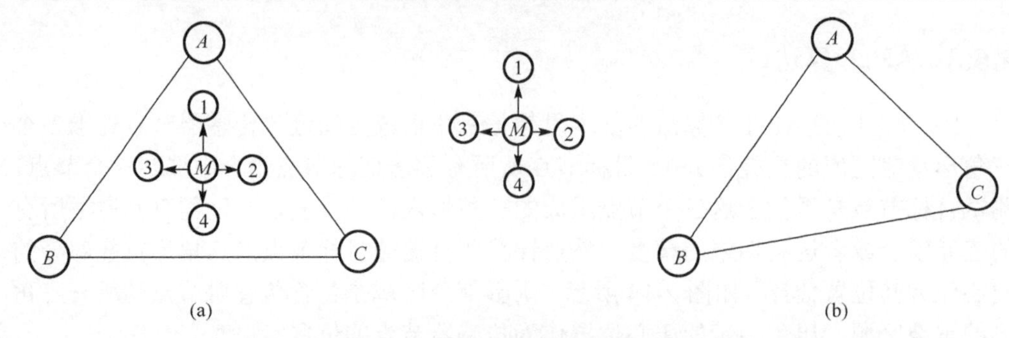

图 2-15　APIT 算法测试节点移动示意图

APIT 测试结束后，APIT 用 grid SCAN 算法（图 2-16）进行重叠区域的计算。在此算法中，网格阵列代表节点可能存在的最大区域。每个网格的初值都为 0。如果判断出节点在三角形内，相应的三角形所在的网格区域的值加 1；同样，如果判断出节点在三角形外，相应的三角形所做的网格区域的值减 1。计算出所有的三角形区域的值后，找出具有最大值的重叠区域（图 2-16 中值为 2 的区域），最后计算出这个区域的质心即为该节点的位置。

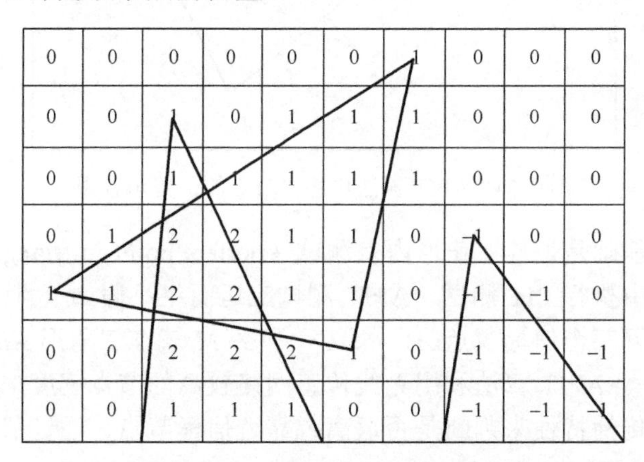

图 2-16　grid SCAN 示意图

在无线信号传播模式不规则和传感器节点随机部署的情况下，APIT 算法的定位精度高、性能稳定、测试错误概率较小（最坏情况下 14%），平均定位误差小于节点无限射程的 40%。但因细分定位区域和传感器节点必须与信标节点相邻的需求，该算法要求较高的信标节点密度。

APIT 定位具体步骤如下。

（1）收集信息，未知节点收集临近节点的信息，如位置、标志号、接收到的信号强度等，邻居节点之间交换各自收到的信标节点的信息。

（2）APIT 测试，测试未知节点是否在不同的信标节点组合成的三角形内部。

（3）计算重叠区域，统计包含未知节点的三角形，计算所有三角形的重叠区域。

（4）计算未知节点的位置，计算重叠区域的质心位置，作为未知节点的位置。

在无线信号传播模式不规则和传感器节点随机部署的情况下，APIT 算法的定位精度高，性能稳定，但 APIT 测试对网络的连通性提出了较高的要求。相对于计算简单的质心定位算法，APIT 算法精度高，对信标节点的分布要求低。

2.5.4　凸规划定位算法

加州大学伯克利分校的 Doherty 等将节点间点到点的通信连接视为节点位置的几何约束，把整个网络模型化为一个凸集，从而将节点定位问题转化为凸约束优化问题，然后使用半定规划和线性规划方法得到一个全局优化的解决方案，确定节点位置；同时也给出了一种计算传感器节点有可能存在的矩形空间的方法。如图 2-17 所示，根据传感器节点与信标节点之间的通信连接和节点无线通信射程，可以估算出节点可能存在的区域（图中阴影部分），并得到相应的矩形区域，然后以矩形的质心作为传感器节点的位置。

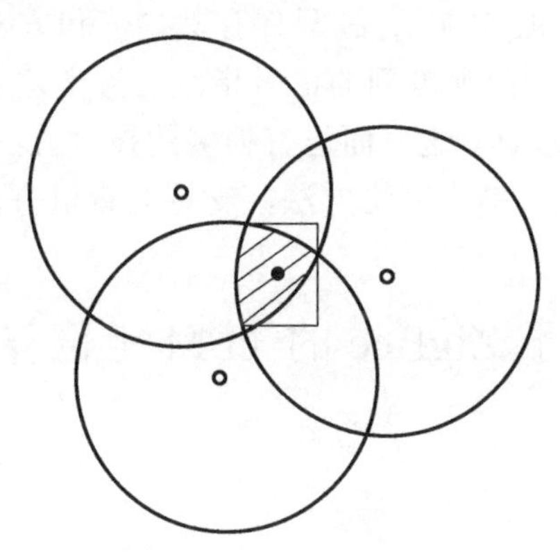

图 2-17　传感器节点定位示意图

凸规划是一种集中式定位算法[24]，定位误差约等于节点的无线射程（信标节点比例为 10%）。为了高效工作，信标节点需要被部署在网络的边缘，否则外围节点的位置估算会向网络中心偏移。

2.5.5　位置指纹法

室内环境，由于无线信号受多径与衰落的影响比较严重，对于一些使用信号强度与距离的映射关系进行三边测量的方法，通常需要建立非常复杂的映射模型。所以研究者发明了一种新的方法，该方法直接将位置和该位置上采集到的信号进行关联，然后进行定位。这一方法称为位置指纹法[25]，该方法通常分为两个阶段：离线采样阶段和在线定位阶段。

离线采样阶段工作的目的就是构建位置指纹数据库或者也称为信号地图（radio map），为了生成该数据库，操作人员需要在被定位环境里确定若干采样点，然后遍历所有采样点，记录下在每个采样点测量的无线信号特征，即来自所有接入点的信号强度，最后将它们保存在数据库中。

位置指纹数据库中第 i 条指纹的表达为

$$F_i = (\mathrm{loc}_i, \{\boldsymbol{a}_{ij} \mid j \in \boldsymbol{N}_i\}) \tag{2-23}$$

式中，loc_i 为采集第 i 条指纹时所对应的位置，该位置的表示方式非常灵活，既可以是一个空间坐标的多元组，也可以是一个指示型的变量或逻辑符号。向量 $\boldsymbol{a}_{ij}$ 中保存的是接收来自 AP_j 的 RSSI 值，它的第 k 个元素表示为 a_{ij}^k。一般来说在构建位置指纹数据库之前还可以进行一些修改或者预处理工作。之所以这样做一般是为了节约存储容量或者降低计算的复杂度。而且对于不同的定位算法，位置指纹数据库也会略有不同，比如说每一组 RSSI 向量 $\boldsymbol{a}_{ij}$ 只保存其均值和方差。

在线阶段，系统使用当前观测到的信号指纹去搜索位置指纹数据库，找到相匹配的位置指纹，进行位置求解。这方面已有很多的技术方法，大体上可以分为四类：kNN 方法、概率模型方法、神经网络方法、支持向量机方法。

2.6 基于 ZigBee 的 TLM 定位算法实例

2.6.1 定位算法

定位算法有很多种，按照不同的标准可以有很多不同的分类，比较常用的方法是三边定位。在一个二维坐标系统中，最少需要到 3 个参考点的距离才能唯一确定一点的坐标。无线定位技术在三边定位的基础上演变出一些比较好的方法：基于测距技术的定位和无需测距技术的定位。基于测距技术的定位主要有 TOA、TDOA、信号强度测距法；非基于测距的定位算法主要有质心法、凸规划定位算法、距离矢量跳数的算法。本节主要介绍一种阈值分段定位方法——传输线矩阵（Transmission Line Matrix，TLM）。首先定义一个阈值距离，当目标节点和参考节点距离在阈值距离以内时采用改进的 RSSI 测距法，即建立一个特定环境中的信号传播模型；当距离在阈值距离以外时，由于 RSSI 变化不明显，因此采用基于接收链路质量指示（Link Quality Indicator，LQI）的 DV-Hop 算法，来改善定位精度。

2.6.2　TLM 定位算法设计

1. 阈值的确定

一般来说，RSSI 技术的基本原理是通过射频信号的强度来进行距离估计，即已知发射功率，在接收节点测量功率，计算传播损耗，使用理论或经验的信号传播模型将传播损耗转化为距离。常用的传播路径损耗模型有：自由空间传播模型、对数距离路径损耗模型、对数-常态分布模型等。经测量验证，当距离大于 5m 后 RSSI 变化很小，因此本书中定义阈值距离为 d=5m。

2. 距离小于阈值

找出特定环境中的 RSSI 和距离 d 的变化关系，便可以进行定位。目前许多无线收/发芯片都能提供 RSSI 检测值，本节采用 TI 公司的 CC2430 系列芯片，可以直接读取 RSSI。当一个节点向另外一个节点发送数据包时，在数据包的最后 2 个字节分别是 RSSI 和 LQI 值。用 CC2430 实时读取 RSSI 值，采用曲线拟合的方法得到一个特定环境的关系式。在一个预定的房间内分别记录未知节点到各参考节点的 RSSI 和距离 d_i，得到距离和 RSSI 对应组（d_i, P_r），最后根据每个参考节点所测得的数据，以 d 为 X 轴，Pr 为 Y 轴，得到各自的 P_r-d 曲线。将 P_r-d 的对应关系绘制成二维变化曲线，根据试验测得的数据绘成曲线图，对曲线进行拟合，可以得到一个近似的关系式。

3. 距离大于阈值

当距离大于阈值时采用改进的 DV-Hop 算法，即将未知节点与锚节点之间的距离用网络平均每跳距离和两节点之间最短路径跳数之积来表示，再使用三边测量法获得节点位置信息。

该算法也存在一定的不足，当接收到不合理的跳数值之后，会影响参考节点的平均每跳距离，这里采用了基于 LQI 的改进方法。LQI 表示接收链路质量指示，影响因素有收发之间的信号强度和接收灵敏度。如果 2 个节点传接数据包的比率很小，定位计算时去掉这个节点。

2.6.3　算法仿真及结果

1. RSSI 建模

采用 TI 公司的 CC2430 芯片，可以直接读取接收信号强度指示 RSSI，在一个 6m×6m 的房间内，经多次测量 RSSI 和距离 d 的关系如表 2-1 所示。

表 2-1　RSSI 和距离 d 的关系

d/m	$\lg d$	RSSI/dBm
1	0	−46
2	0.30	−54
2.5	0.40	−63
3	0.48	−68
3.5	0.54	−72
4	0.60	−75
4.5	0.65	−77

在 MATLAB 软件里，纵轴为 RSSI 值，横轴为距离 d 取对数，由表 2-1 中数据仿真，结果如图 2-18 所示。

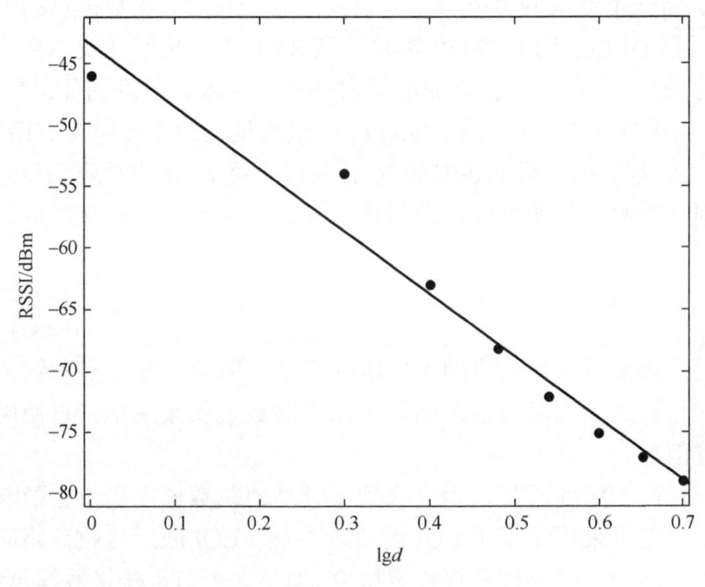

图 2-18　RSSI-lg$d$ 仿真

由软件直接得到关系式如式（2-24）所示：

$$\mathrm{RSSI} = -(50.7\lg d + 43.49) \tag{2-24}$$

2. 仿真定位

在房间布点如下：8 个参考节点，1 个移动节点，所有节点坐标如表 2-2 所示。节点实际距离和建模距离如表 2-3 所示。

表 2-2　节点分布表

节点内容	坐标	RSSI
未知节点	(1.5, 2)	
参考节点		
1	(0, 0)	–62
2	(1.5, 5)	–63
3	(1, 4)	–59
4	(2, 3)	–50
5	(2, 4)	–55
6	(3, 3)	–55
7	(3, 1)	–60
8	(4, 5)	–73

表 2-3　节点实际距离和建模距离

节点数	实际距离/m	建模距离/m
1	2.5	2.317
2	3	1.425
3	2.06	2.022
4	1.1	1.344
5	2.06	1.687
6	1.8	1.687
7	1.8	2.117
8	3.9	3.820

三边测量法在 MATLAB 中仿真节点分布如图 2-19 所示。

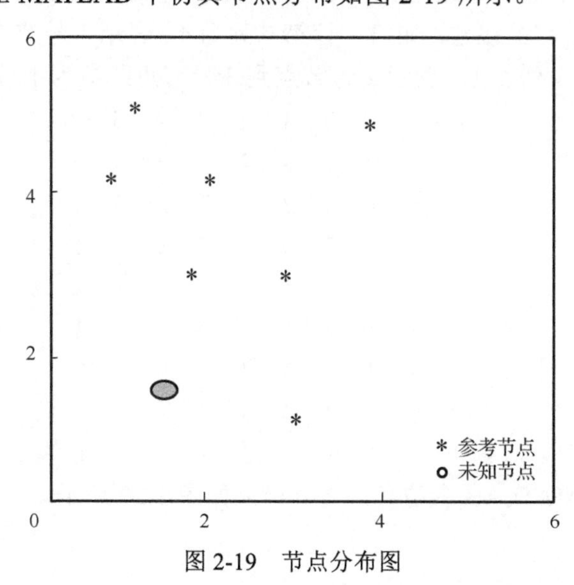

图 2-19　节点分布图

未知节点实际坐标：（1.5000, 2.0000）；未知节点定位坐标：（1.2463, 2.2636）。

在大量测量房间内的 RSSI 值后得到一个 RSSI 和位置的数据库，可以一定程度上提高上述定位的精度。

3. DV-Hop 仿真

仿真所用参考节点以及未知节点的坐标如表 2-4 所示。其中 1～8 号点为参考点，9 号为未知点。

表 2-4　节点坐标分布图

节点	坐标
1	(0, 15)
2	(16, 0)
3	(23, 14)
4	(18, 20)
5	(21, 30)
6	(30, 25)
7	(40, 22)
8	(58, 58)
9	(20, 18)

每个节点都向其邻居节点广播包含自身信息的向量分组（其中包含初始化为 1 的跳数和节点自身的坐标信息），接收节点记录下每个参考节点具有最小跳数的向量分组，忽略来自同一个参考节点具有较大跳数的向量分组，然后将跳数加 1，以后再转发给其他邻居节点，如此往复转发。各个节点之间的跳数如下：矩阵的元素分别表示 i 节点到 j 节点的跳数；如第一行第二列为 4，表示 1 号节点到 2 号节点跳数为 4 跳，第二行第 3 列为 1，表示 2 号节点到 3 号节点跳数为 1 跳。

$$
h = \begin{matrix}
0 & 4 & 3 & 1 & 2 & 3 & 4 & 5 & 2 \\
4 & 0 & 1 & 3 & 4 & 3 & 4 & 5 & 2 \\
3 & 1 & 0 & 2 & 3 & 2 & 3 & 4 & 1 \\
1 & 3 & 2 & 0 & 1 & 2 & 3 & 4 & 1 \\
2 & 4 & 3 & 1 & 0 & 1 & 2 & 3 & 2 \\
3 & 3 & 2 & 2 & 1 & 0 & 1 & 2 & 1 \\
4 & 4 & 3 & 3 & 2 & 1 & 0 & 1 & 2 \\
5 & 5 & 4 & 4 & 3 & 2 & 1 & 0 & 3 \\
2 & 2 & 1 & 1 & 2 & 1 & 2 & 3 & 0
\end{matrix}
$$

DV-Hop 法在 MATLAB 中仿真，仿真结果如图 2-20 所示。

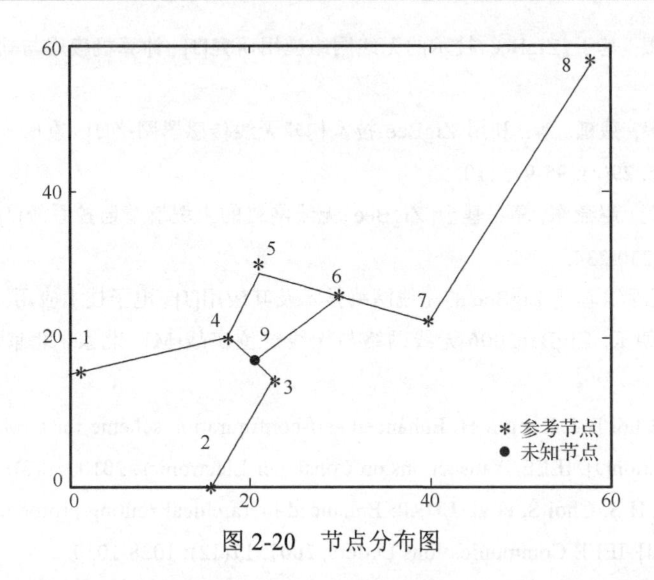

图 2-20　节点分布图

未知节点实际坐标：(20, 18)；未知节点定位坐标：(29.8813, 42.0713)。

2.7　本 章 小 结

在这章中，主要介绍了无线传感器网络的特征和系统结构。针对广泛应用的 ZigBee 协议做出了具体的协议分析。首先对 ZigBee 协议层次结构和网络特征进行详细介绍，用于加深对无线传感器网络的理解。然后对无线传感器网络中常见的定位算法进行了归纳整理，列出了无线传感器网络中常见的十几种定位算法，最后结合一个简单的无线传感器定位算法来说明无线定位在实际是如何运用的。

参 考 文 献

[1] 彭力, 无线传感器网络技术[M]. 北京：冶金工业出版社, 2011.

[2] 孙利民, 无线传感器网络[M]. 北京：清华大学出版社, 2005.

[3] Kim H, Chung J M, Kim C H, et al. Secured communication protocol for Internetworking ZigBee cluster networks[J]. Computer Communications, 2009, 32(13/14): 1437-1444.

[4] Yen L H, Tsai W T. The room shortage problem of tree-based ZigBee/IEEE 802. 15. 4 wireless networks[J]. Computer Communications, 2010, 33(4): 454-462.

[5] 周怡颋，凌志浩，吴勤勤，等. ZigBee 无线通信技术及其应用探讨[J]. 自动化仪表，2005, 26(6): 5-9.

[6] 原羿, 苏鸿根. 基于 ZigBee 技术的无线网络应用研究[J]. 计算机应用与软件, 2004, 21(6): 89-91.

[7] 王东, 张金荣, 魏延, 等. 利用 ZigBee 技术构建无线传感器网络[J]. 重庆大学学报（自然科学版）, 2006, 29(8): 95-97, 110.

[8] 胡培金, 江挺, 赵燕东, 等. 基于 ZigBee 无线网络的土壤墒情监控系统[J]. 农业工程学报, 2011, 27(4): 230-234.

[9] 顾瑞红, 张宏科. 基于 ZigBee 的无线网络技术及其应用[J]. 电子技术应用, 2005, 31(6): 1-3.

[10] 李文仲, 段朝玉. ZigBee2006 无线网络与无线定位实战[M]. 北京: 北京航空航天大学出版社.

[11] Hwang K I, Choi B J, Kang S H. Enhanced self-configuration scheme for a robust ZigBee-based home automation[J]. IEEE Transactions on Consumer Electronics, 2010, 56(2): 583-590.

[12] Ha J Y, Park H S, Choi S, et al. EHRP: Enhanced hierarchical routing protocol for ZigBee mesh networks ee[J]. IEEE Communications Letters, 2007, 11(12): 1028-1030.

[13] 熊志广, 石为人, 许磊, 等. 基于加权处理的三边测量定位算法[J]. 计算机工程与应用, 2010, 46(22): 99-102.

[14] 袁修孝, 付建红, 楼益栋. 基于精密单点定位技术的 GPS 辅助空中三角测量[J]. 测绘学报, 2007, 36(3): 251-255.

[15] 张正明. 辐射源无源定位研究[D]. 西安: 西安电子科技大学, 2000.

[16] 刘利军, 韩焱. 基于最小二乘法的牛顿迭代信源定位算法[J]. 弹箭与制导学报, 2006, 26(3): 325-328.

[17] 石琴琴, 霍宏, 方涛, 等. 使用最速下降算法提高极大似然估计算法的节点定位精度[J]. 计算机应用研究, 2008, 25(7): 2038-2040.

[18] Panichcharoenrat T, Lee W J. Two hybrid RSS/TOA localization techniques in cognitive radio system[C]// Proceedings of the 2014 6th International Conference on Knowledge and Smart Technology (KST), 2014: 23-28.

[19] Amishima T, Wakayama T, Okamura A. TDOA association for localization of multiple emitters when each sensor receives different number of incoming signals[C]// Proceedings of the SICE Annual Conference, 2014: 1656-1661.

[20] Carlson J D, Mittek M, Parkison S, et al. Smart watch RSSI localization and refinement for behavioral classification using laser-SLAM for mapping and fingerprinting[C]// Proceedings of the Engineering in 2014 36th Annual International Conference of the IEEE Medicine and Biology Society (EMBC), 2014: 2173-2176.

[21] 刘清, 白光伟, 赵露. 一种新型三维传感器网络质心定位算法[J]. 微电子学与计算机, 2014, 5(31): 1-5.

[22] Gayan S, Dias D H. Improved DV-Hop algorithm through anchor position re-estimation[C]//

Proceedings of the 2014 IEEE Asia Pacific Conference on Wireless and Mobile, 2014: 126-131.

[23] Xiong X, Yan C. Three-dimensional localization algorithm of APIT based on fermat-point divided for wireless sensor networks[C]// Proceedings of the 2014 Seventh International Symposium on Computational Intelligence and Design (ISCID), 2014, 2: 521-524.

[24] 任克强，庄放望. 移动锚节点凸规划定位算法研究及改进[J]. 传感技术学报，2014，27(10): 1406-1411.

[25] 刘乾辰，徐昌庆，祝正元，等. 一种改进的无线局域网位置指纹定位法[J]. 信息技术，2014, 38(7): 140-142.

第 3 章　无线传感网络节点选址技术

3.1　概　　述

无线传感网络节点的组网对数据时延、数据的完整性及同步运算有着严格的要求。合理的节点选址和部署对于设计目标的实现至关重要。近年来，无线传感网络技术被越来越多地运用在实际工程中，如森林监测、灾难管理、空间探索、工厂自动化、安全施工、边境保护和战场监控等领域。这些应用是将小型化的传感器节点部署在监测区域，然后通过无人值守的方式自主运行。除了需要有探测环境的能力外，每个传感器还需要直接通过无线射频将所收集的数据发送到基站。图 3-1 描述了典型的无线传感器网络架构。大多数的无线传感器网络应用包括数百个小型电池工作节点，然而每个传感器节点的能量是有限的，节点能量耗尽将停止工作，如果多个传感器的能源耗尽将会导致无线传感器网络拓扑结构遭到破坏，因此，无线传感器网络应有效地管理能源，以满足应用的要求。

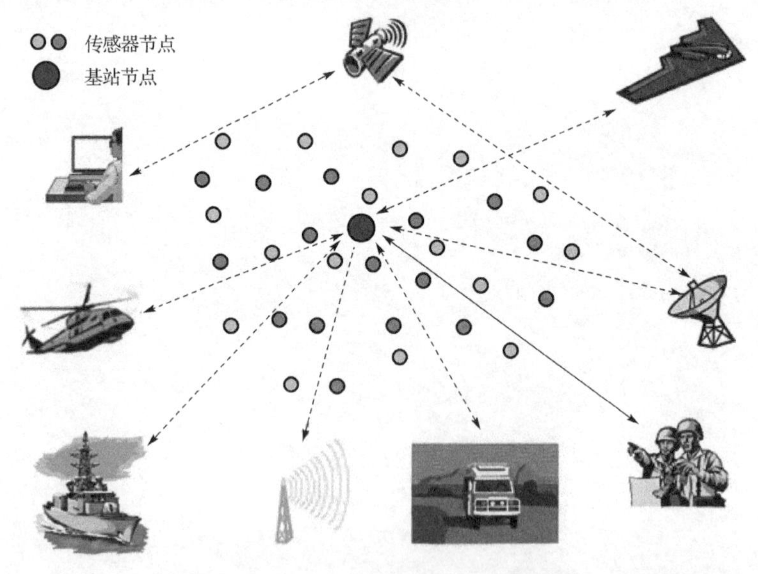

图 3-1　节点部署连接网络应用图例

现阶段，多数无线传感器网络的研究分别集中在基础功能的实现上，如减少数据时延，以及非基础功能的实现，如确保数据的完整性。同时，无线传感器网络的研究还要求提高处理资源分配、节省能量的能力以便延长网络的寿命。无线传感器网络的设计方案涉及通信协议栈的各个层，最流行的优化技术集中在网络层，包括多跳路由的设置、网络数据汇聚和分层网络拓扑；在访问控制层有冲突避免、输出功率控制等；在应用层有节点自适应、轻量级数据认证和加密及负载均衡和查询优化等应用。

一个合理的部署策略需要准确地部署传感器节点，以便满足所期望的性能目标。在这种情况下，可以通过合理控制节点的密度来确保有效覆盖被监视区域。因此，可以在传感器节点部署前确定网络的拓扑结构。然而，大多数无线传感器网络应用中传感器是随机部署的，无法保证节点覆盖率和节点密度的均匀分布，同时难以实现强连接的网络拓扑结构。节点的部署目标是为了构造一个良好的网络拓扑结构以实现系统设计的目标。就节点覆盖来说，节点的位置影响了众多的网络性能指标，如能耗、时延和吞吐量。例如，节点之间的距离增大将削弱通信链路，降低产量和增加能量的消耗。以下章节将根据节点部署性质从静态和动态网络方面来介绍节点部署。

3.2　静态节点部署

如上所述，节点位置对无线传感器网络的有效性及其运行效率有着较大的影响。节点部署方案需要在无线传感器网络启动之前确定，该方案通常基于特定节点的位置，这种节点基于一个独立于网络状态的度量或者假定整个网络的寿命在一个固定网络运行模式下保持不变。这些静态度量有区域覆盖率、节点间距等。静态网络运行模式常假设数据通过预设定方案周期性收集传感器数据。在本节中，我们会讨论静态节点部署策略和技术。根据部署方法、优化目标和节点角色可以对节点部署策略进行分类，图 3-2 总结了不同类型的节点部署策略。

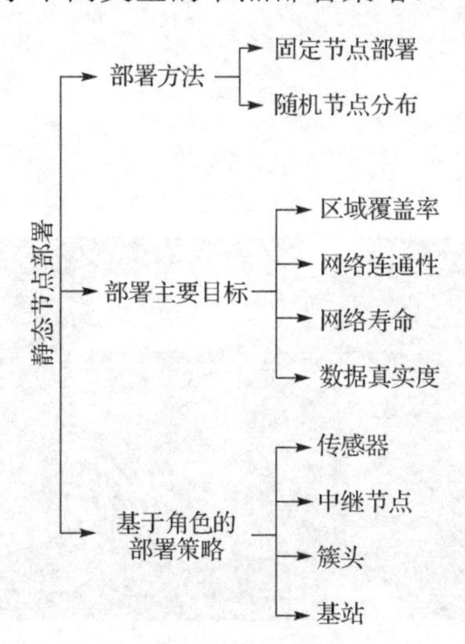

图 3-2　在 WSN 中不同类别的静态节点部署

3.2.1 部署方法

传感器一般是固定或随机地放置在检测区域，部署方案的选择在很大程度上取决于传感器的类型、应用及其所在的环境。当传感器非常昂贵或操作与位置相关性很大的时候，固定节点部署是可行且必要的。这些场景包括需要高度精确的地震节点、水下的 WSN 应用及传输图像和视频的传感器。另一方面，在一些应用中随机分布的节点是唯一可行的选择，其特别适用于恶劣环境，如战场或灾区。随机节点部署能否达到所需的性能目标取决于节点分布和冗余度。

1. 固定节点部署

固定节点部署常用于无线传感器网络的室内应用，室内网络如澳大利亚悉尼大学工程的有源传感器网络（ASN）[1]；芝加哥埃森哲技术实验室项目的室内监控多传感器（MSIS）[2]；还有英特尔的无线传感器网络技术工业应用项目[3]。ASN 和 MSIS 项目主要面向服务监控的应用，如安全设施和企业资产管理。英特尔重点是在制造工厂和工程设施的应用，如图 3-3 的预防性维护设备。手持传感器用于检测大型建筑物中的质量指标，如检测腐蚀和过应力梁可危及结构的完整性的应用[4,5]；另一个典型的应用是美国桑迪亚国家实验室的应用，可以检测和识别在空气或水的供应中的污染源[6,7]。

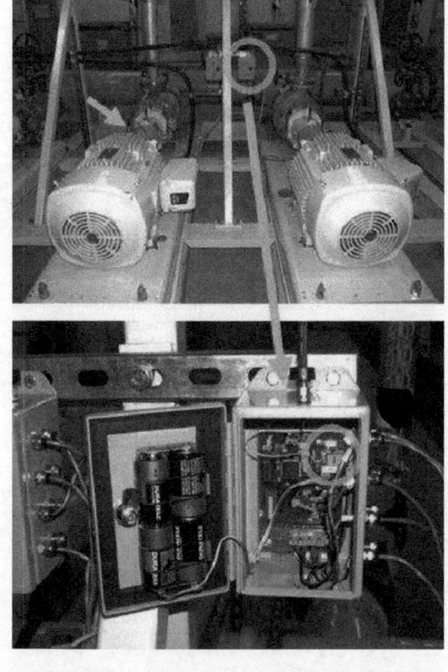

图 3-3 传感器分析振动并评估一个半导体制造工厂的设备健康状况

固定节点部署在测距仪、水下声学、成像和视频传感器的应用中非常普遍。在一般情况下，这些传感器都参与了三维（3-D）的应用场景，相比二维部署的区域它更难以分析。Poduri 等研究了从二维到三维传感应用的覆盖分析和布局策略的适用性[8]，他们总结了许多流行方法，比如艺术画廊和球体包装问题，在二维可以得到最优解，在三维则是 NP-Hard 问题。大部分部署方法通过这些类型的传感器能有效提高视觉图像的质量，并且提高了检测到的对象的评估准确度。对于水下应用，声信号经常被用来作为数据载体，并且部署的节点还必须确保是在通信节点的视线路径上[9]。

在大规模无线传感器网络中，3-D 应用的优化部署是值得重视的一个新兴领域。大多数的 3-D 无线传感器网络的方案都是小规模的网络[2]，这种方案不适合部署 2-D 平面追求简约的设计目标[10,11]。

2. 随机节点分布

在很多情况下随机部署往往是唯一的选择。例如，在战争、灾难恢复、森林火灾探测执行侦察任务时，固定部署的传感器是非常危险或者不可行的。过去，传感器一般由直升机、榴弹发射器或集群炸弹投放，这些部署方式导致传感器被随机放置。虽然节点密度可以被控制，但是要做到均匀分布是不切实际的。许多研究项目都是在假设节点是均匀分布的基础上评估网络性能[12]。当前随着传感器成本不断降低及微型传感器的尺寸不断缩小，大量节点的投入也变得现实，此时节点的均匀分布是较为可行的。

Ishizuka 和 Aida [13]研究了随机节点分布方法，他们试图分析随机部署的容错性能。如图 3-4 所示，他们比较了三种部署模式：简单扩散（二维正态分布）、均匀分布和 R-随机分布，其中节点在基站间被均匀地从相对于径向和角方向散射。

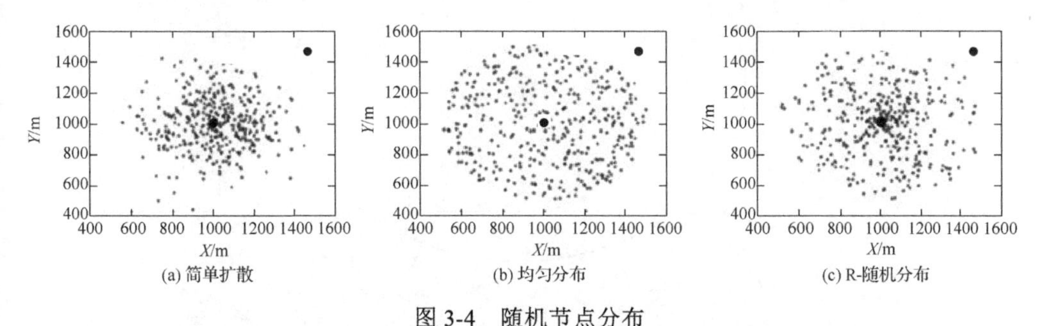

(a) 简单扩散　(b) 均匀分布　(c) R-随机分布

图 3-4　随机节点分布

对于 R-随机节点分布图案，其遵循以下的概率密度函数：

$$f(r,\theta)=\frac{1}{2\pi R},\quad 0\leqslant r\leqslant R,\quad 0\leqslant\theta<2\pi \tag{3-1}$$

该实验主要分析不同策略的部署在处理可能的数据不可达及数据丢失情况下的可靠性。模拟结果表明，传感器的损坏或电池的耗尽都会引起节点的故障，使网络不可达或数据丢失。研究结果还表明，R-随机部署策略在容错方面是一个比较好的策略。在一个多跳网络拓扑结构中，基站附近的传感器往往传递更多的流量，于是它们的电池也相对消耗更快。因此，靠近基站的地方需要部署更多的传感器，并且需要及时更换有故障的中继节点，从而维持了网络的连通。

而文献[13]假定了一个扁平化架构，Xu[14]等考虑两层网络体系结构，其中传感器通过周围的中继节点与基站进行通信。研究的目的是为了最大限度地提高网络的生命周期以及寻找最合适的节点部署方式。他们首先表明均匀分布的节点往往不会延长网络寿命，因为中继节点到基站的距离不同所消耗的能量也不相同。一般是越靠近基站的中继节点需要消耗的能量越多，因为越靠近基站将会有更多的通信数据流。为了解决这个缺点，提出了加权随机节点分布的方案，根据不同的区域，节点的部署密度也是不同的，如图 3-5，增加了远离基站的中继节点的密度，从而延长它们的平均寿命。虽然其对网络的寿命有积极的影响，但加权随机分布可能会使靠近基站的中继节点与基站间的数据链路断开，这是由于有效中继节点与基站间的距离超过其传输范围而引起的。最后，混合部署策略引入到平衡网络寿命和连接的目标。

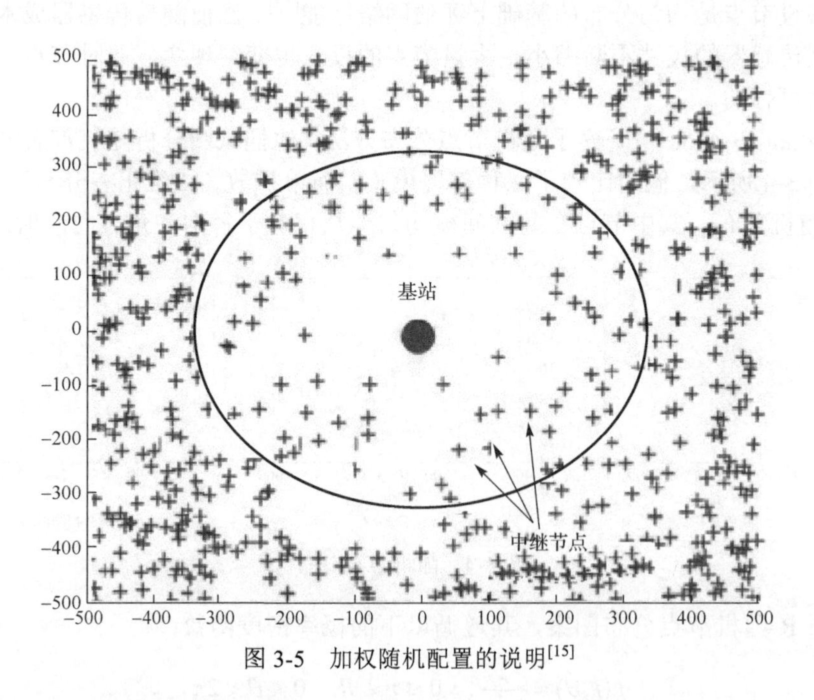

图 3-5　加权随机配置的说明[15]

中继节点的圆圈内与外面相比，密度（接近基站）较低，连接较弱。

3.2.2 部署主要目标

大部分应用都将传感器部署的比较整齐，因此，实验部署方案都是重点研究如何扩大覆盖范围、实现强的网络连通性、延长网络寿命和提升数据完整性等方面。在许多研究中往往也考虑节点的故障率及负载的容忍度。很多实验都致力于研究利用最少的资源实现效益最大化。很显然，通过随机分布的方式部署节点是实际应用中一个巨大的挑战。虽然这些研究从理论上可能达到基本的预期效果，但是在现实情况下尽量少地使用节点资源是非常困难的。在本节中，我们的主要的目标是如何优化这些传感器的安放位置，并且能以最及时的速度报告出节点周围的环境数据。

1. 区域覆盖率

目前大部分研究的关注目标是在组网后可监视的最大覆盖范围。评估覆盖率的基本要求是已部署的所有传感器都能准确地度量环境数据并且都能覆盖监测范围。在已应用的组网模型中，如文献[16]中假定传感器其检测的范围是一个固定半径的磁盘范围。然而，最近的一些研究将传感器的覆盖范围接近于多边形来开展工作[17]。在早期的论文中往往使用传感器覆盖的面积占总体部署区域面积的比率来衡量组网的质量[16]。自 2001 年以来，大多数工作都集中在最坏情况下的覆盖率，通常被称为至少曝光，测量该区域内的节点覆盖率或者那些可能产生数据是采集不到的区域[18]。

正如前面提到的，即使用于确定性部署方案，优化传感器的安装位置也不是容易的问题。由于恶劣的天气或者人为原因都会破坏已有的传感器，给原有的网络引入不确定性，整体来说传感器的组网复杂性很大。Dhillon 和 Chakrabarty[19]经过分析后在区域网格部署传感器，他们提出的部署模型由于定性及不确定因素的影响都会使测量到的数据不够精确（图 3-6）。传感器可以检测到其视距范围内的所有目标数据，当有障碍物阻挡时形成非视距影响后，传感器就很难形成有效的测量。所有的传感器按照模型中的网格点进行部署，这样可以使每一个待检测目标都能覆盖到。他们提出了一个贪婪的启发式算法来尽量在目标范围内部署最少的传感器节点。该算法是迭代执行的，在每次迭代中，每放置一个传感器都要保证最大的覆盖面，算法的最终目标是整个目标区域都能有效覆盖为止。

Clouqueur 等还研究了以最少数量的传感器部署得到目标区域的高覆盖率的问题[20]。与文献[11]不同，在这里的传感器假设使用随机部署方式，作者提出一个指标叫作暴露路径，以评估传感器的覆盖质量。这样做是为了模拟感应范围部署节点和建立集体覆盖所有传感器的基础上，形成一个预定的误报警概率图（检测错误）。图 3-7 是来自文献[20]在网格结构上引入最小暴露路径的指标，同时作者还引入了启发式增量节点部署方法，使每个目标可以用一个所需的置信值来评估使用最少的传感器数量。这个想法是随机部署可用传感器的子集，假设传感器可以确定并报告自己的位置，则可以计算出最少曝光路径识别和检测的概率。如果概率低于阈值时，沿最少曝光路径附加节点以填补覆盖漏洞。此过程会不断重复，直到达到需要的覆盖范围。文中也分析了每次迭代需要部署多少附加节点的问题，一方面，理想的是使用最少的传感器数量；另一方面，所述用于传感器部署方案可能是昂贵的或有风险的，比如，调用一架直升机。作者得出用于部署节点的成本和预期覆盖率作为传感器的部署效率的评价方法。

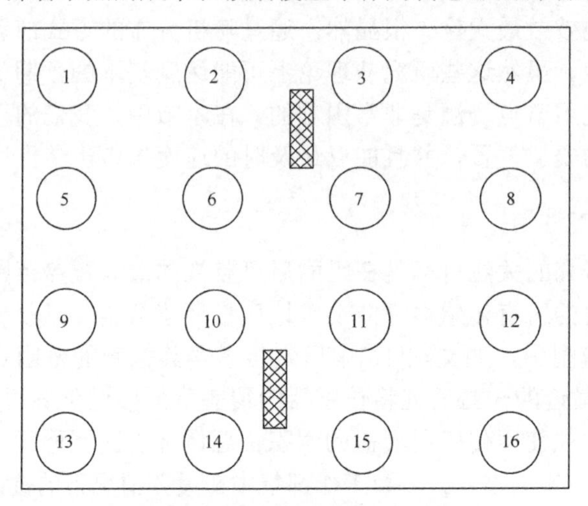

图 3-6　障碍物影响的节点分布

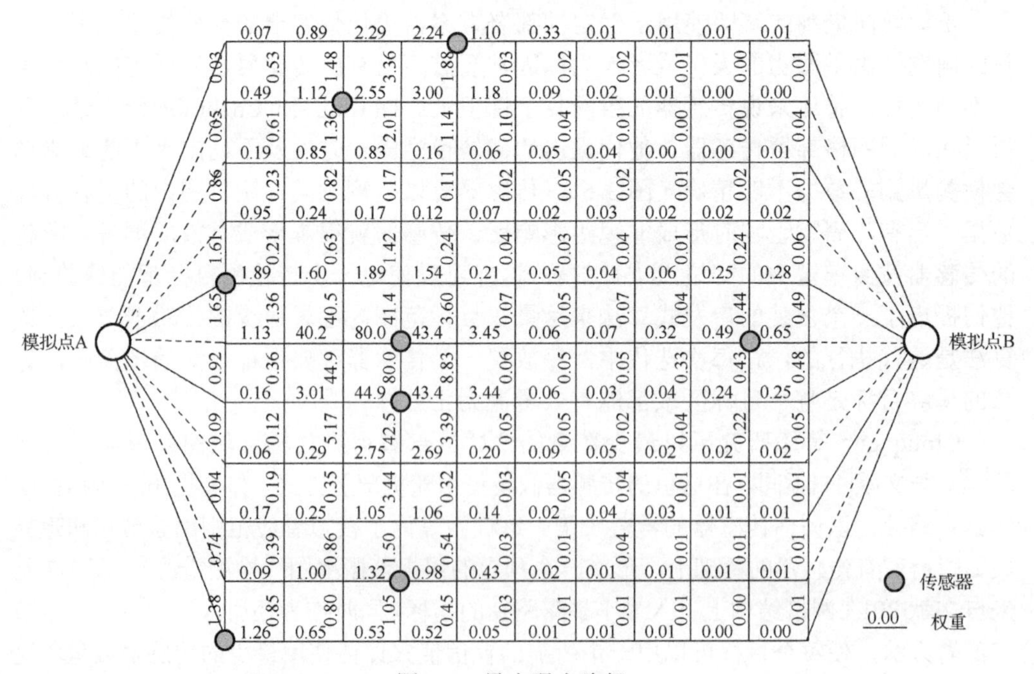

图 3-7　最小曝光路径

Pompili 等[21]已经研究了在水下无线传感器网络的应用中需要达到最大覆盖率时需要的最少的传感器个数。在海洋中，传感器可以部署在一些网关节点的底下，这些传感器将数据发送到附近的网关，然后网关通过这些垂直通信链路浮标进行数据转发。为了达到最大的覆盖面并且使用最少数量的传感器的目标，提出了三角形网格法。该想法如图 3-8 中描绘，使得任意三个相邻非共线的传感器形成等边三角形。以这种方式，可以通过调整距离的目标区域的两个相邻的传感器之间距离 d 来控制覆盖率。作者已经证明，当 $d=\sqrt{3}r$（r 是感知范围）时实现 100%的覆盖是可能的。传感器节点的通信范围被假定为比 R 大得多，因此节点间的连接不是问题。

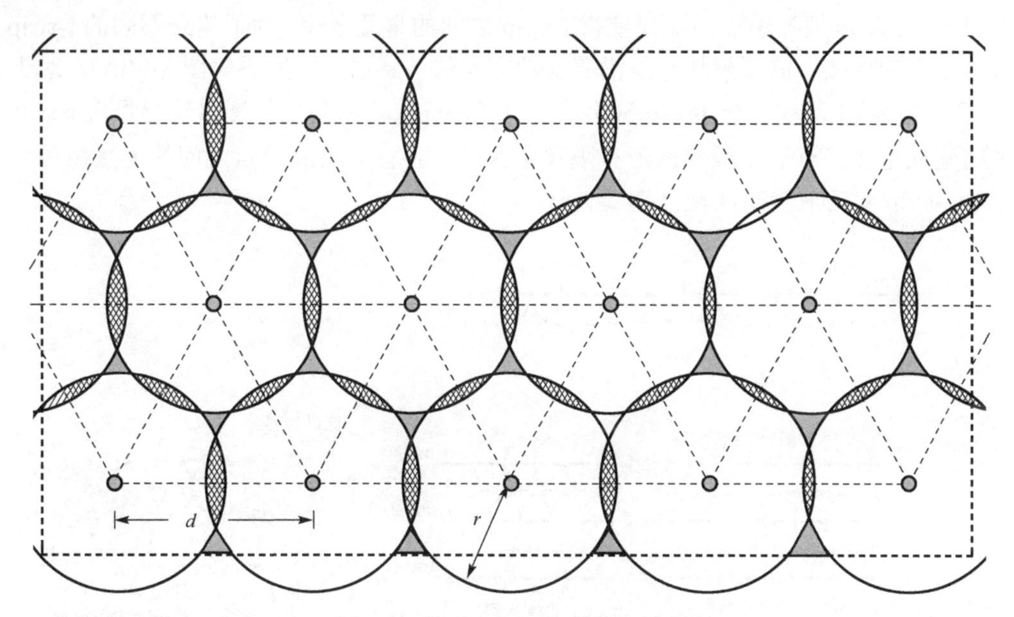

图 3-8　基于三角网格的节点部署

通过 Biagioni 和 Sasaki[22]的方法解决传感器的部署问题是比较困难的。通过选择传感器合适的位置来实现最少数量的传感器覆盖整个目标区域，并且使得网络连接在一个节点发生故障时仍能保持稳定。作者回顾了各种常规部署拓扑，如六角形、环形和星形等，并研究了它们的覆盖范围与在正常情况下的连接性能和局部故障条件。他们认为：尽管事实上，不对称性会有最优配置，但他们往往采用常规部署拓扑来简化分析。他们所提供的分析方法可以用常用的部署应用来评估这些常规拓扑结构的组合和估计节点的覆盖率。

2. 网络连通性

与覆盖率不同，网络连通性会影响覆盖目标或约束节点位置。当一个节点的传输范围 Tr 要比其感应范围 Sr 长得多的时候，网络连接并非主要问题。如果通信范围是有限的，良好的 Tr 在连接一个网络的时候会显著地提高覆盖率。例如，当网络连通性存在问题时，只有通过大幅冗余配置传感器才能保证网络的稳定性，当然部分研究中可以通过部署中继节点来解决长途通信的问题。

Kar 和 Banerjee 已考虑传感器的位置完全覆盖和连通性[23]。假设传感信号强度和无线电范围相等，作者首先定义的 r-strip 如图 3-9(a)，在 r-strip 中节点被放置在沿 x 轴方向，位于圆心的传感器，相同半径的圆表示传感器信号和通信范围的边界。然后，作者将多层 r-strip 铺满整个平面，$y = k(0.5\sqrt{3}+1)r$，使得行数为偶数的 r-strip 垂直对齐排列，行数为奇数的 r-strip 向右水平移位 $r/2$，如图 3-9(b)所示。这样设计的目标是，尽量填补覆盖间隙或使得 r-strip 之间的重叠最少。为了建立不同的 r-strip 节点之间的连接，需要附加一些沿着 y 轴方向的传感器（阴影图，图 3-9(b)）。对于 $k = 2i+1(i = 0,1,2,\cdots)$，在 $[0, k(0.5\sqrt{3}+1)r \pm 0.5\sqrt{3}r]$ 放置的两个传感器使得每对 r-strip 之间建立连接。对于一般的凸形有限尺寸区域，各行 r-strip 节点之间的连接由另一个的 r-strip 对角放置来实现（图 3-9(c)）。

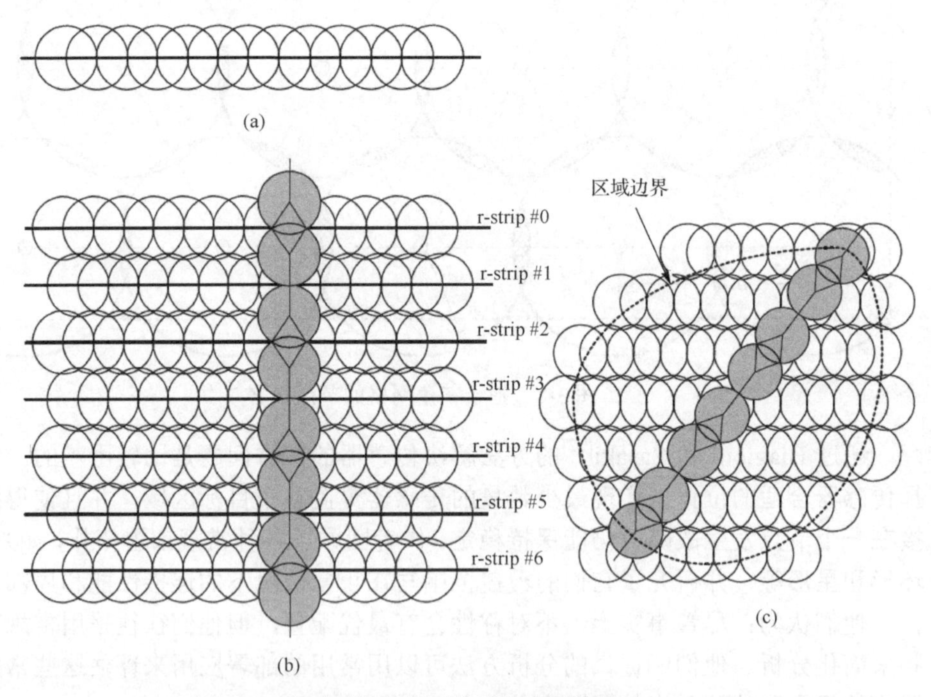

图 3-9　在平面和有限区域的分布算法图示

然而，因为数据都聚集在基站附近，所以除非基站保持移动状态，否则基站与无线传感网络接口通过任一节点建立一个强连接的网络是不可能的。因此，只要确保数据能从一个节点与基站保持连通就足够了，使用较少的节点实现整个网络的连通比保持基站移动的方法更为实用。此外，由于通信瓶颈问题，垂直放置的节点可以成为对角线 r-strip 或水平 r-strip 之间的网关，用于分担无线传感网络内的通信压力。

文献[24]的重点是形成 k-连接无线传感器网络。k-连接意味着存在 k 个独立于每对节点之间的路径。k>1 时，该网络可以容忍一些节点和链路发生故障并保证节点有一定的沟通能力。作者研究的问题通过部署节点实现 k-连接的网络使其能够在一定的时间内恢复断开网络的通信连接。他们表示，这个问题是 NP 问题，并提出有着不同复杂性和最优部署的两种方法。这两种方法都是基于图理论。这样做是为了能更好地分析网络模型，其顶点是当前或初始位置的传感器，并且其边表示的是节点之间的联系。然后，为同组顶点间的相关边添加相对应的权重，这样就形成完整的图 G。两点之间边的权重设为$\left(\frac{\overline{ur}}{r}-1\right)$，其中 uv 是 u 和 v 之间的欧几里得距离，r 是一个节点的无线电范围。如果 u 和 v 之间需要建立连接，则权重反映出要放置的节点数目。然后问题映射到寻找最小权重子图 g。最后，图 g 中缺失的连接（边）用最少数量的节点部署建立。为寻找最小权重 k-vertex-connected 的子图，作者提出采用在文献[24]中的近似算法。对于资源受限的情况下，一种替代启发式贪婪的算法也已提出。启发式通过在一个贪婪的方式给 G 链接简单构造了图 g，然后删除不必要的 k-连接。并且在大多数无线传感器网络中，除非基站位置频繁改变，否则没有必要在传感器间实现 k-连接。

k-连接意味着每对节点之间存在 k 条独立的路径。对于 k>1，意味着该网络在确保节点间有稳定的数据联通的前提下可以容忍一些节点和链路故障。文中主要研究的是如何放置节点使其是 k 连接的网络，此时网络自身能及时修复断开的网络连接。

3. 网络寿命

在遵循普遍通信协议的无线传感器网络中延长网络寿命是普遍的需求。一些发表的论文显示节点的位置显著影响着网络的生命周期[25]。例如，在整个区域内节点密度的变化可能会导致负载不均衡以及通信阻塞[26]。此外，如果均匀地部署节点可能会导致接近基站的节点比其他节点消耗更多的能量，从而缩短了网络寿命[27]。我们前面讨论的问题一直专注于延长网络的生命周期，而不是覆盖面积，其中隐含的假设是：在一个区域中的节点数量足够多或者传感器的范围足够大，此时不会出现覆盖的漏洞。

在文献[28]中研究了通过传感器节点的部署实现网络寿命最大化及覆盖范围最大化的限制条件。作者假设在研究区域中通过传感器全覆盖，然后研究其网络寿命，在网络中每个传感器都会定期向基站发送数据。最终将每个传感器的寿命时间求平均即得出这里的传感器寿命值，然后求出每一轮的传感器间数据通信过程中所需要的最小传输能量。这个想法是寻找最大数量的传感器使其能全覆盖研究区域，并且需要将节点间的数据通信能量降到最低。启发式算法通过不断移动传感器的位置使其达到最高效的拓扑结构。首先，传感器按照其距离研究点的距离进行降序排列。从开始排序列表的顶部，该算法迭代列表中所有的传感器。在每次迭代中，检查该传感器是否可以移动到另一个位置作为中继服务，然后该节点是排除或加入。基本上，移动节点后需要使其通信能耗降低到接近其下游节点。在不影响覆盖率的前提下，允许传感器重新部署。

4. 数据真实度

确保收集数据的真实性是无线传感器网络一个重要的设计目标。在一个传感器网络中，多数数据来自多个独立传感器，其中很有可能会存在数据失真的情况。在之前的研究中往往会通过融合数据来提升数据的真实度。从一个信号处理点来看，可能由于传感器的失效或覆盖缺失都会引起传感器数据的失真。在一个特定的区域增加传感器数量必将提高融合数据的准确性。然而，增加覆盖率需要增加节点的密度，这可能会引起成本的大幅增加。

3.2.3 基于角色的部署策略

节点的位置不仅影响覆盖率而且显著影响网络拓扑的效果。有些文献集中在研究网络架构，以优化某些性能度量，如延长网络寿命或减少分组延迟。这些结构通常定义为角色节点放置和追求一个节点特定的定位策略依赖于角色节点的位置。在本节中，我们选择基于角色节点进行分类的布局策略。一般地，一个节点可以是一个常规的传感器、中继节点、簇头或基站。由于在上一节讨论了传感器部署的覆盖率，我们在本节继节点、群头和基站定位中限制测量策略的范围。由于簇头和基站对于其范围内的传感器经常充当数据收集代理，我们统称它们为数据收集。

1. 中继节点部署

中继节点的部署也被认为是建立一个有效的网络拓扑结构的重要部分。现在的拓扑管理方案，如文献[29]和[30]，为了延长网络寿命均假设冗余部署节点和有选择地结合传感器。这些不同的方案，采用按需部署和精心布局的方案，以便在网络拓扑形状上满足期望的性能目标。许多文章中都在研究中继节点的部署问题，每一次的部署度都要考虑传感器节点的通信范围并且需要考虑平面或分层网络结构的优化问题。假定中继节点的通信能力千差万别，有的认为工作中继节点（RN）只是一个传感器，尤其在扁平网络架构中。在两层网络结构中，中继节点通常起到网关的作用，为一个或多个传感器。当中继节点不直接传送到基站，部署问题变得更难，因为它涉及跨中继节点联网问题。

2. 数据采集器的放置

集群是实现一个可扩展的无线传感器网络设计中一种流行的方法[31]。每个集群通常有一个指定的簇头（CH）与中继节点从一些传感器转发数据。我们早些时候的讨论中表明，通常簇头收集和汇总在它们各自簇中的数据，并经常进行一致集群管理的职责。当有足够的计算资源时，簇头可以创建和维护多跳簇内路由树，仲裁在各个传感器之间的介质访问集群，分配传感器任务等。当跨簇头的协调是必要的时候或者 CHS 有太多限制使得通信范围直接到达基站，簇头可能需要在多跳间形成 CH 网络，即第二层网络。

层次集群网络已被认为是建立一个有效的网络拓扑的策略[32-34]，这同样适用于基站。事实上，大多数公布的方法中进行 CH 部署申请的基站都属于同一个网络模型，反之亦然。部署方案的相似性主要是由于两个簇头和基站收集传感器节点数据，并且对网络节点进行了有效的管理。在本节中为了简化方案，并且更好地讨论不同方案中节点部署的范围和限制，我们把两个簇头和基站作为数据采集器（DCS）。

在一般情况下的 DC 部署问题中，都是基于所计划的网络架构中复杂性问题具体变化部署方案。如果传感器在确定部署方案前被分配给不同的簇，此时出现的问题是传感器节点的通信范围将变为本地单独集群[32]。然而，如果在 DC 部署之前先进行聚类，此时问题的复杂度是 NP 问题。这些方法中我们首先讨论集群形成在 DC 部署之前。

3.3　动态节点部署

3.3.1　动态重部署概述

3.2 节中叙述的部署方案都是基于静态的网络。静态网络节点的位置一旦被计算和部署后，将不再考虑被移动。而且最佳候选位置的选取策略的评估主要针对静态感知，如数据速率、感应范围、到基站路径的跳数等性能指标。这种网络节点的部署方案是在网络开始运行前就已经确定好，无需考虑网络运行期间结构的动态变化，例如，数据传输模式随监视的事件而更改，或节点间的负载可能变得不再平衡，性能遇见瓶颈等一系列问题。

因此，动态运行的传感器网络采用节点重定位（即重部署）以进一步提高网络的性能是必要的。例如，基站附近的传感器很容易因电池用尽而停止工作，从受监控区域的其他部分的一些冗余传感器，令其重新定位到死亡节点区域，担当其角色以取代死亡传感器节点，以便改善网络的寿命。这种动态重定位应用于移动目标跟踪是非常有效的。例如，一些传感器可以通过重定位方式接近感知目标，以增加传感器的数据的真实度。此外，在一些应用中可以智能地保持基站在有害的目标的安全距离以外，如敌方坦克，可重定位到更安全的地区，以确保其免受威胁，保持长期运行。

相对于常规静态网络，节点重定位实现表现极具挑战性。不像静态部署网络，初始就确定位置，动态网络的网络环境的改变会刺激节点的重新定位，因此连续监测网络状态和性能需要像分析节点附近发生的事件一样对待。此外，该重定位过程中需要谨慎处理，因为它可能会导致数据传送中断。面临的基本问题如：什么时候节点重新定位是必要的，当节点移动时，应该移动到哪和将数据如何路由等问题？接下来，我们将详细讨论这些问题，并讨论动态节点重定位常用的方法。

3.3.2　动态重部署问题

1. 重定位周期

决定节点重定位一般在目前的节点位置处在不可接受的性能指标（尽管建立最有效的网络拓扑结构）或提供不了提高性能的需求等情况下才会引起，并随所设计目标参考度量而变化，如感知数据转发的中断，节点覆盖面积的减少，数据包的延迟、增加或发送每包能量消耗剧增等问题。这都迫使应用多个度量指标的加权平均来决策位置该如何重定位。

当一个节点被激发移动到新的位置，这种决定最后并不一定导致实际的重新定位。节点首先需要权衡重新定位的新位置对网络性能和系统运行的影响，所以节点何时重定位和重定位到哪里有非常密切的联系。此外，节点必须评估迁移所带来的开销。开销包含节点本身和网络整体两方面。例如，将一个机器人看成是一个节点，在移动过程中机械部件的能量消耗，对机器人的电池的寿命来说是一个显著开销。因此移动需考虑尽量减少能量消耗。此外，能耗和时效都是两大最关注的指标，单个传感器的寿命和路由维护的影响需要单独考虑分析。

2. 重定位位置选取

当节点需要重新定位时，这个节点需要确定新的位置能否满足移动的需求。例如，新位置能提高整体网络性能。新位置的质量的判断根据设计属性的变化可能不同。在多跳传感器网络中，找到节点的最佳位置是一个非常复杂的问题。它的复杂性主要依赖于以下两个因素：其一，节点可以移动的位置的可能性有无限多个；其二，跟踪网络和用于确定新位置节点的状态信息所需的开销。此外，寻找最佳位置时会得到一个临时解决方案，临时位置的解决方案所建立的新的多跳网络拓扑结构还需要同当前或之前的位置进行比较。

节点重定位模型的数学计算式可能涉及非常多的参数指标，包括所有部署的节点的位置信息、节点的状态信息（含剩余能量，传输范围等）、网络的数据等。此外，节点还需要知道所监视的区域的边界、网络的当前覆盖率、死亡传感器节点的位置或其他的一些信息来确定新的位置。鉴于无线传感器网络应用通常涉及大量的节点，使用穷举搜索的方法将是不切实际的。此外，网络的动态特性使得节点状态和数据可以发生迅速的改变；从而寻找最佳的位置信息需要有周期性的重复更新。另外，将节点复杂的计算和节点移动的能量消耗添加进来是不理想的，例如，数据融合的计算处理达到应用级别。因此，无线传感器网络节点定位的流行方法通常有近似求解、本地求解和启发式搜索等方法。

3. *移动定位管理*

一旦节点能提高网络设计的某些性能的新位置被计算并确认，该节点还需要确定到新的位置的行驶路径，主要影响因素有选择路径的总距离、合适地形、路径的安全性和破坏网络运行环境的风险度等。节点最小移动距离的影响是最大的，因为移动造成机械部件的运动所消耗的能量比通信和计算能量要多很多，因此要尽可能寻找最短的路径到达新的位置。节点通常选取一条可行的物理路径来移动，该节点可能需要查看地图或依靠特殊的板载设备，如摄像头，以避开障碍物和死角。在移动过程中的另一个需要考虑的问题是保护节点。由于无线传感器网络通常部署在恶劣环境中，探测和跟踪目标通常是危险目标或事件，该节点应避免进入危险区域或掉入陷阱。例如，节点不应该经过火灾发生地来到达新的位置。

节点移动也应尽量减少对网络运行带来负面影响。当节点在移动的过程中，必须确保数据正常传输。例如，传感器可以增加其发送功率来覆盖它的行驶路径以确保数据包将继续到达新位置。持续传输数据以防止节点重部署中丢失重要的消息报告，某些消息报告丢失可能会导致应用级别的故障。这种应用程序级的鲁棒性就是系统设计的一个重要属性。因此，这是一种理想的方法来限制网络拓扑结构改变，避免对数据路由带来的剧烈的变化而造成数据传输的破坏。同时节省开销也是重部署非常关注的。另外，该节点需要折中分析节点迁移到另一个新位置的收益同移动带来的额外能量开销的对比。如果移动是合理有效的，那么节点可以进行位置的重定位。

最后一个问题是节点的移动预算是否有时间的限制。这种限制可能出现在动态性非常强的环境中，这种网络的数据传输模式变化得非常快。在这些情况下，节点重定位的好处可能丢失或非常快速地降低，并且该节点移动中会发现再次移动到另外一个位置好处更明显，或者返回到原来的位置。最坏的情况下，该节点在这些位置之间反复地移动。为防止这种情况，渐近移动到新位置的方法可能是更可取的。

3.3.3　汇聚节点重定位方案

如前面所讨论的，传感器数据最终被聚集在基站或簇头节点，通过协议栈的转换并转发到以太网等高层网络。这样的节点一般称为汇聚节点，它的处理、计算、存储能力一般要比普通节点强很多。汇聚节点的动态重新定位也是网络操作中提高网络性能、处理数据传输故障、防止网络中断等的一种新方法。与传感器重新定位不同，汇聚节点的重定位通常不仅只是为了自己，还涉及网络众多节点引起的状态参数。在本节中，我们侧重于考虑单一汇聚节点的重定位或多个汇聚节点的协调重新定位。

1. *增长网络寿命*

虽然能量感知算法能在多跳路由传感器网络中动态地适应传感器的能量和数据流量模式变化，但还是会使邻近汇聚节点的传感器很快死去，因为这些邻近节点是网络中数据转发和工作负载压力最大的节点，很容易造成能量黑洞[35,36]。因此，那些远离汇聚节点的节点通常被作为替代的中继节点，如图 3-10 所示。但是这些中继节点与汇聚节点进行通信的距离相对较远，造成数据转发的能量开销也相当高。这种影响结果将以螺旋方式增长，耗尽传感器的能量，从而缩短了网络的生命周期。采用汇聚节点的重新定位方法能够有效地解决这种能量消耗过度的模式。

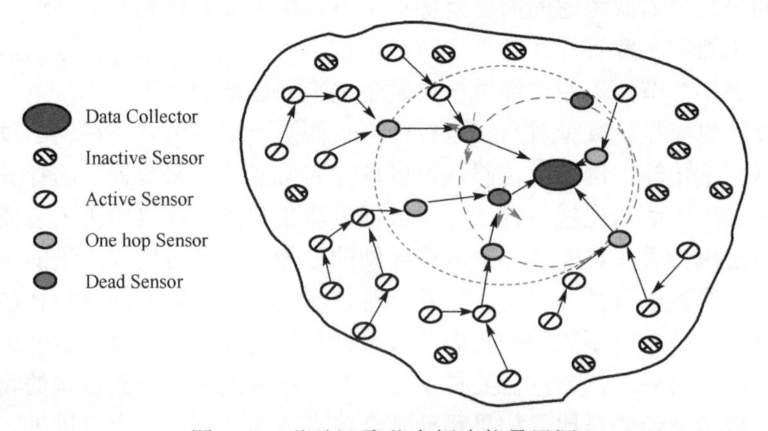

图 3-10　移动汇聚节点解决能量黑洞

文献[37]提出基于能量的方法，这种方法主要就是将汇聚节点朝着最高数据流量来源的方向移动。假设流量密度（P）乘以发射功率（ETR）作为参考度量，来监视网络操作搜索最佳的汇聚节点位置。这个方法主要是跟踪汇聚节点附近节点的变化和经过这些节点的数据传输密度。如果汇聚节点和一些节点直接通信的距离小于阈值时，汇聚节点将考虑通过对节点路由包的数目的限制来限定这些节点对整体网络寿命的影响。如果总降幅超过某个阈值，汇聚节点将考虑移动到新的位置。如果式（3-2）成立，汇聚节点将进行重定位：

$$\sum_{\forall i \in S_R} \mathrm{ETR}_i \times P_i - \sum_{\forall j \in S_R^{\mathrm{new}}} \mathrm{ETR}_j \times P_j > \Delta \tag{3-2}$$

式中，S_R 代表到汇聚节点距离跳数 hops = 1 的普通节点集合。S_R^{new} 代表计算汇聚节点的新位置时，到汇聚节点距离跳数 hops = 1 的普通节点集合。P_i 代表通过节点 i 的数据包流量，按照数据包的每帧来计算。ETR_i 代表节点 i 发送一个数据包到下一跳所消耗的能量。

整个式计算的是汇聚节点旧位置和新位置所有节点数据传输的所有能耗之差。

这种重定位方法对数据高流量的路径是有利的。相反，它对数据流量密度较小的路径的网络性能不利。因此，在确定需要移动之前，建议汇聚节点通过检验延长数据路径和移动所带来节点信号传输的消耗来检验传输能量的整体影响。此外，当汇聚节点开始移动时，依然进行数据的收集，因此汇聚节点离开某些传感器通信范围之前，路由路径需要重新调整。不像前面讨论的静态方法，在汇聚节点的动态定位中路由的调整是一个很大的问题。文献[37]中，通过增加发射功率或添加额外的转发传感器进行处理。汇聚节点的位置变化也可能会引起盲区或一些链路的多径衰退。缓慢或逐渐朝新的位置移动被证明是避免意外的链路故障的有效方法，这也可能会导致消极的性能影响。因为缓慢的移动的过程中允许汇聚节点重新考虑新的位置。

这种使用移动汇聚节点的策略被证明不仅能延长网络的寿命还能提升像数据延迟、吞吐量等性能指标。首先，当汇聚节点移近多个节点收集数据的区域能够减少通信相关的能源消耗和数据包的平均传输能量。此外，节点收集的绝大多数数据都接近汇聚节点，从而能减少数据转发的整体跳数，降低整体数据收集的时延。此外，因为大多数消息包经过较少跳数和更短的距离使得数据包吞吐量增大，使得数据包不太可能被丢失。

2. 降低数据传输时延

除了提高网络寿命，汇聚节点的重定位在端至端的有延迟要求的实时传输网络中是非常有用的。例如，当到汇聚节点的路径变成了拥塞状态，绝大多数实时数据的建立路径的请求可能被拒绝或实时数据包的缺失率可能会显著增加。数据传输的拥塞可能是由于最近事件造成实时数据包的数量增加而引起的。在这样的情况下，要满足对实时数据传送的要求是不可行的。因此，汇聚节点重定位被推荐用来解决数据拥塞，降低数据传输的时延。

汇聚节点的重定位的产生可能是由于实时数据包的缺失率增加到难以置信的地步，或者只是应用程序为了增加时效性。为了提高时效性，汇聚节点可移动接近到负载最重节点的位置。这样可以将实时数据流量包通过其他的路由路径上的节点来转发，如图 3-11 所示。这种负载的节点都是依据实时传输服务的频率来选取，通常在路径确定时得到。另外，汇聚节点的重定位的优势确立必须保证开销是合理的。值得一提的是，这种方法在汇聚节点移动到靠近一个负载很重的节点时对链路质量的影响不是主要的，这是因为节点在能够转发高容量的实时数据包时经历着严重的干扰。

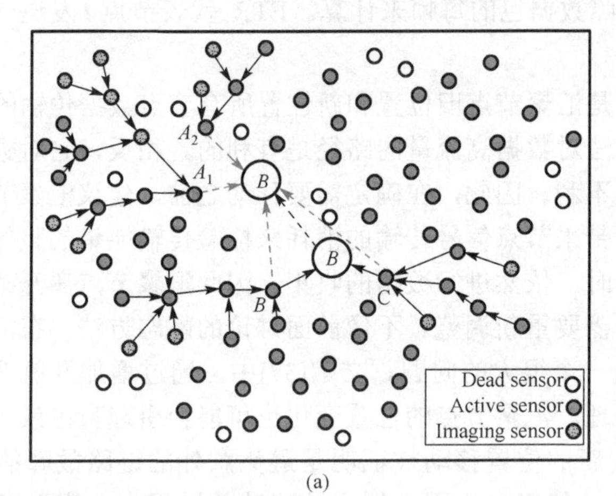

(a)

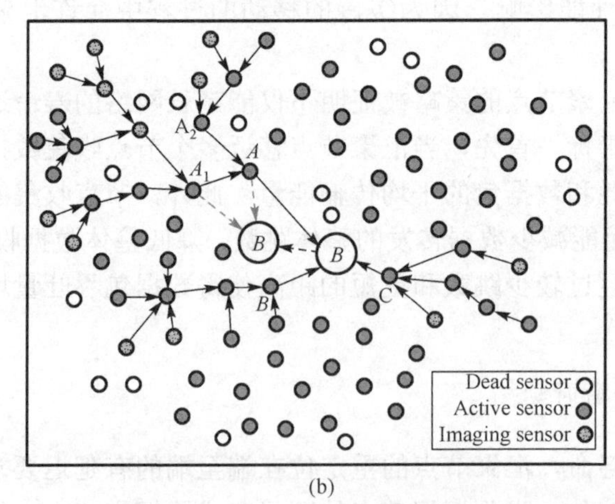

(b)

图 3-11 汇聚节点负载迁移

处理汇聚节点移动同前面延长网络寿命一样，只要汇聚节点保持在所有节点的最后一跳的传输范围内时，仅通过调整传输功率就可以维持当前路由。如果汇聚节点新位置放置在当前路由的一些节点的最后一跳的传输范围之外，一些普通节点将会被选举出来作为中继转发节点。需要及时发送的实时数据包非常渴望这些未使用的节点作为中继节点，这样可以减少排队时延。然而，这种使用新的中继节点的方法依然可能比直接调整传输功率的成本更高。因此，如果新位置造成过多拓扑变化，需要考虑那些使拓扑变化没有或最小的位置作为替代位置。

3. 保持不间断运行

汇聚节点的重定位的方法通常被用来保持无线传感器网络的正常运行或不被中断。如果多汇聚节点网络中部分汇聚节点的死亡会使得网络的部分节点变成了不可达的孤立节点，许多学者提出使用汇聚节点重定位的方式来阻止这些节点成为孤立节点，达到维持网络正常连通的目的。

文献[38]中提出 GRENN 方法，该方法设计的目标就是保障汇聚节点远离危险区域或目标，GRENN 提出有两种主要的场景会引起汇聚节点的重定位：第一，汇聚节点的移动路径靠近危险事件，譬如，快速蔓延的火灾，攻击型坦克等危险目标；第二，汇聚节点想通过移动来接近数据源节点的方法来提高网络的整体性能。如图3-12 所示，可能将汇聚节点放置于接近危险物处，置之于高危险的区域。像这种应用场景主要是针对性能和安全方面进行考虑。

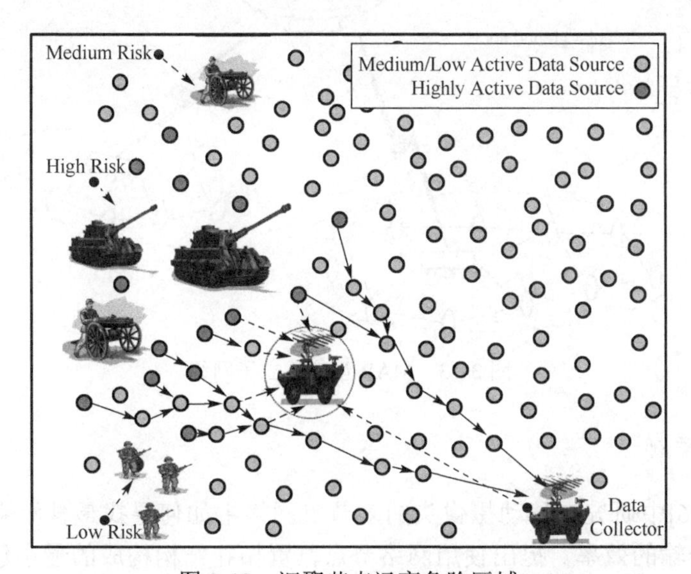

图 3-12　汇聚节点远离危险区域

评估汇聚节点的重定位的安全指标，需要建立一个基于进化神经网络的式，目标就在于跟踪汇聚节点在不同位置和安全等级和使用这些信息来定义汇聚节点安全模型的参数。这样可以近似地估计危险指数，来报告事件和这些事件的危险级别。如果事件源的位置知道得不是非常准确，另外加上事件相关的数据和报告节点的位置信息就可以组成一个目标函数，来平衡安全和性能，指导寻找新的汇聚节点的最佳位置。文献[39]在 GRENN 的基础之上继续寻找新的汇聚节点位置的安全路线。它们使用同样的安全评估模型来指导寻找移动路线。汇聚节点的移动对网络性能的影响通常通过评估汇聚节点将会移动路线上的多个点的吞吐量。这样，目标函数被拓展到了不仅需要权衡汇聚节点的安全和网络性能的表现，还需考虑最小化移动距离。

Shen 等[25]研究移动接入点（Mobile Access Point，MAP）的放置，通过添加机载单元或卫星的方式来连通网络中的孤立节点。他们部署的节点通常不是非常昂贵的通信模块，无法进行长距离通信，只能覆盖有限的区域。有限的通信距离就会容易造成网络分割成多个部分。为了解决这种结构比较弱的网络，他们就在网络中部署可移动的基站将隔离开来的子网络通过机载连接在一起。如图 3-13 所示，移动基站为它周围的固定节点的接入点，一般 MAP 都部署在子网络的区域中心，普通数据节点在子网络中发送的数据包通过多跳方式传输到 MAP，根据不同节点的多跳路径，MAP 建立了以自身为根的树型网络模型。

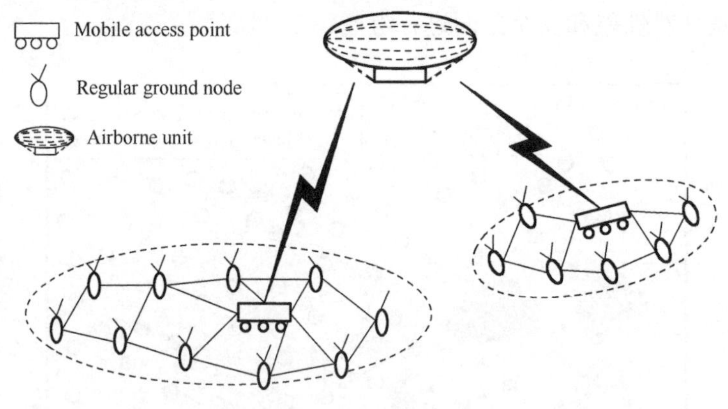

图 3-13　MAP 互连孤立子网络

4. 典型案例

在文献[26]中研究在移动摄像头的多节点网络中如何寻找最佳汇聚节点的位置来提高数据传输的效率。提出使用网络节点位置拓扑结构构成的最小包围圆的圆心作为数据汇聚节点，如图 3-14 是根据文献[28]重绘，图中小圆圈代表着应用的节点，图中实线大圆代表应用的包围圆，虚线代表前面更新周期的包围圆。实心三角形代表着当前时刻的最小包围圆圆心，空心三角形代表着前面时刻更新周期的包围圆的圆心。从以下三副连续的图片可以看出，汇聚节点就是通过周期性地更新网络所有节点的位置，并获得当前网络的最小包围圆及最小包围圆圆心，并让汇聚节点在这不同的时间周期移动到当前最小包围圆的圆心处，如图(b)和图(c)方向箭头。从图 3-14 可以看出，汇聚节点实时保持在网络的真实的最小包围圆圆心，处在到所有节点距离最有利的位置，这样能够保证数据传输的最大传输距离和平均传输距离最小，有利于对观测区域视频数据的汇聚传输，从而提高网络的性能。

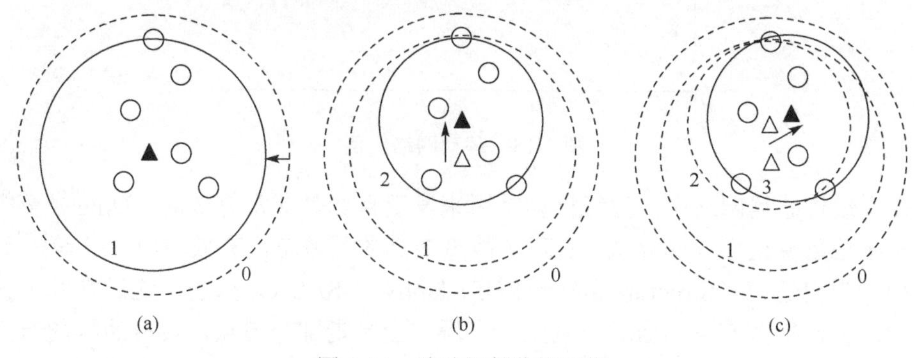

图 3-14　移动视频监控网络

3.4　移动网络汇聚节点动态选择模型

3.4.1　移动传感网概述

无线传感器网络作为物联网的神经末梢，是一门非常有前景的技术。如战场监视、事件监测和野生动物行为发现等。传感器网络通常由大规模低功耗传感器组成，部署在特定的环境中，传感器感知到有用的信息，通过多跳的方式传输到汇聚节点并转发到远程服务。随着物联网技术的进步和成熟，各种低功耗和低成本传感器技术广泛应用于军事、民用、医疗等领域，旨在使人更好地与物理世界沟通。

在未来，移动传感网（mWSNs）应用和研究越来越广泛。像水下传感网络，节点都是伴随水流、潮汐不停地发生位置移动。野生动物跟踪网络根据斑马生活运动习性将斑马网络分为放牧、放牧行走和快速奔跑三层移动模型。斑马网络和水下网络的拓扑结构时刻都在发生变化。像这种群体移动网络（图 3-15）都需要有动态实时的汇聚选址策略来满足网络动态变化的需求。SCSN（Steiner centre as sink node position）模型主要针对拥有大规模传感器节点的移动传感网，所有的节点整体呈现一个结构不断变化的凸多边形群体以非直线的轨迹发生移动；网络采用单个可移动中心汇聚节点。节点可通过自身的定位模块获取自身位置。

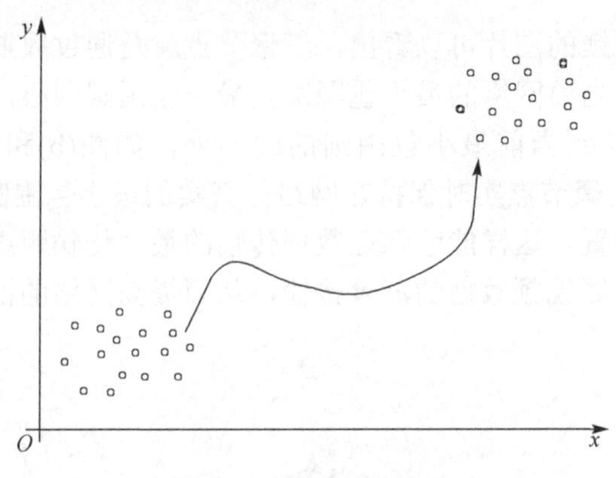

图 3-15　移动网络实例

在无线传感器网络中，边缘检测常用来发现目标是非常有效的，Ding[40]等提出了一种本地事件边界检测算法，实现了故障节点的区域范围有效检测。Li 等[41]设计了结构意识自适应（Structure-aware Self-adaptive，SASA）算法，通过在井下天顶上均匀部署传感器节点，当塌方发生时，塌方会带走部分节点，塌方边缘的节点会形成一个凸多边形结构，从而来预报塌方的大小和具体位置。以上研究工作表明边结构是群体网络的一个非常有价值的特征。本书的模型设计也是基于边界来设计，接下来就介绍该模型的具体实现。

3.4.2　SCSN 选址模型

SCSN 模型网络节点分为中心汇聚节点、边节点、内部节点和链路节点四类。

（1）中心汇聚节点：请求获取到网络边节点的实时位置信息，周期更新凸多边形和 Steiner 中心 P，并移动到新的 P 处；同时广播凸多边形各边节点 ID 及位置信息。

（2）边节点：负责周期性上传自身的实时位置信息。

（3）内部节点：负责运行 SASA 算法比较自身的位置是否在凸多边形的内部，来检测自己是否破坏边结构。

（4）链路节点（仅分布式）：连接相邻边节点的最短链路上的节点。

SCSN 模型的工作原理如图 3-16 所示，在一个动态变化的移动传感器网络中，通过网络的拓扑结构构造最外围的凸多边形结构，选取凸多边形的 Steiner 中心作为最佳汇聚节点选取位置，周期地更新凸多边形结构来维护汇聚节点动态实时保持在当前 Steiner 处。每次更新只需更新凸多边形边上的少数点，无需内部节点参与，可以大大减少汇聚节点在 Steiner 中心处的计算和维护的工作量。按照 SCSN 不同的构造方式，可以分为集中式 SCSN 模型和分布式 SCSN 模型，接下来分别介绍两种不同的结构模型在实现上的具体步骤。

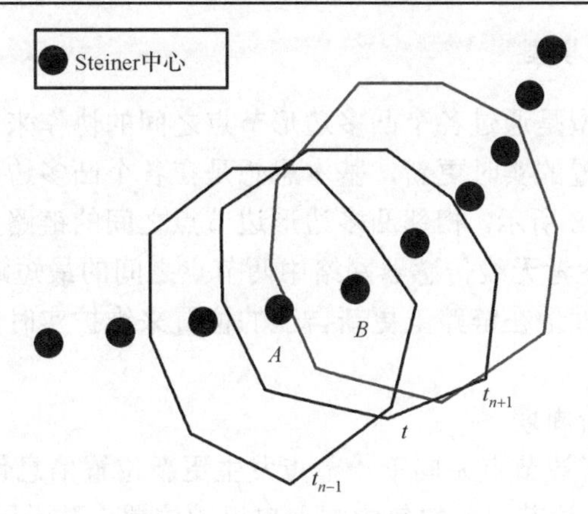

图 3-16　移动网络 SCSN 模型

1. 集中式 SCSN 模型

集中式 SCSN 模型是一种典型的主从（master-slaver）模式，中心汇聚节点是 SCSN 算法的主节点（master），其他所有节点都是从节点（slaver）。在周期的更新中，汇聚节点向边界凸多边形节点周期性地发出请求最新位置的包，如图 3-17(a)所示。凸多边形边节点收到汇聚节点请求包后，获取自身当前位置并上传给中心汇聚节点，如图 3-17(b)所示。获取到所有边节点的最新位置后，中心汇聚节点计算当前网络的最新凸多边形边结构，并广播凸多边形节点集合，告诉所有节点凸多边形的位置。步骤如下。

步骤 1：等待更新周期。

步骤 2：汇聚节点（五角星）向凸多边形节点周期性地发出请求最新位置。

步骤 3：凸多边形边节点（黑色）收到汇聚节点请求包后，获取自身当前位置并上传给中心汇聚节点。

步骤 4：获取到所有边节点最近时刻的位置后，中心汇聚节点计算当前网络的最新凸多边形边结构，广播凸多边形节点集合，并移动到最新 Steiner 中心处。

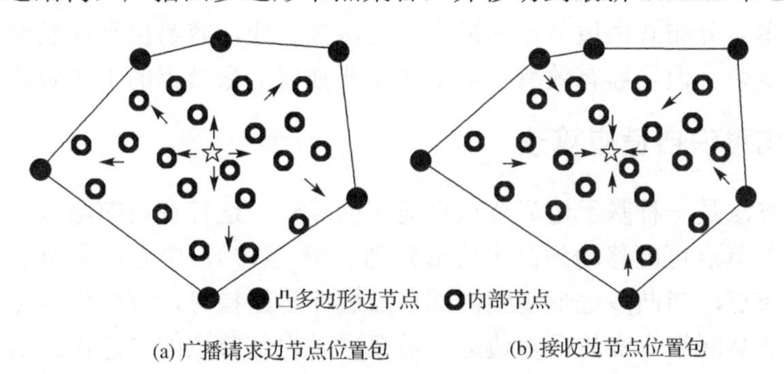

(a) 广播请求边节点位置包　　(b) 接收边节点位置包

图 3-17　集中式 SCSN 模型

2. 分布式 SCSN 模型

分布式 SCSN 模型是通过各个凸多边形节点之间的协作来完成凸多边形边界周期更新和汇聚节点位置的实时更新，基本思想是在各个凸多边形边节点之间建立一条数据链路，如图 3-18 所示。相邻凸多边形边节点之间的链路为它们之间的最短链路（具体寻找方式可参考无线传感器网络中两节点之间的最短路径协议），凸多边形顶点各节点通过周期性地在链路上更新自己的位置来维护实时的凸多边形结构。步骤如下。

步骤 1：等待更新周期。

步骤 2：发起者（边节点）向下一节点发生更新位置信息包。

步骤 3：接收者（边节点）向包中加入自己的位置，并沿同一方向传递给下家。

步骤 4：一圈后，发起者计算 Steiner 位置并通知汇聚节点，广播凸多边形集合，选举并通知下一个发起者。

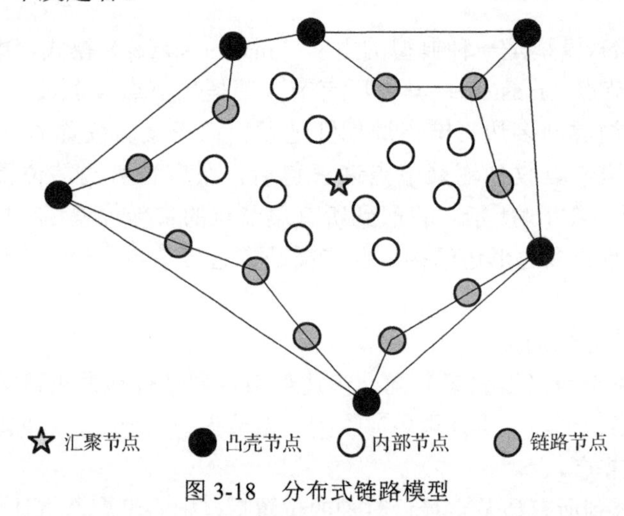

图 3-18 分布式链路模型

集中式模型由一个汇聚主节点管理整个网络，所有的服务都是由主节点掌管，实现过程简单。分布式由边节点和链路节点协作完成，容易出现并发竞争情况，实现起来比较复杂，但能够有效减少集中式模式独立汇聚节点的工作负载。

3.4.3 结构意识自适应算法

SASA 算法是一种基于边界意识自适应的算法，运行在内部结点。周期的更新过程中，内部节点可能移动到凸多边形外部（图 3-19），中心汇聚节点每个周期只更新少数边节点，当凸多边形遭到内部节点破坏边结构时，可能出现更新的凸多边形边结构并非是网络真实的凸多边形，需要通过内部节点的自意识来实现凸多边形结构的恢复。

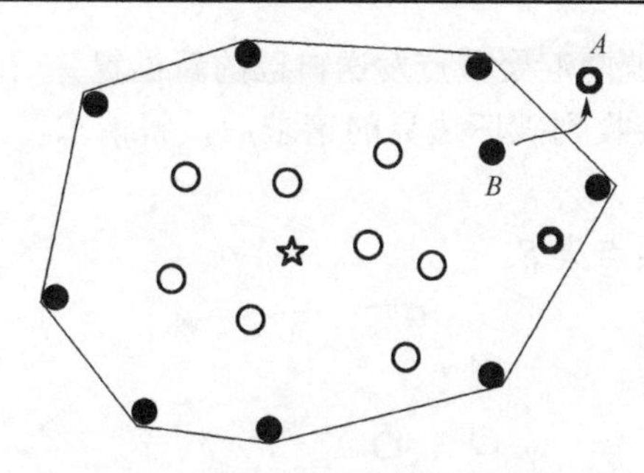

图 3-19　内部节点移动到边结构以外

SCSN 算法在周期性地更新边结构时，每次只请求凸多边形顶点节点集合 S 的位置信息，向凸多边形内部移动的凸多边形顶点节点可以在更新中被 SCSN 从顶点集 S 中移除。但是会造成部分非凸多边形顶点节点位于新凸多边形边结构的外部；另外，凸多边形内部节点（如图 3-19 A 点）在感知环境信息的过程中无意地移动到了凸多边形边结构的外部都会破坏凸多边形边结构。按类型分为以下三种情况，如图 3-20 所示（省略凸多边形右部分）。

情况 1：凸多边形边节点移动到内部节点以内（图 3-20(a)）。

情况 2：内部节点移动到凸多边形以外（图 3-20(b)）。

情况 3：边节点向内移动和内部节点向外移动（图 3-20(c)）。

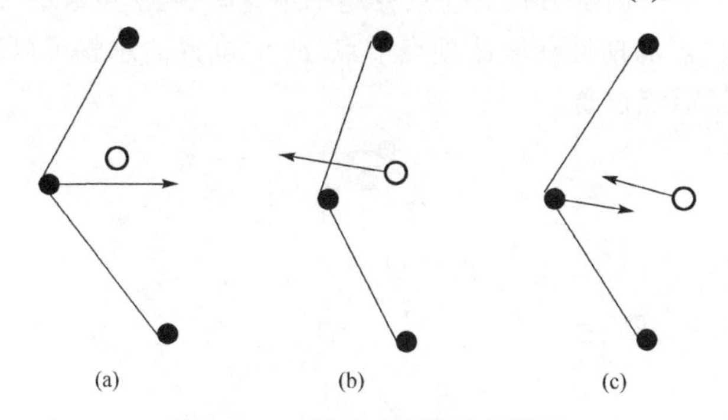

图 3-20　三种凸壳变换违规情况

以上都会造成边结构受到非顶点节点的破坏，但是 SCSN 算法汇聚节点自身只能获取顶点集合的位置信息，无法判断非顶点节点的位置是否越界，不会将外围非顶点节点添加到顶点集合 S 中。为了维护正确的边结构，这里结合设计了 SASA 算法来解决以上凸壳破坏问题。

SASA 算法实现（集中式）步骤如下所示。

步骤 1：内部节点 P_i 接收最新广播凸顶点集 S。

步骤 2：比较自己位置 P_i 和 S 的关系，如果 P_i（图 3-21 A 点)发现自身的相对位置移动到了凸多边形的外部（$P_i \notin V_s$），意识到自己破坏了现有的边结构，为了适应SCSN边结构算法，P_i就向汇聚节点发送自己的新位置并请求添加到顶点集合S中。

步骤3：汇聚节点接收到破坏边界的请求后，将请求节点P_i添加到集合S中，重新构造凸多边形。

步骤4：广播新凸顶点集S。

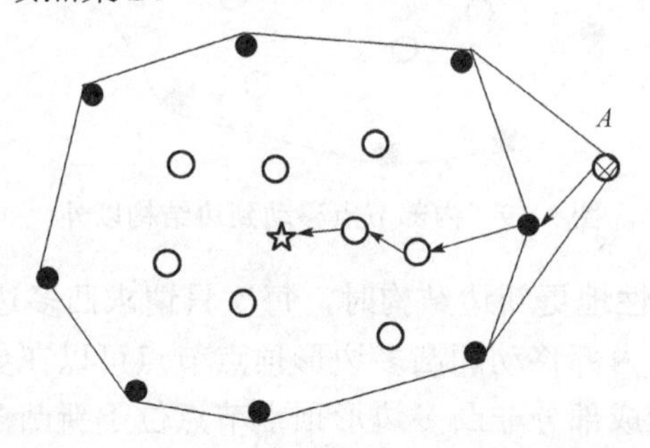

图3-21 集中式违规节点请求重构凸多边形

分布式模式的SASA算法的原理同集中式一样，只是通知违规情况给最近的链路节点，如图3-22中B发送给E，E通过链路通知其他凸多边形节点。在运行网络有节点破坏边结构的情况下，通过以上步骤就可以将三种违规情况边结构及时纠正过来，恢复SCSN系统的正常运行。以上只需内部节点的自意识来实现凸多边形边结构的动态维护。平时内部节点的任意移动都不会影响到SCSN。SCSN和SASA的结合使得网络只需周期性获取凸顶点节点P_i的位置信息就可以动态地维护好整个网络结构及汇聚节点位置。

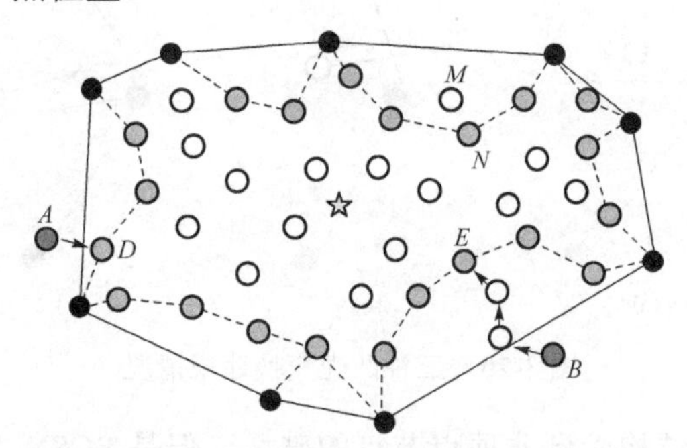

图3-22 分布式违规节点请求重构凸多边形

3.4.4 SCSN低复杂度边界设计

传统基于能量、寿命或者其他策略的算法在计算汇聚节点的位置时，必须知道每个节点在节点间的收发包所消耗的能量或寿命，需要获取全局所有节点的位置或性能参数综合后才能得出最佳位置。SCSN模型在计算汇聚节点的过程中只需要网络的少数凸多边形边顶点的信息就可得出。

在文献[42]中，Nowak 等假设在 $\sqrt{n}\times\sqrt{n}$ 的正方形区域内均匀地部署 n 个节点，如图 3-23 所示，那么会有 $4\sqrt{n}-2$ 个节点处在边界上，归纳出平面图形的边界节点复杂度为 $O(\sqrt{n})$。图 3-24 是我们在同一个网络中相对均匀地部署不同个数的节点，分组测试边界节点和全局所有节点个数的对比图。从中可以发现，凸多边形的边节点也服从 $O(\sqrt{n})$ 的节点个数复杂度。假如，以每个传输消息包作为成本单元，传统计算一次需要获取所有点的位置信息，消耗 $O(n)$，其中 n 代表网络中节点的个数，采用边节点消耗为 $O(\sqrt{n})$，节点数越多，效果越明显。

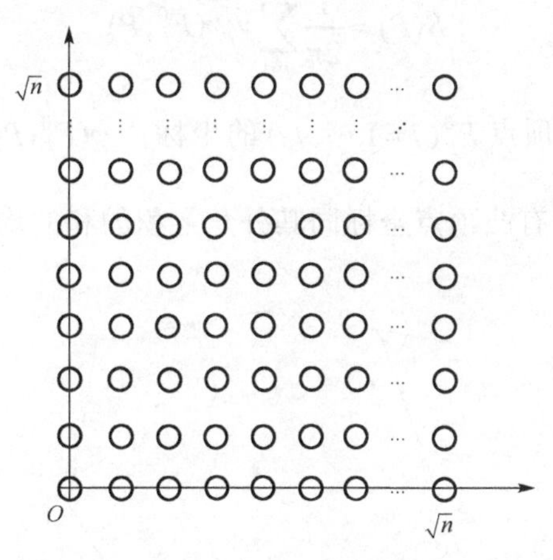

图 3-23　边界复杂度

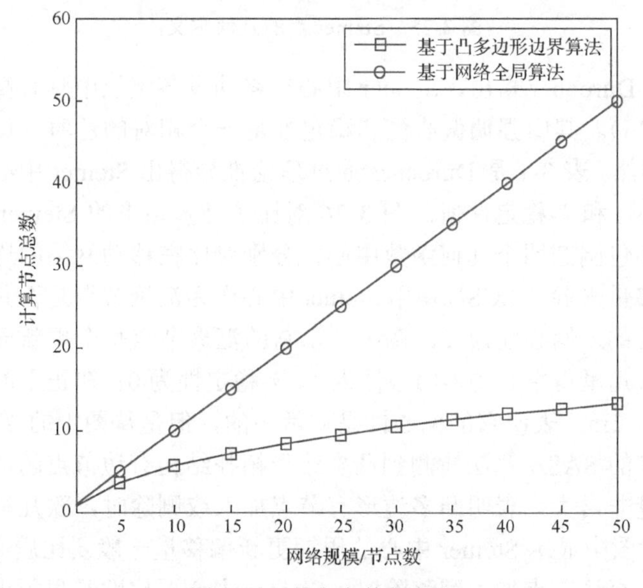

图 3-24　节点个数复杂度

3.4.5 Steiner 移动应用高稳定低偏心性

Steiner[43,44]中心对于凸多边形物体被认为是最有价值的中心。传感网络边结构为凸多边形顶点集合，节点移动服从连续移动的特征，符合 Steiner 中心的离散定义。

定义 3-1[44]：假设 P 是空间 R^n 上的 d-维的凸多面体，那么 Steiner 点的函数离散定义如下：

$$S(P)=\frac{1}{2\pi}\sum_{j=1}^{f_0}v_j\varphi(F_j^0,P) \tag{3-3}$$

式中，v_j 是凸体 P 的顶点 $F_j^0(j=1,\cdots,f_0)$ 的坐标；$\varphi(F_j^0,P)$ 是 F_j^0 的外角，且满足 $\sum_{j=1}^{f_0}\varphi(F_j^0,P)=2\pi$，即所有凸顶点坐标同其外角之积的和的均值（图 3-25）。

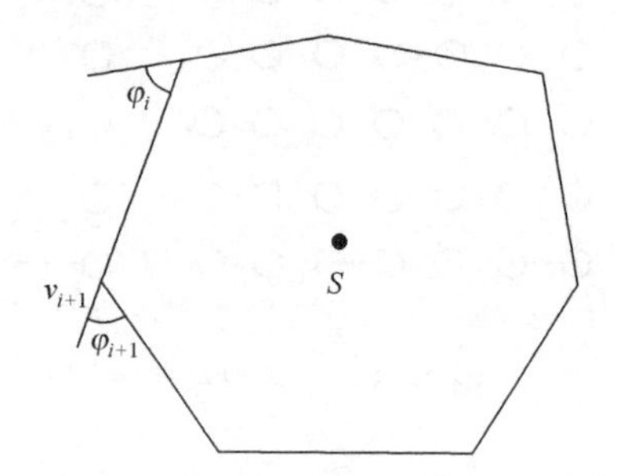

图 3-25　Steiner 点的几何定义

文献[44]中 Durocher 指出，Steiner 中心在移动设备定位中具有高稳定和低偏心的特征（图 3-26）。其中强调偏心性和稳定性是一个相对的性质，偏心性越小稳定性越强，反之亦然。表 3-1 是 Durocher 通过理论推导得出 Steiner 中心和其他四种函数中心的λ-偏心性和 k-稳定性值。图 3-26 对比了凸多边形的 Steiner 中心、质心、欧几里得和最小包围圆四个几何函数中心，分别对比在移动网络的连续更新周期内中心位置的偏移量来验证 SCSN 使用 Steiner 中心作为汇聚节点是否具有高稳定低偏心的性质。质心的λ-偏心性为 2，图中显示它的汇聚节点每个更新周期的位置偏移量是偏大的。欧几里得中心的λ-偏心性为 1、k-稳定性为 0；在正常的情况下它的更新偏移量都小于 1m，表明它的偏心性是非常小的，但是从图中的 T=5、10、16 时刻，由于 SCSN 的 SASA 算法检测到凸多边形拓扑结构有边节点的加入或删除时，造成它的偏移量非常大，表明凸多边形有节点加入或删除时，欧几里得中心的稳定性是非常差的。图中显示 Steiner 中心的周期更新偏移量一般要比质心小，比欧几里得要大，但是在有边节点加入和移除时，Steiner 中心要比欧几里得中心稳定得多。

从此推断 SCSN 结合 Steiner 中心作为汇聚节点在移动网络动态变化中具有低偏心和高稳定的特性。低偏心性使汇聚节点位置周期更新的中心位置移动的偏移量较小；高稳定性使中心每次更新移动距离稳定，不会出现忽远忽近。

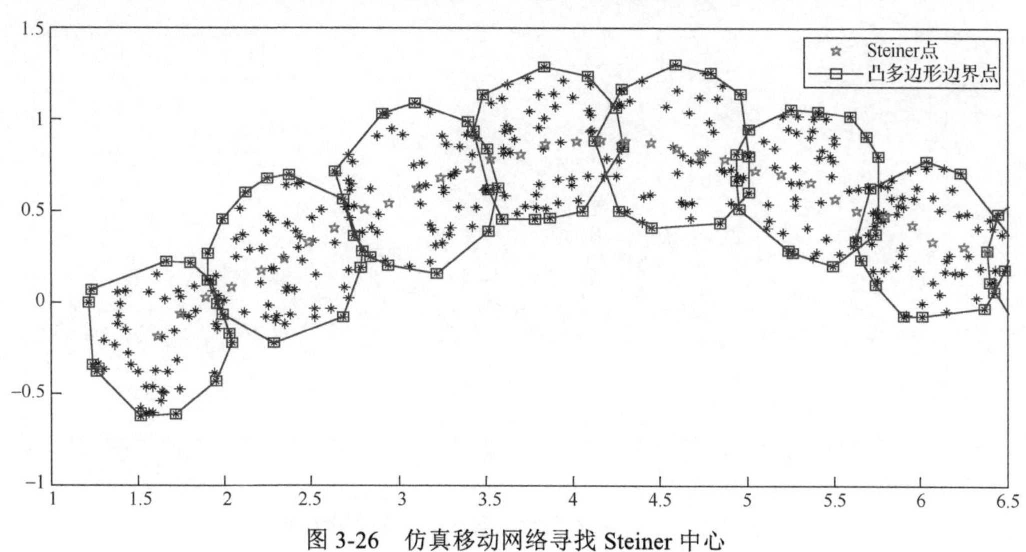

图 3-26　仿真移动网络寻找 Steiner 中心

表 3-1　R^2 上中心函数的对比[10]

中心函数	λ-偏心性	k-稳定性
欧几里得中心 Ξ_d	1	0
单个点	2	1
质心	2	1
线性中心	$\frac{1+\sqrt{2}}{2}\approx 1.2071$	$\frac{1}{\sqrt{2}}\approx 0.7071$
Steiner 中心 Γ_2	≈ 1.1153	$\pi/4=0.7854$

图 3-27 中是在图 3-26 的移动仿真中不同更新周期的函数中心偏移量的分布情况。实验结果同表 3-1 的数值相符，图中可以明显地看出最小包围圆的圆心只由 3 个点构成的中心的偏心性非常大，欧几里得中心由于凸多边形定点的不对称替换，偏心量也非常大，质心的偏移量相对比较稳定。而 Steiner 中心明显比其他几个中心的偏移量要小很多，而且非常稳定，另外，图 3-26 的良好连续性说明了 Steiner 结合移动应用有非常好的高稳定和低偏心特征。

图 3-28 是我们对 SCSN 进行 Kalman 滤波及预测（见第 4 章）效果的实验分析，图(a)是预测前进行的滤波，使得移动轨迹更加平滑。图(b)是预测的效果展示，可以看出预测点和真实点非常相近，达到了预测的效果。图(c)是两个周期中非预测和预

测点到下一时刻位置的位移偏差。预测点明显好于非预测方法。刚开始几个点偏差是由于数据太少所造成预测偏移量非常大的结果。图(d)是对移动偏差的累积。可以看出预测大大缩小了汇聚节点与真实 Steiner 中心的偏差。

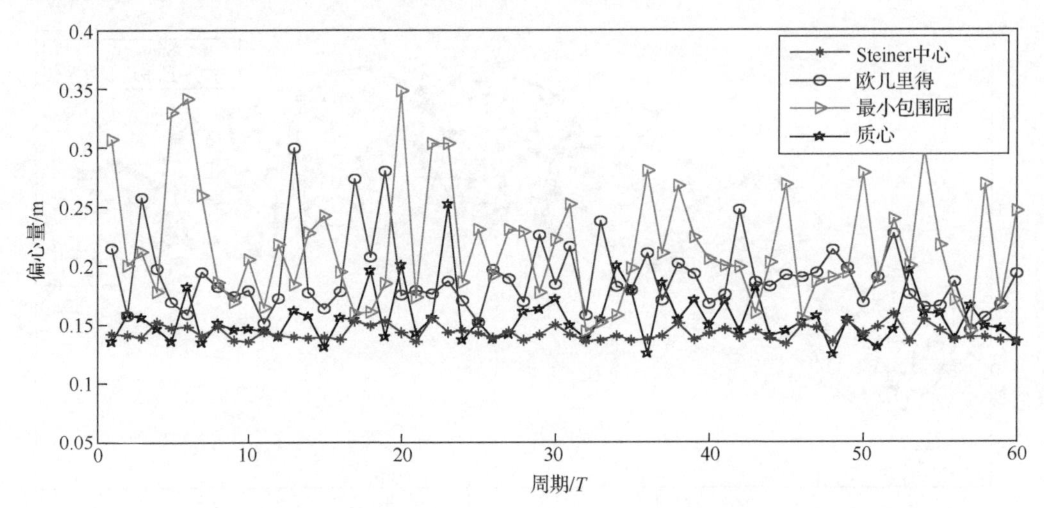

图 3-27　Steiner 与其他函数中心的偏心量比较

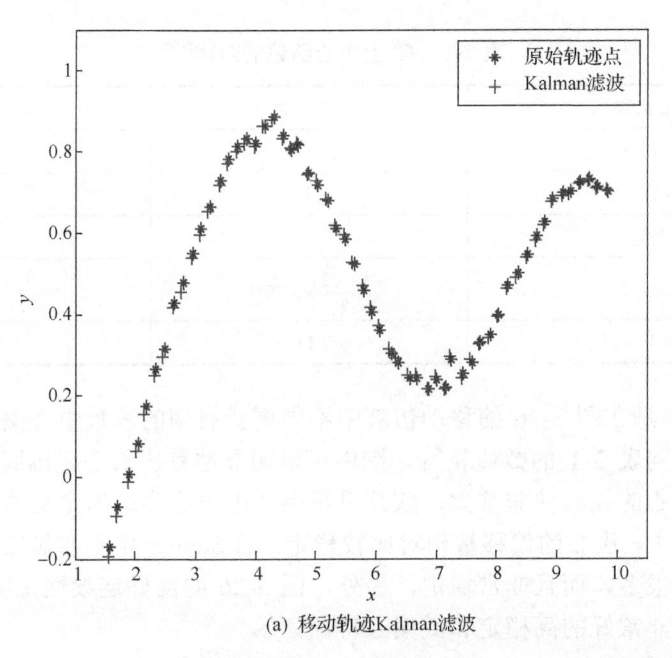

(a) 移动轨迹Kalman滤波

图 3-28　预测与偏移累计图

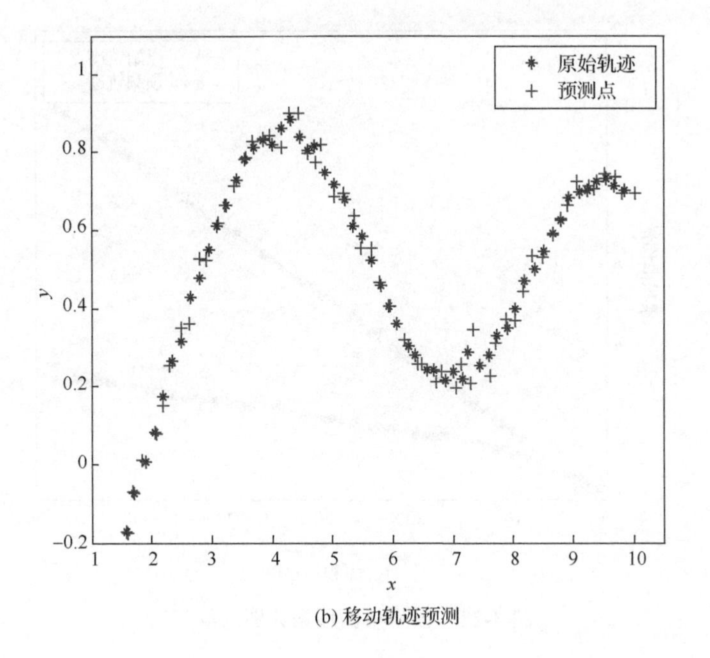

(b) 移动轨迹预测

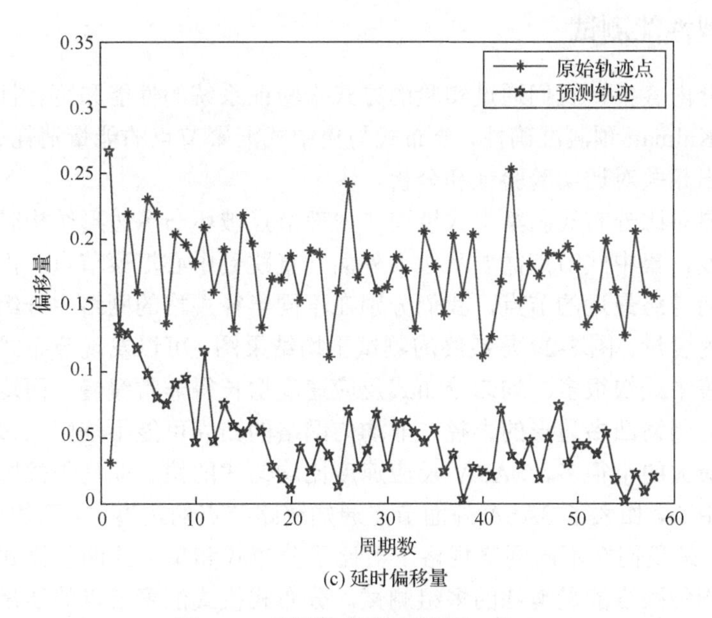

(c) 延时偏移量

图 3-28　预测与偏移累计图（续）

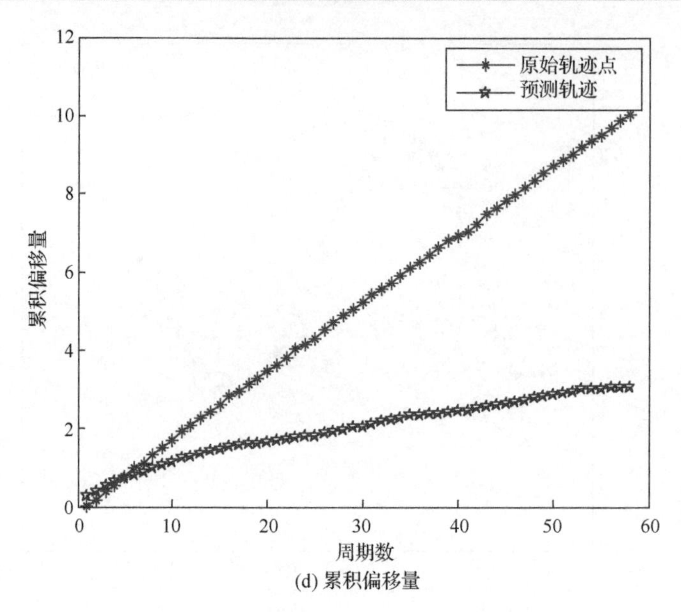

(d) 累积偏移量

图 3-28　预测与偏移累计图（续）

3.4.6　模型性能测试

在这部分内容中，我们通过实验的方式来验证系统的性能和可行性，主要验证移动轨迹的 Kalman 预测准确性，分布式与集中式汇聚节点的能量消耗、SASA 反应速度，并做出相关对比实验验证和分析。

以下主要对比分布式和集中式模型在内部节点破坏凸多边形结构时，SASA 算法的反应速度，集中式节点需要从边界外面一直跳到中心汇聚节点。而分布式只需要发送到距离链路最近的节点，我们分别在不同半径规格的网络中分组做测试，以到达跳数作为度量。图 3-29 是最终的测试平均结果图，可以发现分布式的 SASA 反应速度要比集中式快很多。均匀分布式反应速度增长得非常缓慢，而均匀集中式的反应速度接近网络凸多边形的半径。非均匀网络的凸壳可能不规则，边节点到中心跳数最小比最大的小很多，SASA 反应速度比均匀式的快。非均匀式同时也会使得链路更靠近中心，加大了 SASA 外面节点通知链路节点的距离，从而加大反应时间。

图 3-30 是我们在不同网络规格下对比了分布式和集中式两种模式下汇聚节点在均匀与非均匀网络能量消耗的多组测试。分布式模式汇聚节点的能量消耗主要包含节点自身系统和各模块运行的消耗，如接收、处理和转发网络其他节点的感知数据等过程的能量消耗。而集中式汇聚节点除了执行分布式模式的任务外，还包含通过数据包维护更新凸多边形结构、计算 Steiner 中心所消耗的能量，图中可以看出分布式 SCSN 模型的汇聚节点比集中式模型维护凸多边形结构和计算 Steiner 中心的能

量要少。对于独立汇聚节点的网络，分布式对延长汇聚节点和网络整体寿命是非常有效的。对于非均匀网络，由于分布零散都能使两种模型的凸多边形节点数减少，从而汇聚节点 SASA 维护凸多边形发送、接收包消耗能量也会减少。

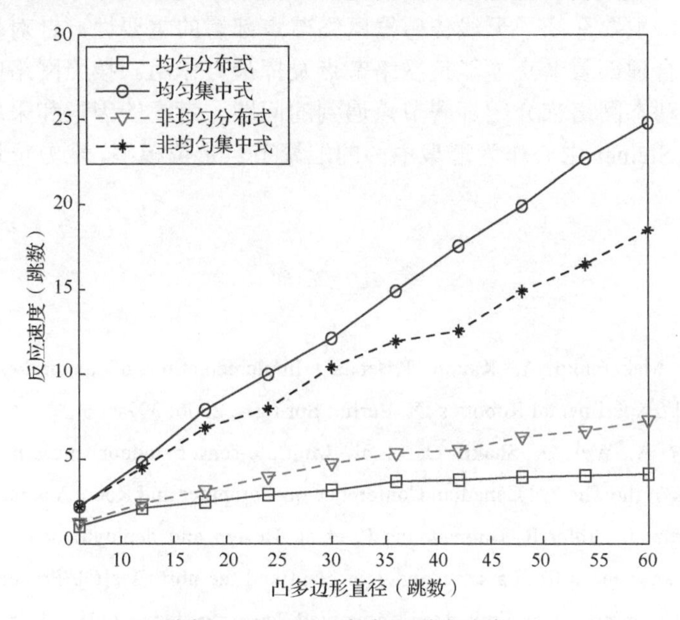

图 3-29　SASA 自意识反应速度

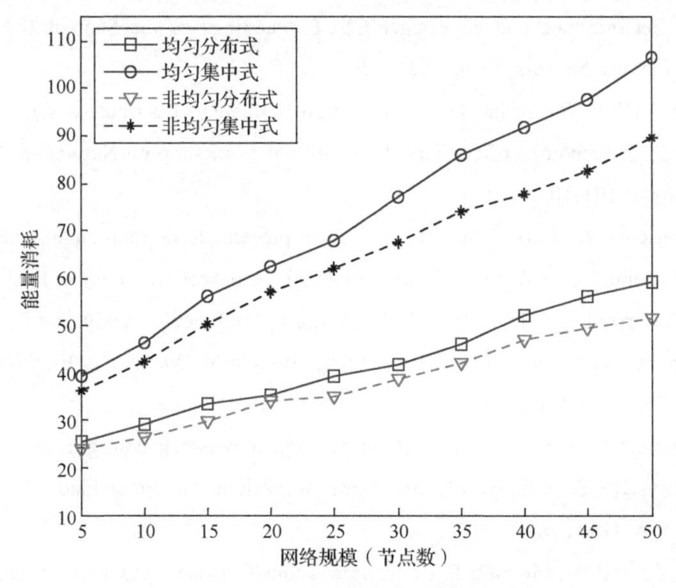

图 3-30　汇聚节点能量消耗

3.5 本章小结

在这章中，主要介绍了无线传感器网络节点部署的重要性。针对传感器网络实际应用，如何合理部署节点才能使网络节点发挥最大作用。按照网络的特征，本章分别从静态和动态网络来介绍部署节点遇到的问题、考虑的因素和采取的策略，最后介绍了使用 Steiner 中心作为汇聚中心的汇聚节点定位模型，全方位地对节点部署进行介绍。

参考文献

[1] Brooks A, Makarenko A, Kaupp T, et al. Implementation of an indoor active sensor network[M]//Experimental Robotics IX. Berlin: Springer, 2006: 397-406.

[2] Petrushin V A, Wei G, Shakil O, et al. Multiple-sensor indoor surveillance system[C]// Proceedings of the The 3rd Canadian Conference on Computer and Robot Vision, 2006: 40.

[3] Krishnamurthy L, Adler R, Buonadonna P, et al. Design and deployment of industrial sensor networks: Experiences from a semiconductor plant and the north sea[C]//Proceedings of the 3rd International Conference on Embedded Networked Sensor Systems, 2005: 64-75.

[4] Paek J, Chintalapudi K, Caffrey J, et al. A wireless sensor network for structural health monitoring: Performance and experience[C]// Proceedings of the Second IEEE Workshop on Embedded Network Sensors, Syndney, 2005.

[5] Mechitov K, Kim W, Agha G, et al. High-frequency distributed sensing for structure monitoring[C]//Proceedings of the First International Workshop on Networked Sensing Systems (INSS 04), 2004: 101-105.

[6] Berry J, Fleischer L, Hart W E, et al. Sensor placement in municipal water networks[C]// Proceedings of the World Water and Environmental Resources Conference, Reston, 2003.

[7] Watson J P, Greenberg H J, Hart W E. A multiple-objective analysis of sensor placement optimization in water networks[C]//Proceedings of World Water and Environment Resources Conference, Salt Lake City, 2004.

[8] Poduri S, Pattem S, Krishnamachari B, et al. Sensor network configuration and the curse of dimensionality[C]//Proceedings of the Third Workshop on Embedded Networked Sensors, Cambridge, MA, USA. 2006.

[9] Akyildiz I F, Pompili D, Melodia T. Underwater acoustic sensor networks: research challenges[J]. Ad Hoc Networks, 2005, 3(3): 257-279.

[10] Gonzalez-Banos H. A randomized art-gallery algorithm for sensor placement[C]//Proceedings of

the Seventeenth Annual Symposium on Computational Geometry, ACM, 2001: 232-240.

[11] Navarro-Serment L E, Dolan J M, Khosla P K. Optimal sensor placement for cooperative distributed vision[C]// Proceedings of the IEEE International Conference on Robotics and Automation, 2004, 1: 939-944.

[12] Tang J, Hao B, Sen A. Relay node placement in large scale wireless sensor networks[J]. Computer Communications, 2006, 29(4): 490-501.

[13] Ishizuka M, Aida M. Performance study of node placement in sensor networks[C]// Proceedings of the 24th International Conference on Distributed Computing Systems Workshops, 2004: 598-603.

[14] Xu K, Hassanein H, Takahara G, et al. Relay node deployment strategies in heterogeneous wireless sensor networks: single-hop communication case[C]// Proceedings of the IEEE Global Telecommunications Conference, 2005, 1: 5.

[15] Xu K, Hassanein H S, Takahara G, et al. Relay node deployment strategies in heterogeneous wireless sensor networks: Multiple-hop communication case[C]//SECON, 2005, 5: 575-585.

[16] Huang C F, Tseng Y C. The coverage problem in a wireless sensor network[C]//Proceedings of the 2nd ACM International Conference on Wireless Sensor Networks and Applications, ACM, 2003: 115-121.

[17] Boukerche A, Fei X, Araujo R B. WSN04-4: A coverage-preserving and hole tolerant based scheme for the irregular sensing range in wireless sensor networks[C]//IEEE Globecom, 2006: 1-5.

[18] Meguerdichian S, Koushanfar F, Potkonjak M, et al. Coverage problems in wireless ad-hoc sensor networks[C]// Proceedings of the Twentieth Joint Conference of the IEEE Computer and Communications Societies, 2001, 3:1380-1387.

[19] Dhillon S S, Chakrabarty K. Sensor placement for effective coverage and surveillance in distributed sensor networks[C]// Proceedings of the IEEE Wireless Communications and Networking, 2003, 3: 1609-1614.

[20] Clouqueur T, Phipatanasuphorn V, Ramanathan P, et al. Sensor deployment strategy for target detection[C]//Proceedings of the 1st ACM International Workshop on Wireless Sensor Networks and Applications, 2002: 42-48.

[21] Pompili D, Melodia T, Akyildiz I F. Deployment analysis in underwater acoustic wireless sensor networks[C]//Proceedings of the 1st ACM International Workshop on Underwater Networks, 2006: 48-55.

[22] Biagioni E S, Sasaki G. Wireless sensor placement for reliable and efficient data collection[C]// Proceedings of the Hawaii International Conference on System Sciences, 2003:127b.

[23] Iyengar R, Kar K, Banerjee S. Low-coordination topologies for redundancy in sensor networks[C]//

Proceedings of the 6th ACM International Symposium on Mobile Ad Hoc Networking and Computing, 2005: 332-342.

[24] Cheriyan J, Vempala S, Vetta A. Approximation algorithms for minimum-cost k-vertex connected subgraphs[C]//Proceedings of the thirty-fourth annual ACM symposium on Theory of computing, 2002: 306-312.

[25] Shen C C, Koc O, Jaikaeo C, et al. Trajectory control of mobile access points in MANET[C]// Proceedings of the IEEE Global Telecommunications Conference, 2005, 5:2847.

[26] Pan J, Cai L, Hou Y T, et al. Optimal base-station locations in two-tiered wireless sensor networks[J]. IEEE Transactions on Mobile Computing, 2005, 4(5): 458-473.

[27] Yang T, Ikeda M, Mino G, et al. Performance evaluation of wireless sensor networks for mobile sink considering consumed energy metric[C]// Proceedings of the IEEE 24th International Conference on Advanced Information Networking and Applications Workshops, 2010: 245-250.

[28] Chen Y, Zhao Q. On the lifetime of wireless sensor networks[J]. IEEE Communications Letters, 2005, 9(11): 976-978.

[29] Wang W, Srinivasan V, Chua K C. Using mobile relays to prolong the lifetime of wireless sensor networks[C]//Proceedings of the 11th Annual International Conference on Mobile Computing and Networking, 2005: 270-283.

[30] Wu X, Chen G, Das S K. Avoiding energy holes in wireless sensor networks with nonuniform node distribution[J]. IEEE Transactions on Parallel and Distributed Systems, 2008, 19(5): 710-720.

[31] Gupta I, Riordan D, Sampalli S. Cluster-head election using fuzzy logic for wireless sensor networks[C]// Proceedings of the IEEE 3rd Annual Communication Networks and Services Research Conference, 2005: 255-260.

[32] Bandyopadhyay S, Coyle E J. An energy efficient hierarchical clustering algorithm for wireless sensor networks[C]// Proceedings of the Twenty-Second Annual Joint Conference of the IEEE Computer and Communications, 2003, 3: 1713-1723.

[33] Singh S K, Singh M P, Singh D K. A survey of energy-efficient hierarchical cluster-based routing in wireless sensor networks[J]. International Journal of Advanced Networking and Application, 2010, 2(02): 570-580.

[34] Ding P, Holliday J A, Celik A. Distributed energy-efficient hierarchical clustering for wireless sensor networks[C]// Proceedings of the International Conference on Distributed Computing in Sensor Systems, 2005, Berlin: Springer: 322-339.

[35] Younis M, Youssef M, Arisha K. Energy-aware management for cluster-based sensor networks[J]. Computer Networks, 2003, 43(5): 649-668.

[36] Efrat A, Har-Peled S, Mitchell J S B. Approximation algorithms for two optimal location

problems in sensor networks[C]// Proceedings of the 2nd International Conference on Broadband Networks, 2005: 714-723.

[37] Younis M, Bangad M, Akkaya K. Base-station repositioning for optimized performance of sensor networks[C]// Proceedings of the IEEE Vehicular Technology Conference, 2003, 5: 2956-2960.

[38] Youssef W, Younis M, Akkaya K. An intelligent safety-aware gateway relocation scheme for wireless sensor networks[C]// Proceedings of the 2006 IEEE International Conference on Communications, 2006, 8: 3396-3401.

[39] Youssef W, Younis M, Eltoweissy M. Intelligent discovery of safe paths in wireless sensor network[C]// Proceedings of the 23rd Biennial Symposium on Communications, 2006: 368-371.

[40] Ding M, Chen D, Xing K, et al. Localized fault-tolerant event boundary detection in sensor networks[C]//Proceedings of the IEEE 24th Annual Joint Conference of the IEEE Computer and Communications Societies, 2005, 2: 902-913.

[41] Li M, Liu Y. Underground structure monitoring with wireless sensor networks[C]//Proceedings of the 6th International Conference on Information Processing in Sensor Networks, 2007: 69-78.

[42] Nowak R, Mitra U. Boundary estimation in sensor networks: Theory and methods[C]// Information Processing in Sensor Networks, 2003: 80-95.

[43] Durocher S, Kirkpatrick D. The Steiner centre of a set of points: Stability, eccentricity, and applications to mobile facility location[J]. International Journal of Computational Geometry & Applications, 2006, 16(04): 345-371.

[44] Liang J, Navara M. Implementation of calculating steiner point for 2D objects[C]//Proceedings of the 2007 International Conference on Intelligent Systems and Knowledge Engineering, Chengdu, 2007: 15-16.

第4章　Wi-Fi定位技术

第3章中对无线传感网络节点的选址做了详细的介绍，主要介绍了静态节点部署、动态节点部署及汇聚节点动态选择模型。本章主要介绍基于Wi-Fi的定位技术，由于室内有墙壁和障碍物的反射、衍射等因素的影响，所以第3章的节点选址对于室内定位技术很关键。本章将从Wi-Fi基础、位置指纹及轨迹优化这几个方面详细介绍Wi-Fi室内定位的具体实现技术。

4.1　Wi-Fi基础

4.1.1　IEEE 802.11系列标准概述

WLAN（Wireless LAN）的两个典型标准分别是由IEEE 802标准化委员会下第11标准工作组制定的IEEE 802.11系列标准和欧洲电信标准化协会（European Telecommunications Standards Institute，ETSI）下的宽带无线电接入网络（Broadband Radio Access Networks，BRAN）小组制定的HiperLAN系列标准。IEEE 802.11系列标准由Wi-Fi联盟（官方网址：www.wi-fi.org）负责推广，本章所有研究仅针对IEEE 802.11系列标准，并且用Wi-Fi代指IEEE 802.11技术。

自第二次世界大战以来，无线通信因在军事上应用的成果而受到重视，一直迅猛发展，但缺乏广泛的通信标准。于是，IEEE在1997年为无线局域网制定了第一个版本标准——IEEE 802.11。其中定义了媒体访问控制层和物理层。物理层定义了工作在2.4GHz ISM频段上的两种扩频调制方式和一种红外传输的方式，总数据传输速率设计为2Mbit/s。符合802.11标准的两个设备之间的通信可以以设备到设备（ad hoc）的方式进行，也可以在基站（Base Station，BS）或者访问点（Access Point，AP）的协调下进行[1,2]。

1999年，IEEE对原始的IEEE 802.11标准进行了修改，推出了IEEE 802.11—1999版。同年，IEEE在IEEE 802.11—1999版的基础之上，又推出了两个补充版本：IEEE 802.11a定义了一个在5GHz ISM频段上的数据传输速率可达54Mbit/s的物理层，IEEE 802.11b定义了一个在2.4GHz的ISM频段上但数据传输速率高达11Mbit/s的物理层。2.4GHz的ISM频段为世界上绝大多数国家通用，因此IEEE 802.11b得到了最为广泛的应用。1999年工业界成立了Wi-Fi联盟，致力于解决符合IEEE 802.11标准的产品的生产和设备兼容性问题。

之后，802.11 工作小组还陆续推出了一系列的标准，直到目前，802.11 工作小组仍然在制定新的标准，具体罗列如下（以标准名称，批准年份，协议说明的格式罗列）。

IEEE 802.11—1997，1997 年，原始标准（2Mbit/s，工作在 2.4GHz 频段）。

IEEE 802.11—1999，1999 年，对 IEEE 802.11 原始版本的修订版，内容上有一定的调整。

IEEE 802.11a，1999 年，物理层补充（54Mbit/s，工作在 5GHz 频段）。

IEEE 802.11b，1999 年，物理层补充（11Mbit/s，工作在 2.4GHz 频段）。

IEEE 802.11c，2001 年，符合 802.1D 的媒体访问控制层桥接（MAC layer bridging）。

IEEE 802.11d，2001 年，根据各国无线电规定做出调整。

IEEE 802.11e，2005 年，对 QoS（Quality of Service）的支持。

IEEE 802.11f，2003 年，基站的互连性（Inter-Access Point Protocol，IAPP），2006 年 2 月被 IEEE 批准撤销。

IEEE 802.11g，2003 年，物理层补充（54Mbit/s，工作在 2.4GHz）。

IEEE 802.11h，2004 年，频谱管理，解决 5GHz 对卫星或者雷达的干扰问题。

IEEE 802.11i，2004 年，无线网络安全方面的补充。

IEEE 802.11j，2004 年，根据日本规定做的升级。

IEEE 802.11—2007，2007 年，IEEE 802.11 标准的修订版，在原有标准的基础上，融合了 a, b, d, e, g, h, i, j 这 8 个修正版。

IEEE 802.11k，2008 年，射频资源管理。

IEEE 802.11n，2009 年，更高传输速率的改善，支持多输入多输出（Multi-Input Multi-Output，MIMO）技术，工作在 2.4GHz 或 5GHz 频段。

IEEE 802.11p，2010 年，又称 WAVE（Wireless Access in the Vehicular Environment），主要用在车载环境的无线通信上。

IEEE 802.11r，2008 年，支持接入点之间快速切换，从而提高企业局域网中 VoIP（Voice over Internet Protocal）的性能。

IEEE 802.11s，2011 年，对于无线网状网络（mesh network）的延伸与增补标准。

IEEE 802.11T，802.11 设备及系统的性能和稳定性测试规范，已被取消。

IEEE 802.11u，2011 年，与其他网络的交互性。

IEEE 802.11v，2011 年，无线网络管理。

IEEE 802.11w，2009 年，保护管理帧。

IEEE 802.11y，2008 年，美国地区，3.65～3.7GHz 频段的操作。

IEEE 802.11z，2010 年，对直接链路设置（Direct Link Setup，DLS）的扩展。

IEEE 802.11—2012，2012 年，IEEE 802.11 标准的修订版，在原有标准的基础

上，融合了 k, n, p, r, s, u, v, w, y, z 这 10 个修正版。

IEEE 802.11aa，主要针对 Wi-Fi 网络中视频传输应用进行了增强和优化。

IEEE 802.11ae，针对 QoS 管理进行增强。

IEEE 802.11ac，定义了具有吉比特速率的甚高吞吐量（Very High Throughput，VHT）传输模式。

IEEE 802.11ad，主要在 60GHz 频段范围内定义了短距离甚高吞吐量传输模式。

IEEE 802.11af，致力于研究 Wi-Fi 技术在美国近期开放的 TV 空闲频段的使用方式。

IEEE 802.11ah，致力于研究 1GHz 以下频段 Wi-Fi 技术的使用方式。

IEEE 802.11ai，通过新增部分机制，规范快速网络连线建置功能。

IEEE 802.11aj，为 IEEE 802.11ad 的增补标准，开放 45GHz 的未授权带宽，使世界上部分地区可以使用。

IEEE 802.11aq，为 IEEE 802.11 的修正案，增加网络探索的效率，以加快网络传输速度。

IEEE 802.11ax，以现行的 IEEE 802.11ac 作为基底的草案，以提供比现行的传输速率加快 4 倍为目标。

IEEE 802.11ay，正在开发的标准，是对 802.11ad 的扩展，能提供最高 100Gbit/s 的传输速度。

为了避免混淆，802.11l，802.11o，802.11q，802.11x，802.11ab 和 802.11ag 这几个标准是不存在的。而 802.11F 和 802.11T 之所以将字母 F 和 T 大写，是因为它们不是标准，只是操作规程建议。802.11m 主要是对 IEEE 802.11 家族规范进行维护、修正、改进，以及为其提供解释文件，802.11m 中的 m 表示 maintenance。

4.1.2 Wi-Fi 网络成员与结构

IEEE 802.11 主要规定了两种不同类型的基本架构：有基础架构的无线局域网络（infrastructure wireless LAN）和无基础架构的无线局域网络（Ad Hoc wireless LAN）。

所谓的基础架构通常指的就是一个现存的有线网络分布式系统，在这种网络架构中，会存在一种特别的节点，称作接入点。接入点的功能就是将一个或多个无线局域网络和现存有线网络分布式系统相连接，以使得某个无线局域网络中的工作站能和较远距离的另一个无线局域网络的工作站通信；另外，也促使无线局域网络中的工作站，能获取有线网络分布式系统中的网络资源。

无基础架构无线局域网络的作用主要是使得不限量的用户能够实时架设起无线通信网络。在这种架构中，通常任两个用户间都可相互通信，这一类的无线网络架构在会议室里经常用到。IEEE 802.11 所制订的架构允许无基础架构的无线局域网络和有基础架构的无线局域网络同时使用同一套基本接入协议。然而，一般讨论 IEEE 802.11 无线局域网络硬件架构，还是偏重在有基础架构的无线网络上。IEEE 802.11 所定义的无线网络硬件架构，主要由下列组件所组成（图 4-1）。

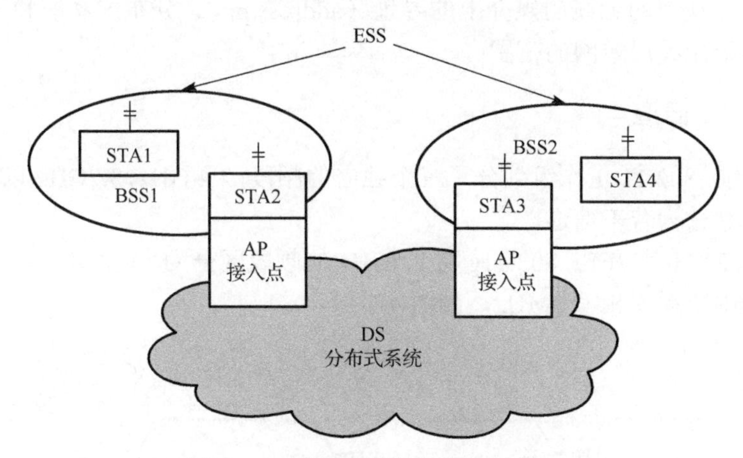

图 4-1　无线网络硬件架构组成元件

WM（wireless medium）：无线传输媒介，无线局域网络实体层所使用到的传输媒介。

STA（station）：工作站，任何设备只要拥有 IEEE 802.11 的 MAC 层和 PHY 层的接口，就可称为一个工作站。

BSA（basic service area）：基本服务区域，在有基础架构的无线局域网络中，每一个几何上的建构区块（building block）就称为一个基本服务区域，每一个建构区块的大小由该无线工作站的环境和功率而定。

BSS（basic service set）：基本服务区中所有工作站的集合。

DS（distribution system）：分布式系统，通常是由有线网络所构成，可将数个 BSA 连接起来。

AP（access point）：接入点，连接 BSS 和 DS 的设备，不但具有工作站的功能，还具有工作站接入分布式系统的能力，通常一个 BSA 内会有一个接入点。

ESA（extended service area）：扩充服务区，数个 BSA 经由 DS 连接在一起，所形成的区域，就叫作一个扩充服务区。

ESS（extended service set）：扩充服务集，数个经由分布式系统所连接的 BSS 中的每一基本工作站集，形成一个扩充服务集。所有位于同一个 ESS 的接入点将会使用相同的服务组标识符（Service Set Identifier，SSID），通常就是用户所谓的网络“名称”。

Portal：关口，也是一个逻辑成分，用于将无线局域网和有线局域网或其他网络联系起来。

这里有三种媒介：站点使用的无线媒介、分布式系统使用的媒介，以及和无线局域网集成一起的其他局域网使用的媒介，物理上它们可能互相重叠。IEEE 802.11只负责在站点使用的无线的媒介上的寻址（addressing）。分布式系统和其他局域网的寻址不属于无线局域网的范围。

4.1.3 Wi-Fi 信道

截至目前，802.11 工作组划分了三个独立的频段，2.4 GHz，3.7GHz 以及 5 GHz。每个频段又划分为若干信道。

IEEE 802.11b 和 IEEE 802.11g 将 2.4GHz 的频段区分为 14 个重复、标记的频道；每个频道的中心频率相差 5MHz，如图 4-2 所示。

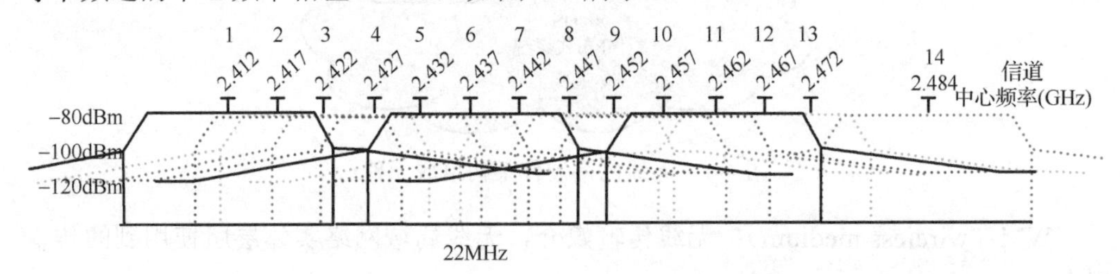

图 4-2　2.4GHz Wi-Fi 频道与带宽示意图

一般常常被误认的是频道 1、6、11（还有些地区的频道 14）是互不重叠的，利用这些不重叠的频道，多组无线网络可以互不影响。然而，IEEE 802.11b 和 IEEE 802.11g 并没有规范每个频道的频宽，规范的是中心频率和频谱屏蔽（spectral mask）。IEEE 802.11b 的频谱屏蔽需求为：在中心频率±11MHz 处至少衰减 30dB，±22MHz 处要衰减 50dB。由于频谱屏蔽只规定到±22MHz 处的能量限制，所以通常认定使用频宽不会超过这个范围。实际上，当发射端和接收端的距离非常近时，接收端接收到的有效能量频谱，有可能会超过 22MHz 的区域。所以，一般认为频道 1、6、11 互不重叠的说法应该要修正为：频道 1、6、11 这三个频段互相之间的影响比使用其他频段的影响要来得小。然而，要注意的是，一个使用频道 1 的高功率发射端，可以轻易地干扰到一个使用频道 6 而功率较低的发射站。在实验室的测试中发现，当使用频道 11 来传递文档时，如果使用频道 1 的发射台也在通信，将影响到频道 11 的文档传输，让传输速率稍稍降低。

对于 802.11 工作组划分的不同信道频段，每个国家自己制定如何使用这些频段的政策[3-5]。在中国，2.4GHz 频段可用信道为 1～13 信道，各自的中心频率见图 4-2[6-8]。

IEEE 802.11ac，俗称 5G Wi-Fi（5th Generation of Wi-Fi），是 IEEE 802.11n 的继承者。它采用并扩展了源自 IEEE 802.11n 的空中接口（air interface）概念，包括：更宽的 RF 带宽（提升至 160MHz），更多的 MIMO 空间流（spatial streams）（增加到 8），下行多用户的 MIMO（最多至 4 个），以及高密度的调变（modulation）（达到 256QAM）。

IEEE 802.11ac 作为在 IEEE 802.11n 核心技术演进的下一代千兆无线网络标准，5GHz 频段的范围比起 2.4GHz 要宽广得多，覆盖范围从 4.9～5.8GHz，信道的划分也更多样化，不过有一个标准是不变的，那就是信道中心频率每提升 5MHz，信道的编号就加 1，这点与 2.4GHz 频段信道划分的标准是基本一致的。支持 5GHz 频段的无线路由器多数使用的是第 36 号信道至第 165 号信道，两者对应的中心频率分别为 5.170GHz 和 5.825GHz，频率分布见图 4-3。

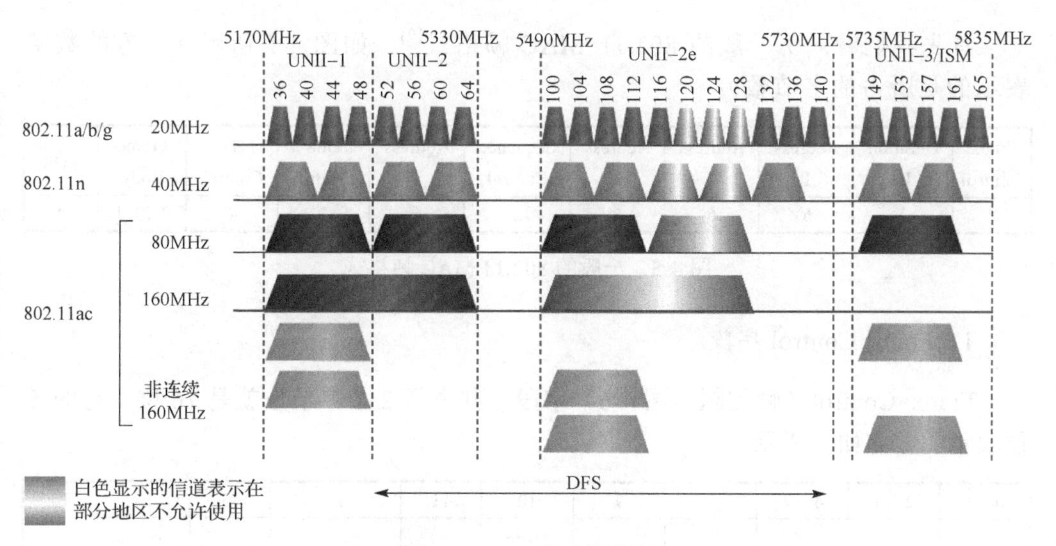

图 4-3　2.4G 中心频率图

起初的 IEEE 802.11a/g 技术规范采用了静态 20MHz 带宽，后来，随着 IEEE 802.11n 的问世，40MHz 信道也得以实现。为了轻松提高数据率，IEEE 802.11ac 同时引入了 80MHz 信道和 160MHz 信道——连续的 160MHz 信道，或非连续的 80+80MHz 信道——分别将数据率提高至 4.5 倍和 9 倍。IEEE 强制要求 IEEE 802.11ac 系统支持 80MHz，而 160MHz 则为可选项。图 4-4 中，黑色的半圆表示独立信道，灰色的半圆表示标准协议推荐的信道绑定，UNII-2e 为 5GHz 新增频段，该频段中国尚未放开使用。目前中国已放开使用的信道有 36, 40, 44, 48, 52, 56, 60, 64, 149, 153, 157, 161, 165。中国目前允许的 5745～5825MHz 频段能够使用在 80MHz 模式下的 802.11ac 的 AP，而 5170～5330MHz 不支持室外 AP。

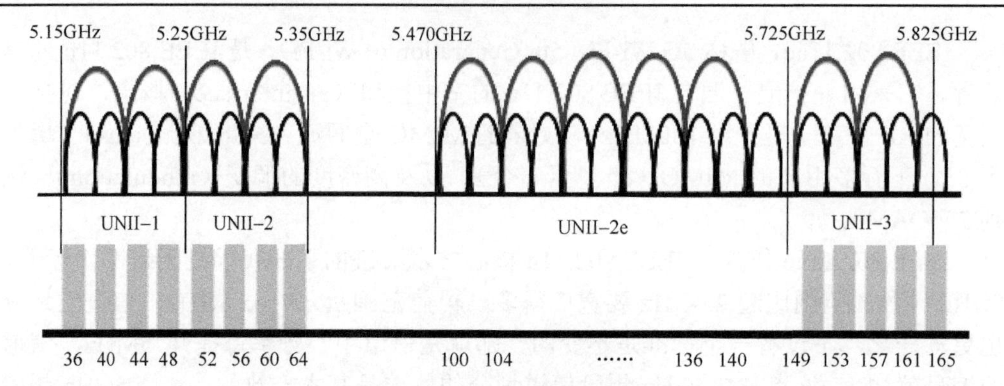

图 4-4　中心频率分布图

4.1.4　Wi-Fi MAC 帧格式

首先我们看一下一般的 802.11 MAC 帧格式[9]，如图 4-5 所示（下方的数字表示的是所占的字节数）：

Frame Control	Duration /ID	Address 1	Address 2	Address 3	Sequence Control	Address 4	QoS Control	HT Control	Frame Body	FCS
2	2	6	6	6	2	6	2	4	0-7951	4

图 4-5　一般的 802.11 MAC 帧格式

1．Frame Control 字段

Frame Control（帧控制，图 4-6）字段一共占了 2 个字节也就是 16 位，它的各位表示的内容如下所示。

0～1	2～3	4～7	8	9	10	11	12	13	14	15
Protocol Version	Type	Subtype	To DS	From DS	More Frag ments	Retry	Power Management	More Data	Protected Frame	Order
2	2	4	1	1	1	1	1	1	1	1

图 4-6　Frame Control 字段

该格式中，上方数字表示的是字段所在位置，下方数字表示的是字段所占的字节数。其中各字段解释如下。

Protocol Version 字段：Protocol Version（协议版本）字段由两位构成，用以显示该帧所使用的 MAC 版本。目前，802.11 MAC 只有一个版本，它的协议编号为 0。如果 IEEE 将来推出不同于原始规范的 MAC 版本，则会出现其他的版本编号。

Type 字段：Type 的取值将 MAC 帧分成了三种类型。Type=00，表示的是管理帧；Type=01 表示的是控制帧；Type=10，表示的是数据帧。目前 Type=11 尚未被使用。

Subtype 字段：对于每一种类型的帧，它们都可以再分成不同的子类型帧。其中与 Wi-Fi 定位关系比较大的有 Type=00 时，Subtype=1000 的 Beacon（信标）帧，Subtype=0100 的 Probe request（探测请求）帧，Subtype=0101 的 Probe response（探测响应）帧。对于其他类型的帧，这里就不做介绍了。

To DS 与 From DS 位：这两个位用来表示帧的目的地是否为分布式系统。

More Fragments 位：表示后续是否还有分段，有的话就置 1。

Retry 位：有时候可能需要重传帧。任何重传的帧都会将此位设定为 1，以协助接收端剔除重复的帧。

Power Management 位：此位用来指出发送端在完成当前的原子帧交换之后是否进入省电模式。1 代表工作站即将进入省电模式，0 代表工作站会一直保持在清醒状态。

More Data 位：为了服务处于省电模式中的工作站，接入点会将这些从分布式系统接收来的帧加以缓存。接入点如果设定此位，则代表至少有一个帧待传给休眠的工作站。

Protected Frame 位：如果帧受到链路层安全协议的保护，则此位会被设定为 1，而且该帧会略有不同，之前 Protected Frame 位被称为 WEP 位。

Order 位：帧与帧片段可依次传送，不过发送端与接收端的 MAC 必须付出额外的代价。一旦进行严格依次传送，则此位会被设定为 1。

2. Duration/ID 字段

Duration/ID（持续时间/标识）字段表明该帧和它的确认帧将会占用信道的时间。对于帧控制域子类型为 Power Save-Poll 帧，该域表示了 STA 的连接身份（Association Identification，AID）。

3. Address 字段

四个地址分别为：源地址（Source Address，SA）、目的地址（Destination Address，DA）、传输工作站地址（Transmitter Address，TA）、接收工作站地址（Receiver Address，RA）。其中 SA 与 DA 必不可少，后两个只对跨 BSS 的通信有用，而目的地址可以为单播地址（unicast address）、多播地址（multicast address）、广播地址（broadcast address）。

4. Sequence Control 字段

Sequence Control（顺序控制）字段的长度为 16 位，用来重组帧片段以及丢弃重复帧。它是由 4 位（第 0 位～第 3 位）的片段编号（fragment number）字段以及

12 位（第 4 位～第 15 位）的顺序编号（sequence number）字段组成。控制帧未使用顺序编号，因此并无 Sequence Control 字段。当上层帧交付给 MAC 传送时，会被赋予一个顺序编号。此字段的作用相当于已传帧的计数器取 4096 的模数。此计数器从 0 起算，MAC 每处理一个上层封包它就会累加 1。如果上层封包被分段处理，则所有帧片段就都会有相同的顺序编号。如果重传帧，则顺序编号不会有任何改变。

具备 QoS 扩展功能的工作站对 Sequence Control 字段的解读稍有不同，因为这类工作站必须同时维护多组传送队列。

5. Frame Body 字段

Frame Body（帧主体）也称为 Data Field（数据字段），负责在工作站之间传递上层有效载荷（payload）。

6. FCS 字段

FCS（帧校验序列）字段通常被视为循环冗余校验（Cyclic Redundancy Check，CRC）码。FCS 使得工作站能够检查所收到的帧的完整性。

4.1.5 Wi-Fi 扫描

使用任何网络之前，首先必须找到网络的存在。使用有线网络时要找出网络的存在并不难，只要循着网线或者找到墙上的插座即可。在无线领域中，工作站在加入任何兼容网络之前必须先经过一番识别工作，在所在区域识别现有的网络过程称为扫描（scanning）。

扫描过程中会用到几个参数，这些参数可以由用户来指定，也有些实现产品则是在驱动程序中为这些参数提供默认值。

BSSType （independent、infrastructure 或 both）：扫描时可以指定所要搜寻的网络属于 independent ad hoc、infrastructure 或同时搜寻两者。

BSSID（individual 或 broadcast）：工作站可以针对所要加入的特定（individual）网络进行扫描，或者扫描允许该工作站加入的所有网络（broadcast）。在移动时将 BSSID 设为 broadcast 不失为一个好主意，因为扫描的结果会将该地区所有的 BBS 涵盖在内。

SSID（“network name”）：SSID 是用来指定某个扩展服务集（extended service set）的位字符串。大部分的产品会将 SSID 视为网络名称（network name），因为此位字符串通常会被设定为人们易于识别的字符串。工作站若打算找出所有的网络，应该将之设定为 broadcast SSID。

ScanType（active 或 passive）：主动（active）扫描会主动传送 Probe Request 帧以识别该地区有哪些网络存在，被动（passive）扫描则是被动聆听 Beacon 帧以节省电池的电力。

ChannelList：进行扫描时，若非主动送出 Probe Request 帧，就是在某个信道被动聆听。802.11 允许工作站指定所要尝试的信道列表。设定信道列表的方式因产品而异。物理层不同，信道的构造也有所差异。直接序列（direct-sequence）产品以此为信道列表，而跳频（frequency-hopping）产品则以此为跳频模式（hop pattern）。

ProbeDelay：主动扫描某个信道时，为了避免工作站一直等不到 Probe Response 帧而设定的延时定时器，以μs 为单位，用来防止某个闲置的信道让整个扫描过程停止。

MinChannelTime 与 MaxChannelTime：以 TU（time unit，时间单位，代表 1024μs）为单位来指定这两个值，意指扫描每个特定信道时所使用的最小与最大的时间量。

1. *被动扫描*

被动扫描（passive scanning）可以节省电池的电力，因为不需要传送任何信号。在被动扫描中，工作站会在信道列表所列的各个信道之间不断切换并静候 Beacon 帧的到来。在此期间，工作站所收到的任何帧都会被暂存起来，以便取出传送这些帧的 BSS 的相关数据。

在被动扫描的过程中，工作站会在信道之间不断切换并记录所收到的任何 Beacon 的信息。Beacon 设计的目的是让工作站知道加入某个基本服务集所需要的参数以便进行通信。

2. *主动扫描*

在主动扫描（active scanning）中，工作站扮演着比较积极的角色。在每个信道上，工作站都会发出 Probe Request 帧来请求某个特定网络予以回应。主动扫描是主动试图寻找网络，而不是听候网络声明本身的存在。使用主动扫描的工作站将会以如下的过程扫描信道列表。

（1）跳至某个信道，然后等待来帧指示（indication of incoming frame）或者等到 ProbeDelay 定时器超时。如果在这个信道收得到帧，就证明该信道有人使用，因此可以加以探测。定时器可以用来防止某个闲置信道让整个过程停止，因为工作站不会一直等候帧的到来。

（2）利用基本的分布式协调功能（Distributed Coordination Function，DCF）访问过程取得媒介使用权，然后送出一个 Probe Request 帧。

（3）至少等候一段最短的信道时间（MinChannelTime）。

① 如果媒介并不忙碌，表示没有网络存在，因此可以跳至下个信道。

② 如果在 MinChannelTime 这段期间媒介非常忙碌，就继续等待一段时间，直到最长的信道时间（MaxChannelTime）超时，然后处理任何的 Probe Response 帧。

当网络收到搜寻其所属的扩展服务集的 Probe Request（探查请求），就会发出

Probe Response （探查响应）帧。比如为了在舞会中找到朋友，你或许会绕着舞池大声叫喊对方的名字（虽然这并不礼貌，不过如果真想找到朋友，大概没有其他选择）。如果对方听见了，她就会出声响应，至于其他人根本就不会理你。Probe Request 帧的作用与此相似，不过在 Probe Request 帧中可以使用 broadcast SSID，如此一来，该区所有的 802.11 网络都会以 Probe Response 加以响应（这就好比在一场舞会中大喊“失火了”，可以确定每个人都会响应）。

每个 BBS 中必须至少有一个工作站负责响应 Probe Request。传送上一个 Beacon 帧的工作站也必须负责传送必要的 Probe Response 帧。在 infrastructure（基础结构型）网络里，是由接入点负责传送 Beacon 帧，因此它也必须负责响应以 Probe Request 在该区搜寻网络的工作站。在 IBSS 中，工作站彼此轮流负责传送 Beacon 帧，因此负责传送 Probe Response 的工作站会经常改变。Probe Response 属于单播（unicast）管理帧，因此必须符合 MAC 的肯定确认（positive acknowledgment）规范。

单一 Probe Request 导致多个 Probe Response 被传送的情况十分常见。扫描过程的目的在于找出工作站可以加入的所有基本服务区域，因此一个 broadcast（广播式）Probe Request 会收到范围内所有接入点的响应。各独立型 BSS 之间如果互相重叠，也会予以响应。

3. 扫描报告

扫描结束后会产生一份扫描报告，这份报告列出了该次扫描所发现的所有 BSS 及其相关参数。进行扫描的工作站可以利用这份完整的参数列表来加入（join）其所发现的任何网络。除了 BSSID、SSID 以及 BSSType，这些参数还包括如下几个。

Beacon interval（信标间隔；整数值）：每个 BSS 均可在自己的指定间隔（以 TU 为单位）传送 Beacon 帧。

DTIM period（Delivery Traffic Indication Map period，延迟传输指示映射周期；整数值）：DTIM 帧属于省电（power-saving）机制的一部分。

Timing parameter（定时参数）：有两个字段可以让工作站的定时器与 BBS 所使用的定时器同步。Timestamp 字段代表扫描工作站所收到的定时值，另一个字段则是让工作站能够匹配定时信息以便加入特定 BSS 偏移量（offset）。

PHY 参数、CF 参数以及 IBSS 参数：这三个网络参数均有各自的参数集，信道信息（channel information）包含在物理层参数（physical-layer parameter）中。

BSS（Basic Rate Set，基本速率集）：基本速率集是打算加入某个网络时工作站必须支持的数据传输速率列表。工作站必须能够以基本速率集中所列的任何速率接收数据。基本速率集是由管理帧的 Support Rates 信息元素的必要速率组成的。

4.2　位置指纹法

4.2.1　概述

目前 Wi-Fi 定位中存在的方法有很多，常用的有 TOA、TDOA、AOA、RSSI 测距方法、近似法以及位置指纹法。由于在 Wi-Fi 定位中位置指纹法是用得最多的一种方法，所以本章将着重讲解该方法。而其他方法和本书其他章节使用的定位方法类似，在此不做赘述。

由于位置指纹法的研究比较多，各种方法的切入点通常大相径庭，但是它们都有一些共性[10,11]。

首先，位置指纹法通常都是一个两阶段的工作模式：离线阶段（有时也叫训练阶段）和在线阶段。离线阶段时，系统在定位服务区里面选取一些位置点（或者也可以选择一些小的位置区域）作为参考点，然后通过信号收集设备收集这些位置点上的 RF 指纹，构建出一个位置指纹数据库。在线阶段时，我们使用要求被定位的移动站点（Mobile Station，MS）来收集 RF 指纹，然后和位置指纹数据库中存放的 RF 指纹进行对比，从而估算出 MS 的位置。

其次位置指纹法通常会有一些共同的基本组件：RF 指纹、位置指纹数据库、位置指纹数据库的缩减技术以及位置估算方法。

位置指纹法的工作机制则通常如图 4-7 所示。这个图表示的意思是：第 1 步，MS 发出定位请求；第 2 步，通过接入网与定位服务器取得通信，定位服务器接收到定位请求以及 MS 上测得的 RF 指纹；第 3 步，定位服务器使用 MS 上的 RF 指纹去搜索位置指纹数据库；第 4 步，位置指纹数据库返回搜索结果；第 5 步，定位服务器使用返回的搜索结果来进行位置估算，第 6 步，通过接入网将估算的位置返回给 MS。

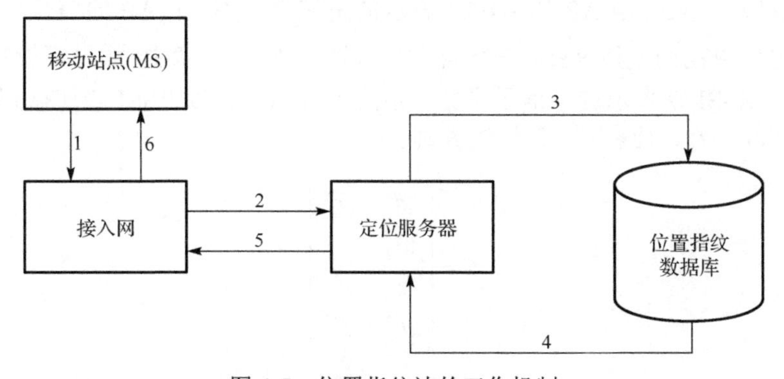

图 4-7　位置指纹法的工作机制

4.2.2 位置指纹数据库

这一小节里面我们主要对 RF 指纹，位置指纹数据库的组织结构，以及位置指纹数据库的构建进行阐述。为了便于叙述，从这里开始我们使用位置指纹数据库的英文首字母简写 LFDB（location fingerprint data base）来代指位置指纹数据库。

首先我们阐述一下 RF 指纹，一个 RF 指纹就是由 MS 或者是 AP 测量得到的一个位置相关的信号参数集合。就像人类的指纹一样，RF 指纹也被期望能唯一地标志一个物理位置[12]。为了做到这一点，在一个给定的位置，我们必须要能测得足够多的信号参数，并且在特定位置该信号参数至少是它在时间上的平均值，必须要有比较小的时变性。然而，事实上它们在时间上总是不那么稳定。即使使用它们的均值来减少小尺度衰落的影响，但是接入网的变化，如增加新的 AP，或者是调整发射机、接收机的天线，或者是调整发射的功率都可能切断给定 RF 指纹和确定位置之间的联系。

RF 指纹可以被分为目标 RF 指纹或者参考 RF 指纹。目标 RF 指纹指的就是，和 MS 相关的用于确定 MS 位置的指纹，它包含了 MS 或者 AP 测量得到的信号参数，本章中我们使用 $\boldsymbol{T}$ 来表示。参考 RF 指纹则是，在训练阶段收集的或者是用电波模型产生的存储在 LFDB 中的 RF 指纹，本章中我们使用 $\boldsymbol{R}$ 来表示。每一个参考指纹都和一个唯一的位置相关联。理想情况下，所有目标指纹使用的信号参量都在参考指纹中出现过。在本章中目标 RF 指纹使用一个 $N_{\mathrm{t}}\times 2$ 的矩阵表示：

$$\boldsymbol{T}=\begin{bmatrix} \mathrm{i}d_1 & t_1 \\ \mathrm{i}d_2 & t_2 \\ \vdots & \vdots \\ \mathrm{i}d_{N_{\mathrm{t}}} & t_{N_{\mathrm{t}}} \end{bmatrix} \tag{4-1}$$

式中，N_{t} 是 MS 通信范围内的 AP 数目；id_i 表示的是 AP 的 ID，实际中通常使用 AP 的 MAC 地址来充当 AP 的 ID；t_i 表示的是接收自第 i 个 AP 的信号参数，通常在 Wi-Fi 定位中我们使用 RSSI 来充当这个信号参数，在本章中，如果不做特殊说明，我们就使用 RSSI 来表示这个信号参数。矩阵中行的序列以 RSSI 降序排列，所以若 $i\leqslant j$，那么 $t_i\geqslant t_j$。而参考 RF 指纹 $\boldsymbol{R}$ 则为

$$\boldsymbol{R}=\begin{bmatrix} \mathrm{i}d_1 & r_1 \\ \mathrm{i}d_2 & r_2 \\ \vdots & \vdots \\ \mathrm{i}d_{N_{\mathrm{r}}} & r_{N_{\mathrm{r}}} \end{bmatrix} \tag{4-2}$$

式中，N_{r} 表示的是离线阶段在参考位置点上采样设备通信范围内的 AP 数目；r_i 表

示的是采样设备接收自第 i 个 AP 的信号参数，同样的本章也使用 RSSI 来表示这个信号参数，参考 RF 指纹中也一样按 RSSI 降序排列。

实际上有很多的信号参数都可以用来构造位置指纹，如 RSSI、AOA 及 CSI（channel state information）等。这些参数从 AP 上采集得到。可以被测量的 AP 越多，那么位置指纹的唯一性就越强。理想状态下，选择的信号参数在网络中应该是已经可用的。这样就不需要修改 MS 的软件或者硬件结构来定位 MS 的位置。这也是为什么在 Wi-Fi 定位中 RSSI 被大量使用的原因。

LFDB 就是位置指纹的一个集合体。LFDB 中的每一个组成元素，由参考 RF 指纹和与其相关的位置组成，这个位置可以是实际的物理坐标，也可以仅仅是一个表示位置的逻辑符号（如房间号），在一些特殊情况下该位置还包含方向、速度等参量。不过在本章中，我们统一使用符号 $\boldsymbol{L}$ 来表示，在使用二维物理坐标讲解时 $\boldsymbol{L}=(x, y)$。后文，LFDB 的组成元素我们使用 DBE（Data Base Entry 或者 Data Base Element）来表述，则有以下关系式：DBE=$\{\boldsymbol{L}, \boldsymbol{R}\}$。

LFDB 中的位置可以被组织成均匀网格（uniform grid），也可以被组织成索引列表（indexed list）。如果 LFDB 被组织成均匀网格，那么所有的参考位置都在平面内（本章中主要针对二维平面情况，向三维情况的推广也是很简单自然的）均匀地分布开来。一个 RF 指纹关联上一个参考坐标。邻近的两个参考坐标之间的距离定义了均匀网格间距，或者说是平面分辨率。平面分辨率的选择需要和定位方法所期望的精度具有相似的量级。均匀网格对于使用电波模型法构建 LFDB 通常比较合适。LFDB 还可以被组织成索引列表的形式，这种形式下参考位置坐标的平面分布不需要遵循特定的模式。这种模式通常在使用 RSSI 测量法构建 LFDB 的方法中被采用。例如，使用汽车在城市中采集 RSSI，那么由于街道的不规则性，参考的位置就很难均匀地分布开来。索引列表结构下，每一个元素就包含了一个参考 RF 指纹和一个通过 GPS 获取的物理坐标，或者直接从地图上、楼层平面图上标示出来的物理坐标。

LFDB 在位置指纹法的训练阶段被构建，可以使用电波模型法、RSSI 测量法或者是两者结合的方法对位置指纹进行构建。

RSSI 测量法：LFDB 可以整个用 RSSI 测量法来构建。这通常需要一个 MS，一个运行在 MS 上的收集和处理 RSSI 测量的软件，在室外环境下我们还需要一个 GPS 接收器。通过 MS 或者 AP，RSSI 被周期性地测量得到。每一组被测得的 RSSI 集合都和真实的位置进行关联。该真实位置或通过 GPS 获取，或通过平面图获取。MS 的参考坐标和其上测得的 RSSI 集合就构成了 LFDB 里面的一个元素，通常使用索引数组表示。

通过 RSSI 测量构建的经验 LFDB 通常可以提供最高的定位精度。但是，它有一个很大的缺陷，尤其是在城域网里面。在这种网络里面，为了保持 LFDB 里面的数据是最新的，那么一旦接入网的元素发生变化，数据库就需要重新构建。

然而在基于位置指纹法的室内定位中，使用 RSSI 测量法可能是一个比较实际的选择。因为高度复杂的室内环境，使得精确的电波传播模型很难被建模，而且相对较小的覆盖范围也使得测量工作相对简单一些。

电波模型法：使用电波模型法构建 LFDB，就是使用电波传播模型[13,14]，代入发射机的发射功率，通常在 Wi-Fi 网络中发射机的功率是 100mW，然后根据环境选择电波模型，比如说室外环境我们就可以使用对数正态模型甚至是自由空间模型。室内环境我们也可以使用对数正态模型，或者加上墙面衰减因素的电波传播模型，如式（4-3）：

$$\mathrm{PL_{LD}}(d)=\mathrm{PL}(d_0)+10n\lg\left(\frac{d}{d_0}\right)+X_\sigma-\begin{cases}N_\mathrm{w}\times\mathrm{WAF}, & N_\mathrm{w}<C\\ C\times\mathrm{WAF}, & N_\mathrm{w}\geqslant C\end{cases}\tag{4-3}$$

其中，右式前半部分各参数的含义和对数正态模型相同；WAF 是墙壁衰减因子；C 是衰减因子能够分辨的最大墙壁数目；N_w 是发送机和接收机之间的墙壁阻隔数目。WAF 主要和墙的材质有关，实际可由测量得到。N_w 这个参数的获取则需要首先获得整个定位区域的实际平面图，然后采用图形学里面常用的 Cohen-Sutherland 线条裁剪算法来计算获取。

使用电波模型法构建 LFDB 的最大优势就是简单、快速，并且方便 LFDB 的更新。每当接入网的网络元素有变化，它都仅仅只需要使用新的接入网参数来获取一个新的 LFDB。不过，它能提供的精度相比较于 RSSI 测量法也会较低。但是通过对电波模型的矫正，也可以在一定程度上提高电波模型法的精度。

混合法：在 LFDB 中，我们也可以同时使用电波模型预测和实测 RSSI 的指纹。首先，使用电波模型构建出 LFDB。然后，实际测量一些参考指纹。如果在一个位置上实测指纹是可用的，那么就用实测指纹来替换预测指纹。同时在实测点附近使用一些插值算法来平滑实测指纹和预测指纹的关系。对于那些距离实测点比较远的地方，就单纯使用预测指纹。

通过在 LFDB 中插入一些实测的位置指纹，对 MS 的定位准确度可以得到一定的提升。然而和 RSSI 测量法一样，该方法受接入网元素变化的影响也比较大。为了解决这个问题我们可以使用被动监听者（passive listener）来更新混合 LFDB，被动监听者就是一些放在已知固定位置的 MS。这些 MS 的工作就是测量位置指纹，然后定期向服务器上报测量结果。这些测量结果就作为实测 RSSI 指纹来自动更新混合 LFDB。通过在给定区域布置足够数目的被动监听者，定位准确度会显著地提高。目前，还有一些如何最优化地布置这些被动监听者的研究工作。

GPR 机器学习法：LFDB 的建立往往需要耗费大量的人力成本来完成，于是引入了高斯过程回归（Gaussian Process Regression）机器学习法来辅助完成 LFDB 的建立。一般认为 Wi-Fi 信号强度近似，因此可应用 GPR 快速生成 LFDB。GPR 是一种基于贝叶斯理论和统计学发展的机器学习方法，他根据训练数据实现某空间区域内的高斯分布，是任意有限个均具有联合高斯分布的随机变量的集合。设 $D=\{(x_i,y_i)\mid i=1,2,\cdots,n\}$ 为一组从某过程提取出的观测量作为训练数据，过程模型为式 $y_i=f(x_i)+\varepsilon$，其中 x_i 为训练数据（即位置坐标），y_i 为目标观测值或输出值（这里即为某 AP 在位置 $[x,y]$ 的 RSS），f 为函数值，ε 是均值为 0，方差为 σ_n^2 的独立同分布的高斯分布噪声。高斯过程 $f(x)$ 性质由均值函数和协方差函数确定，即

$$m(x)=E[f(x)] \tag{4-4}$$

$$k(x,x')=E\left[\left(f(x)-m(x)\right)\left(f(x')-m(x)'\right)\right] \tag{4-5}$$

应用 GPR 的必要前提是在目标空间内向量间具有相关性，即 RSS 与测量位置和 AP 之间的距离及遮挡物相关。根据数据相关性，可得到预测均值方程以及协方差方程：

$$\overline{f_*}=E[f_*\mid X,y,X_*]=K(X_*,X_*)[K(X,X)+\sigma_n^2 I]^{-1}y \tag{4-6}$$

$$\mathrm{cov}(f_*)=K(X_*,X_*)-K(X_*,X)[K(X,X)+\sigma_n^2 I]^{-1}K(X,X_*) \tag{4-7}$$

式（4-6）和式（4-7）中 X 为训练输入，y 为观测值，X_* 为待预测的测试点向量，f_* 为预测函数值。要实现 GPR 训练预测，首先需要定义一些自由参数 $\theta=\{M,\sigma_f^2,\sigma_n^2\}$ 即超参数，其中 $M=\mathrm{diag}(l^2)$，l 为方差尺度，σ_f^2 为信号方差。一般采用最大似然法求参数值。求得最优超参数后，利用式（4-6）得到测试点 x_* 的预测值及其方程。

4.2.3　搜索空间缩减技术

DBE 包含了一个物理坐标还有一个参考 RF 指纹。搜索空间则是包含和目标指纹对比的参考 RF 指纹的元素的集合。搜索空间中的参考 RF 指纹所对应的物理坐标就是 MS 位置的候选者。

初始情况下，搜索空间包含了所有 LFDB 的元素。如果直接使用这个搜索空间的话，那么计算的复杂度就会非常大。所以，我们就需要有一种技术来缩小搜索空间，同时不对定位准确度有大的影响。本小节介绍两种搜索空间的缩减技术：LFDB 过滤以及遗传算法。为了便于理解，我们使用均匀网格结构的 LFDB 来阐述搜索空间缩减技术，向索引列表结构的 LFDB 的推广也是很简单自然的。

由整个 LFDB 组成的原始搜索空间用 $\mathcal{A}$ 表示。如果 LFDB 是用均匀网格的形式来组织的，并且定位服务区覆盖了一个 $l\mathrm{m}\times w\mathrm{m}$ 的区域，那么集合 $\mathcal{A}$ 中元素的个数就可以表示为

$$|\mathcal{A}| = \left\lceil \frac{l}{r_s} \right\rceil \times \left\lceil \frac{w}{r_s} \right\rceil \tag{4-8}$$

式中，r_s 表示的是均匀网格的平面分辨率。集合 $\mathcal{A}$ 就可以表示为

$$\mathcal{A} = \left\{ (x_j, y_i, \boldsymbol{R}_{i,j}) \mid i = 1, 2, \cdots, \left\lceil \frac{w}{r_s} \right\rceil \text{ and } j = 1, 2, \cdots, \left\lceil \frac{l}{r_s} \right\rceil \right\} \tag{4-9}$$

式中，$\boldsymbol{R}_{i,j}$ 表示在位置点 (i, j) 处的 RF 指纹。缩减之后的搜索空间 $\mathcal{C}$ 是 $\mathcal{A}$ 的一个子集。缩减因子则定义为

$$\gamma = 1 - \frac{|\mathcal{C}|}{|\mathcal{A}|} \tag{4-10}$$

式中，$|\mathcal{C}|$ 表示缩减搜索空间 $\mathcal{C}$ 中所含的条目数。如果在一个 $10\text{km} \times 10\text{km}$ 的服务区里面，以 5m 为间隔对服务区进行网格划分，那么将会产生 $|\mathcal{A}| = 4 \times 10^6$ 个元素。如果不对搜索空间进行缩减的话，对每一个需要定位的目标位置，目标 RF 指纹都要和 4 百万个参考指纹进行对比。对于一种 $\gamma = 99\%$ 的搜索空间缩减技术，这个数量将会降到每个目标位置对比 4 万个参考指纹。

1. LFDB 过滤

这种技术通过两次连续过滤，渐进地缩小搜索空间。

第一步过滤，使用目标 RF 指纹的最大 RSSI 对应的 AP 来进行过滤，我们可以获得一个搜索空间 $\mathcal{B}$：

$$\mathcal{B} = \{ (x_j, y_i, \boldsymbol{R}_{i,j}) \mid \boldsymbol{R}_{i,j} \in \mathcal{A} \text{ and } \boldsymbol{R}_{i,j}(1,1) = \boldsymbol{T}(1,1) \} \tag{4-11}$$

第二步过滤，使用“参考 RF 指纹包含目标 RF 指纹前 N 个 AP”这条规则对搜索空间进行过滤。由于目标 RF 指纹 $\boldsymbol{T}$ 是按照 RSSI 大小进行降序排列的，所以这 N 个 AP 就是 $\boldsymbol{T}$ 中具有最大 RSSI 的那些 AP。

目标 RF 指纹中包含 N 个具有最大 RSSI 值的 AP 表示为

$$_{T_N} = \{ \boldsymbol{T}(1:N,1) \mid N \in [1, N_t] \} \tag{4-12}$$

式中，N_t 表示目标 RF 指纹中 AP 的总数目。在位置点 (i, j) 处的参考 RF 指纹的 AP 集合表示为

$$\mathcal{I}_{R_{i,j}} = \{ \boldsymbol{R}_{i,j}(1:N_{i,j},1) \mid \boldsymbol{R}_{i,j} \in \mathcal{B} \} \tag{4-13}$$

式中，$N_{i,j}$ 表示位置点 (i, j) 处参考 RF 指纹 AP 的总数目。$\mathcal{I}_{T_N}$ 与 $\mathcal{I}_{R_{i,j}}$ 的交集 $(\mathcal{I}_{T_N} \cap \mathcal{I}_{R_{i,j}})$ 表示目标 RF 指纹 N 个最大 RSSI 对应的 AP 有多少个是在参考 RF 指纹中的。第二步过滤就是使用 $\left| \mathcal{I}_{T_N} \cap \mathcal{I}_{R_{i,j}} \right| = N$ 来过滤搜索空间 $\mathcal{B}$。过滤之后的搜索空间 $\mathcal{C}$ 表示为

$$\mathcal{C}=\{(x_j,y_i,\boldsymbol{R}_{i,j})\mid \boldsymbol{R}_{i,j}\in\mathcal{B}\ \text{and}\ \left|\mathcal{I}_{T_N}\cap\mathcal{I}_{R_{i,j}}\right|=N\ \text{and}\ N\in[1,N_t]\}\qquad(4\text{-}14)$$

最终我们获得的搜索空间$\mathcal{C}$，满足$\mathcal{C}\subset\mathcal{B}\subset\mathcal{A}$，并且$|\mathcal{C}|\ll|\mathcal{A}|$。

再举一个例子来说明 LFDB 过滤技术。

例 4.1　给出一个目标 RF 指纹 $\boldsymbol{T}$，由式（4-14）定义，以及一个3×3的均匀网格 LFDB，由式（4-16）定义，令$N=4$，使用 LFDB 过滤技术来计算缩减搜索空间$\mathcal{C}$。假设 RSSI 用 64 个不同的值来量化，由 0 到 63。

$$\boldsymbol{T}=\begin{bmatrix}100 & 110 & 5 & 2 & 99\\ 62 & 60 & 59 & 43 & 40\end{bmatrix}^{\mathrm{T}}\qquad(4\text{-}15)$$

以及

$$\begin{cases}\boldsymbol{R}_{1,1}=[100\ 5;5\ 50;110\ 49;111\ 45;10\ 34;200\ 30;201\ 29]\\ \boldsymbol{R}_{1,2}=[100\ 60;110\ 50;2\ 45;5\ 40;10\ 35]\\ \boldsymbol{R}_{1,3}=[100\ 59;110\ 49;2\ 50;5\ 39;10\ 36]\\ \boldsymbol{R}_{2,1}=[100\ 54;5\ 50;110\ 49;111\ 45;10\ 34;200\ 30;201\ 29]\\ \boldsymbol{R}_{2,2}=[100\ 61;110\ 50;2\ 45;5\ 40;10\ 35]\\ \boldsymbol{R}_{2,3}=[110\ 60;2\ 52;100\ 50;5\ 39]\\ \boldsymbol{R}_{3,1}=[110\ 63;2\ 52;100\ 50;5\ 38]\\ \boldsymbol{R}_{3,2}=[110\ 60;100\ 52;2\ 50]\\ \boldsymbol{R}_{3,3}=[110\ 59;100\ 52;2\ 50]\end{cases}\qquad(4\text{-}16)$$

解　使用式（4-14），令$\boldsymbol{T}(1,1)=100$，过滤原始搜索空间，得到$\mathcal{B}=\{(1,1,\boldsymbol{R}_{1,1}),(1,2,\boldsymbol{R}_{1,2}),(1,3,\boldsymbol{R}_{1,3}),(2,1,\boldsymbol{R}_{2,1}),(2,2,\boldsymbol{R}_{2,2})\}$；之后取出 $\boldsymbol{T}$ 中 $N=4$ 个 RSSI 最大的 AP 的 ID：$\mathcal{I}_{T_N}=\{100\ 110\ 5\ 2\}$去过滤$\mathcal{B}$，计算得$\left|\mathcal{I}_{T_N}\cap\mathcal{I}_{R_{1,1}}\right|=3<N$，$\left|\mathcal{I}_{T_N}\cap\mathcal{I}_{R_{1,2}}\right|=4=N$，$\left|\mathcal{I}_{T_N}\cap\mathcal{I}_{R_{1,3}}\right|=4=N$，$\left|\mathcal{I}_{T_N}\cap\mathcal{I}_{R_{2,1}}\right|=3<N$，$\left|\mathcal{I}_{T_N}\cap\mathcal{I}_{R_{2,2}}\right|=4=N$。所以最终$\mathcal{C}=\{(1,2,\boldsymbol{R}_{1,2}),(1,3,\boldsymbol{R}_{1,3}),(2,2,\boldsymbol{R}_{2,2})\}$。

2. 遗传算法

遗传算法（Genetic Algorithms，GA）是一类借鉴生物界自然选择和自然遗传机制的随机化搜索算法，由 Holland 教授于 1975 年提出。它简单通用鲁棒性强，适于并行处理，因此在过去的 20 多年中遗传算法已在很多领域得到了应用，受到了人们的广泛关注。

在解决 RF 指纹搜索空间的缩减问题上，遗传算法也是一个比较好的选择。每一个候选解都是通过一个称为染色体的数字序列表示的个体。当使用二进制表示时，染色体中的每一个位就被称为基因。在每一个循环或者说是每一代，个体的集合就被称为种群。种群中的个体通过基因操作（选择、交叉、突变）来繁殖下一代。交叉就是将两个个体的染色体片段混合起来，来产生下一代的两个新个体。突变就是随机地修改染色体中的一个或多个基因。选择就是将种群中的优秀个体克隆出来放到下一个循环中去。一个个体的适应度是通过一个评估函数来计算获取的。适应度高的个体会有更高的概率会被选择去繁殖下一代。这样的循环一直会持续到一个停止准则被满足，这个停止准则可以是最大繁殖代数、最佳个体的适应度达到某个阈值、处理时间达到等。最后一代里面的最优个体，就是该问题的一个次优解。

将遗传算法用在解 RF 指纹搜索空间的缩减问题上时，每一个个体就是位置点。每一个位置点有一个用于评估个体适应度的参考 RF 指纹。于是遗传算法的步骤如下。

（1）初始化第一代种群，随机地从式（4-14）中定义的 $\mathcal{B}$ 中选择个体。

（2）估计当前种群中每一个个体的适应度，使用相关函数。

（3）建立染色体，将个体坐标转换成二进制格式。

（4）使用基因操作（选择、交叉、突变）建立新的种群。

（5）将染色体转换成整数格式。

（6）如果停止准则被满足，将适应度最高的个体对应的坐标返回作为 MS 位置；否则转到步骤（2）。

第（1）个步骤其实也可以从 $\mathcal{A}$ 中选择个体，不过从 $\mathcal{B}$ 中选择个体，效率更高一些。每一个个体都有一个参考 RF 指纹。参考 RF 指纹和目标 RF 指纹的相关度越高，那么个体的适应度也就越高。相关度的计算将在 4.2.4 小节位置估算方法中介绍。

如果 LFDB 是均匀网格结构，那么第（3）步中每一个基因的长度就是需要唯一标识一个位置点所需要的比特位的个数，可以表示为

$$\left\lceil\left(\log_2\left\lceil\frac{l}{r_s}\right\rceil+\log_2\left\lceil\frac{w}{r_s}\right\rceil\right)\right\rceil \tag{4-17}$$

式中，$l\text{m}\times w\text{m}$ 是定位服务区的面积；r_s 是 LFDB 的平面分辨率。

遗传算法停止的条件是以下两个条件中的一个条件被满足：①到达最大代数 $g_{\max}$；②连续两代的最优个体的适应度没有提升超过 ε。第二个条件的含义是：当最优个体的适应度达到一个稳定状态时，这可能说明算法到达了一个局部最大值，所以也就没有必要再去产生新的种群了。

缩减的搜索空间 $\mathcal{C}$ 包含了所有种群的所有个体的坐标和参考 RF 指纹。集合 $\mathcal{C}$ 的基数 $|\mathcal{C}|=g\times\tau$，$g$ 表示所有的代数数目，τ 表示每一代个体的数目。

4.2.4　位置估算方法

位置估算方法（也可以称为定位算法）就是利用位置信息和 RF 指纹的依赖关

系，通过采样得到的 RF 指纹来计算位置的一个过程。从统计学习角度来看，位置估算方法可以被看成是一个模式分类器（pattern classifier）。模式分类的过程就是把样本模式分为不同的类。不同位置的 RSSI 数据模式就分别属于单独的每个类。这些数据模式就构成了一个训练集，而这个训练集就可以用来建立 RF 指纹和位置信息之间的一个估算器。分类器就是通过学习原先位置相关的 RF 指纹训练集，然后通过样本 RF 指纹来估算位置的。

从分类器的不同技术来看，位置估算方法可以分为两大类：参数化分类器（parametric classifiers）和非参数化分类器（non-parametric classifiers）。对于参数化分类器，它假设具有 RF 指纹的分布知识，如 RSSI 的均值或者 RSSI 的概率密度函数。而非参数化分类器则不需要假设任何 RF 指纹的分布知识，它使用一个可训练的并行处理网络通过观察 RF 指纹来计算位置。使用参数化分类器时，位置估算方法通常是基于最近邻分类器或者是贝叶斯推断的。使用非参数化分类器时，位置估算方法通常是基于神经网络分类器或者是类似支持向量机（support vector machine，SVM）这样的统计学习策略（statistical learning paradigm）。之后我们对这几种方法分别讲述。

1. 最近邻方法

最近邻方法需要 RF 指纹中包含 RSSI 的均值向量和标准差向量。为了估算出位置，通常会使用一个距离测量函数将样本 RSSI 指纹分类到估算位置。基本的最近邻分类器，就是使用训练集里面的参考 RSSI 指纹和样本 RSSI 指纹的近似度来进行分类的。

假设一个具有 K 个参考 RF 指纹的集合 $\{\boldsymbol{R}_1,\boldsymbol{R}_2,\cdots,\boldsymbol{R}_K\}$，每个 RF 指纹都和位置集合 $\{\boldsymbol{L}_1,\boldsymbol{L}_2,\cdots,\boldsymbol{L}_K\}$ 中的位置一一对应。在线阶段测得的目标 RF 指纹表示为 $\boldsymbol{T}$。为简化模型，对 RF 指纹的定义进行一些改动，在此我们假设目前的定位服务区域里面有 N_{a} 个 AP，定义目标 RF 指纹 $\boldsymbol{T}=(t_1,t_2,\cdots,t_{N_{\mathrm{a}}})$，其中 t_i 表示接收自 AP_i 的 RSSI，或者也可以是一小段时间里面 RSSI 的平均。相较于之前的定义，这里不再对 RSSI 进行排序，而且 AP 的 ID 也暗含到了 RSSI 的下标中去了。而 LFDB 中的第 j 个参考 RF 指纹，则表示为 $\boldsymbol{R}_j=(r_1^j,r_2^j,\cdots,r_{N_{\mathrm{a}}}^j)$。

给出一个计算信号空间中的距离的函数 $\mathrm{Dist}(\cdot)$，最近邻方法的过程可以表述为挑选一个具有最短信号距离的参考 RF 指纹 j：

$$\mathrm{Dist}(\boldsymbol{T},\boldsymbol{R}_j)\leqslant \mathrm{Dist}(\boldsymbol{T},\boldsymbol{R}_k),\quad \forall K\neq j \tag{4-18}$$

而信号距离，可以使用一个权重距离 L_p 来表示：

$$L_p=\frac{1}{N_{\mathrm{a}}}\left(\sum_{i=1}^{N_{\mathrm{a}}}\frac{1}{w_i}\left\|r_i-t_i\right\|^p\right)^{1/p} \tag{4-19}$$

式中，N_a 表示的是搜索空间的维度，或者是系统部署的 AP 个数。w_i 是权重因子（$w_i \leqslant 1$），p 是范数参量。权重因子用来表述测量得到的 RF 指纹中 RSSI 组件的重要性。RSSI 的采样数或者是标准差都可以被用来衡量 RSSI 组件的重要性。$p=1$ 时，这个距离被称为曼哈顿距离，可以用 L_1 来表示，$p=2$ 时，这个距离被称为欧几里得距离，可以用 L_2 来表示。

最近邻方法还有很多的修改方法。可以认为不仅只有一个最近邻，还可以使用一些比较相近的邻居的位置均值来对目标位置进行估算。所以使用 K 个最近邻居，或者加权的 K 个最近邻方法通常会用来替换单个的最近邻方法。

之前已经说过，RSSI 指纹的标准差可以给最近邻分类器提供额外的信息。例如，当一个样本指纹在 RSSI 均值两边两倍标准差范围之外，那么该样本指纹可以被认为是不可分类模式，它也就不和 LFDB 里面的任何位置相关。这个准则的数学表达式如下：

$$\begin{cases} r_1^i - 2\sigma_1^i \leqslant t_1 \leqslant r_1^i + 2\sigma_1^i \\ r_2^i - 2\sigma_2^i \leqslant t_1 \leqslant r_2^i + 2\sigma_2^i \\ \vdots \\ r_N^i - 2\sigma_N^i \leqslant t_1 \leqslant r_N^i + 2\sigma_N^i \end{cases} \tag{4-20}$$

研究表明，使用上面的准则，实际位置和估算位置之间的距离误差相较不使用该准则的方法有一定减小。目前还有一些研究，来提升最近邻方法的搜索效率。像 R-Tree，X-Tree 这样的多维搜索算法，以及最优 K 近邻算法都属于这个范畴。

最近邻算法的优势在于它比较易于部署，计算也比较简单。使用最近邻方法的性能主要依赖于在信号空间可以划分出多少个位置指纹。此外，当指纹的组件增多，或者指纹数据库中的指纹数目增多的情况下，该方法的计算复杂度也将会增加。

2. 频率融合 *K* 加权近邻法

由于当下 Wi-Fi 技术中 2.4GHz 频率信号的大面应用，该频段信号传输拥堵、传输信号失真，导致定位精度降低。近年来 IEEE 802.11ac 标准的广泛应用，使得 5GHz 信号的 Wi-Fi 也广泛得到应用。如华为荣耀路由、TP-LINK、小米路由、小米第三代、苹果 IPhone、三星 Note 和 Galaxy 系列等都支持 IEEE 802.11ac 标准。2.4GHz 频率与 5GHz 频率融合定位的优势将逐渐凸显。

K 加权近邻法[15]是在 K 近邻法的基础之上改进的，K 加权近邻算法是将每个指纹参考点对应的位置坐标乘上一个加权系数，然后将这 K 个指纹参考点位置坐标的加权和作为定位结果。将 2.4GHz 信号与 5GHz 信号同时纳入指纹定位算法，具体如式（4-21）所示：

$$D_{r,i} = \beta_{\mathrm{t}} \sqrt{\sum_{j=1}^{n} (\mathrm{trss}_{i,j} - \mathrm{trss}_{r,j})^2} + \beta_{\mathrm{f}} \sqrt{\sum_{j'=1}^{m} (\mathrm{frss}_{i,j'} - \mathrm{frss}_{r,j'})^2} \tag{4-21}$$

式中，$D_{r,i}$ 代表定位点 r 与 Wi-Fi 指纹点 p_i 的相似系数；$\beta_{\mathrm{t}},\beta_{\mathrm{f}}$ 分别代表 2.4GHz 和 5GHz 信号的权重系数；$\mathrm{trss}_{i,j}$ 代表在 p_i 处接收到 2.4GHz 信号的第 j 个 AP 发出的平均信号强度；$\mathrm{frss}_{i,j}$ 代表在 p_i 处接收到 5GHz 信号的第 j 个 AP 发出的平均信号强度；$\mathrm{trss}_{r,j}$ 表示在实时定位点接收到 2.4GHz 信号的第 j 个 AP 发出的平均信号强度；$\mathrm{frss}_{r,j}$ 表示在实时定位点接收到 5GHz 信号的第 j 个 AP 发出的平均信号强度。

定位点 r 位置的坐标 (x_r, y_r) 的计算式为

$$x_r = \frac{1}{\sum_{j=1}^{K}\frac{1}{D_{r,i_j}}}\left[\sum_{j=1}^{K}\left(\frac{1}{D_{r,i_j}}x_{i,j}\right)\right] \tag{4-22}$$

$$y_r = \frac{1}{\sum_{j=1}^{K}\frac{1}{D_{r,i_j}}}\left[\sum_{j=1}^{K}\left(\frac{1}{D_{r,i_j}}y_{i,j}\right)\right] \tag{4-23}$$

2.4GHz 信号存在通信信道重叠、信号强度失真、不稳定问题；5GHz 信号不存在信道重叠问题，因此信号传播过程中不会出现信号干扰的问题，信号传输更稳定。稳定的信号可信度更高，因此其信号权重应该相对较大，一种方式就是用信号的稳定系数作为两者的加权因子，如式（4-24）和式（4-25）：

$$\beta_{\mathrm{t}} = \frac{\nu_{\mathrm{t}}}{\nu_{\mathrm{t}} + \nu_{\mathrm{f}}} \tag{4-24}$$

$$\beta_{\mathrm{f}} = \frac{\nu_{\mathrm{f}}}{\nu_{\mathrm{t}} + \nu_{\mathrm{f}}} \tag{4-25}$$

式中，稳定性系数 ν_{t} 是将实验环境中所有采样点采集到的 2.4GHz 频率 Wi-Fi 信号值求方差，然后方差的倒数就是稳定性系数的值。

3. 概率方法

概率方法使用条件概率对 RF 指纹进行建模，然后使用贝叶斯推断的方法来估计位置[2,16,17]。它假设了用户位置的概率分布以及每个位置上 RSSI 的概率分布这两个先验知识。先验的 RSSI 分布通常是通过实际的测量数据或者是使用电波传播模型来获取[18]。

对于每一个位置 $\boldsymbol{L}$，我们都可以从实际测得的 RSSI 数据来估计一个条件概率密度函数，或者说是似然函数 $P(\boldsymbol{R}\,|\,\boldsymbol{L})$。有两种方法可以用来估计这个似然函数：核函数方法和直方图方法。对于核函数方法（这里我们使用高斯核函数举例），我们将上一部分里面的LFDB中的第j个参考RF指纹 $\boldsymbol{R}_j$ 重新定义：$\boldsymbol{R}_j = ((r_1^j,\sigma_1^j),(r_2^j,\sigma_2^j),\cdots,(r_{N_{\mathrm{a}}}^j,\sigma_{N_{\mathrm{a}}}^j))$，

其中r_i^j是第j个参考RF指纹（对应于第j个位置），接收自第i个AP的RSSI的均值，σ_i^j则是一个作为核宽度的可调的标准差。

这样，在特定位置$\boldsymbol{L}$上，接收自第i个AP的样本RSSI，t_i的似然函数就可以表示为

$$P(t_i \mid \boldsymbol{L}) = \frac{1}{\sqrt{2\pi}\sigma_i} \exp\left(-\frac{(t_i - r_i)^2}{2\sigma_i^2}\right) \tag{4-26}$$

在式（4-26）中，当核宽度σ_i的值比较大时，它会对概率密度估计有个平滑作用。假设接收自每个AP的RSSI值都是相互独立的，那么核函数方法还可以通过将所有条件概率相乘向多维（多个AP）推广，$P(\boldsymbol{T} \mid \boldsymbol{L}) = P(t_1 \mid \boldsymbol{L})P(t_2 \mid \boldsymbol{L}) \cdots P(t_N \mid \boldsymbol{L})$。

另一种估计概率密度函数的方法就是直方图方法，图4-8就是一个实际的直方图的例子。这种方法通过离散的概率密度函数来估计RSSI的连续概率密度函数。这种方法需要一个固定数目的区间来计算RSSI样本出现的频率。单个区间的范围可以通过一个可调的区间总数值和已知的最小和最大RSSI值来计算获得。划分的区间数越多，直方图对概率密度函数的近似程度就会越高。当然我们还可以使用不等间距区间的直方图来表示RSSI的分布。我们甚至还可以使用来自两个不同直方图的条件概率来计算$P(\boldsymbol{T} \mid \boldsymbol{L})$。第一个条件概率可以通过在位置$\boldsymbol{L}$上观察AP出现次数（在某段时间里面，有多少次从该AP采得了RSSI）导出。另一个条件概率表示在相同位置上接收自该AP的RSSI值的概率分布。然后这两个概率就可以相乘，从而计算出该位置上某个特定RSSI指纹的条件概率分布。使用直方图方法相对于核函数方法需要更多的存储空间。

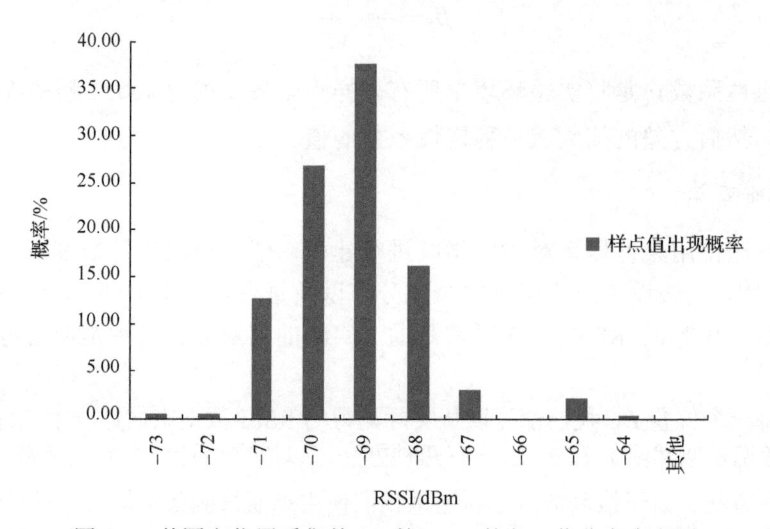

图4-8　某固定位置采集某AP的RSSI的归一化分布直方图

在初始条件下，每一个位置都被假设具有一个先验概率 $P(\boldsymbol{L})$，通常在没有更多知识的情况下假设位置集合 $\mathcal{L}$ 中的位置具有相同的概率。于是，基于概率方法的位置估算算法就可以使用贝叶斯准则来获取位置的后验概率分布，也就是在已知 RF 指纹 $\boldsymbol{T}$ 的情况下，位置 $\boldsymbol{T}$ 的一个条件概率：

$$P(\boldsymbol{L}\mid\boldsymbol{T})=\frac{P(\boldsymbol{T}\mid\boldsymbol{L})P(\boldsymbol{L})}{P(\boldsymbol{T})}=\frac{P(\boldsymbol{T}\mid\boldsymbol{L})P(\boldsymbol{L})}{\sum\limits_{\boldsymbol{L}_k\in\mathcal{L}}P(\boldsymbol{T}\mid\boldsymbol{L}_k)P(\boldsymbol{L}_k)} \tag{4-27}$$

在式（4-27）中，概率方法通过最大估计后验概率将位置指纹进行分类。所以位置估算 $\hat{\boldsymbol{L}}$ 就是以下最大似然估算器：

$$\hat{\boldsymbol{L}}=\operatorname{argmax}_{\boldsymbol{L}_i\in\mathcal{L}}P(\boldsymbol{L}_i\mid\boldsymbol{T})=\operatorname{argmax}_{\boldsymbol{L}_i\in\mathcal{L}}P(\boldsymbol{T}\mid\boldsymbol{L}_i)P(\boldsymbol{L}_i) \tag{4-28}$$

$\operatorname{argmax}_{\boldsymbol{L}_i\in\mathcal{L}}P(\boldsymbol{L}_i\mid\boldsymbol{T})$ 的意思就是，满足 $\boldsymbol{L}_i\in\mathcal{L}$，并且使得 $P(\boldsymbol{L}_i\mid\boldsymbol{T})$ 最大的 $\boldsymbol{L}_i$ 值。

相对于最近邻方法，概率方法由于具有额外的概率分布信息而具有更高的性能。但是为了建立一个高精度的条件概率分布，通常概率方法需要一个很大的训练集合，也就是说需要很多的 RSSI 观测数据。很多的概率方法都需要知道显式的位置指纹分布知识。所以它需要知道 RSSI 的特性或者是位置指纹的特性。所以相对来说，概率方法对信号的内在特征有更精深的利用。

4. *神经网络方法*

目前应用到 Wi-Fi 定位的神经网络算法主要为 BP 神经网络算法。BP 神经网络采用的是并行网络结构，包括输入层、隐含层和输出层，输入层的输入经过加权和偏置处理将信号传递给隐含层，在隐含层通过一个转移函数（有时也称为激活函数）将信号向下一个隐含层（网络可以有多个隐含层，也可以只有一个隐含层）或者直接通过输出层产生输出。

该算法的学习过程由信息的前向传播和误差的反向传播组成。在前向传播的过程中，输入信息从输入层经隐含层逐层处理，并传向输出层。第一层神经元的状态只影响下一层神经元的状态。如果在输出层得不到期望的输出结果，则转入反向传播，将误差信号（目标值与网络输出之差）沿原来的连接通道返回，通过修改各层神经元权值，使得误差均方最小。重复此过程，直至误差满足要求，BP 神经网络训练结束，至此得到一个权值和偏置矩阵。

Kolmogorov 定理已经证明 BP 神经网络具有强大的非线性映射能力和泛化功能，任一连续函数或映射均可采用三层网络加以实现。一个典型的具有输入、输出和隐含层的 BP 神经网络图 4-9 所示。

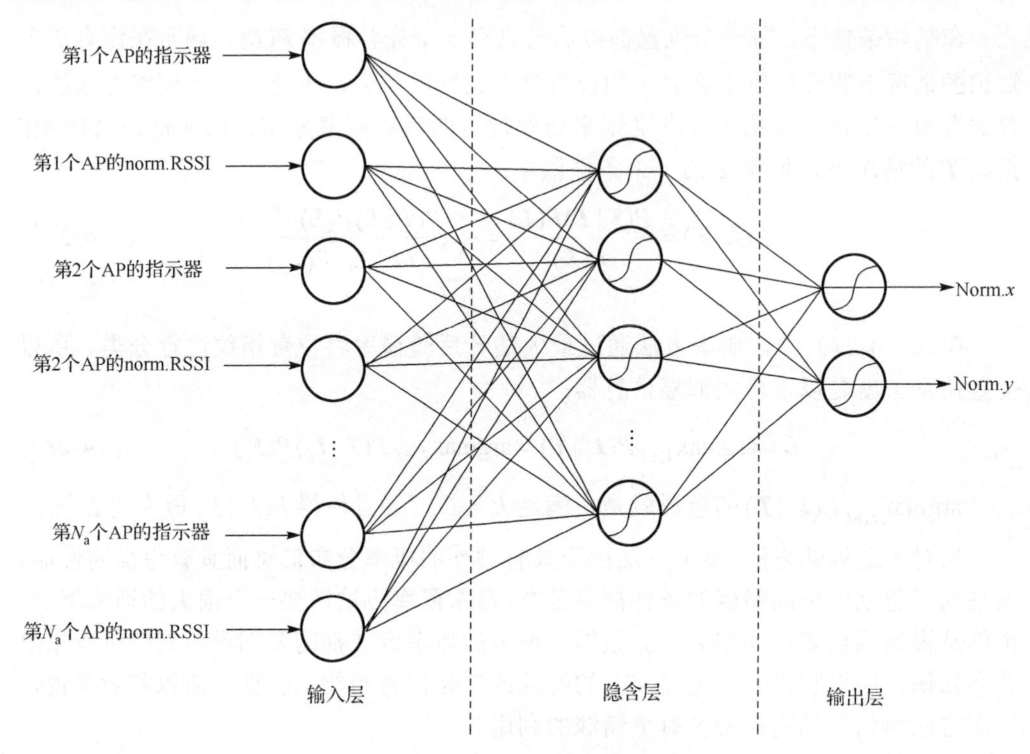

图 4-9　BP 神经网络模型

BP 算法可以通过以下具体过程实现。

（1）建立网络模型，初始化网络及学习参数。

（2）提供训练模式，选实例作为学习训练样本，训练网络，直到满足学习要求。

（3）前向传播过程，对给定训练模式输入，计算网络的输出模式，并与期望模式比较，若误差不能满足精度要求，则误差反向传播，否则转到（2）。

（4）反向传播过程。

BP 算法是一个很有效的算法，它把一组样本的输入、输出问题变成一个非线性优化问题，并使用了优化问题中最普遍的梯度下降法，用迭代运算求权相当于学习记忆问题，加入隐含层节点使优化问题的可调参数增加，从而可以得到更精确的解。整个神经网络由一系列感知单元组成的输入层、一个或多个隐含的计算单元以及一个输出层组成，而每一个节点单元都可以称为是神经元。它采用有监督的学习算法，信号在层间前向传递，第 m 层的第 i 个单元的输出为

$$\begin{cases} a_i(m) = \sum_{j=1}^{N_{m-1}} w_{ij}(m)o_j(m-1) + b_i(m) \\ o_i(m) = f(a_i(m)) \end{cases} \tag{4-29}$$

式中，$a_i(m)$ 和 $o_i(m)$ 是第 m 隐含层中第 i 单元的输入与输出；$b_i(m)$ 是加在该单元上的一个偏置值；N_{m-1} 表示第 $m-1$ 层的神经元个数；$w_{ij}(m)$ 是连接第 $m-1$ 层第 j 单元的输出到第 m 层第 i 单元输入的加权值。x 是平滑非线性函数，通常是 S 型函数：

$$f(x)=\frac{1}{1+\mathrm{e}^{-x}} \tag{4-30}$$

或者是双曲正切函数：

$$f(x)=\tanh\left(\frac{x}{2}\right)=\frac{1-\mathrm{e}^{-x}}{1+\mathrm{e}^{-x}} \tag{4-31}$$

将神经网络用到 Wi-Fi 定位问题上是，只需要像图 4-9 那样，把 RF 指纹接入到输入层，每一个 AP 对应两个输入参数：一个是表示 AP 有没有在 RF 指纹中出现的布尔型变量；还有一个就是经过标准化处理的 RSSI 值。RSSI 标准化处理主要是依赖于隐含层神经元转移函数的定义域范围。而输出层，则表示的是标准化的位置坐标，在二维情况下，我们只需要两个输出层神经元。标准化的位置坐标主要则依赖于输出层转移函数的值域范围。对应于位置指纹法的两个阶段，在离线阶段我们使用神经网络来训练获得权值和偏置矩阵，然后在在线阶段直接输入目标 RF 指纹，得出位置坐标。

5. *SVM 方法*

在 Wi-Fi 定位中我们还可以使用 SVM 来作为一种非参数化非线性的估算位置的分类器。SVM 方法已经被认为是来自统计学习理论的一种工具，使用 SVM 方法我们可以通过观察来导出位置的函数依赖关系。这种依赖关系在 Wi-Fi 定位中就是 RF 指纹和位置信息之间的关系。

SVM 方法的基本想法是基于结构风险最小化（Structural Risk Minimization，SRM）原则来最小化期望风险泛函或者泛化误差的边界。风险泛函被定义为损失函数的期望值。损失函数是近似模式映射和实际模式映射差异的一个度量。总风险函数的边界被经验风险函数和 VC（Vapnik-Chervonenkis）置信区间限定。

使用 SVM 方法的分类操作可以简单地总结成以下两步。

（1）使用一个称为核的函数将 RF 指纹向量向一个称为特征空间的更高维数空间映射过去。有很多的 SVM 核函数可以被使用，如多项式函数、径向基函数（Radial Basis Function，RBF）、S 型函数。

（2）SVM 方法在特征空间里面建立一个最优分割超平面或者说是决策面，然后使用这个超平面来进行分类。分割超平面通常不是唯一的，而当它和最近的训练集点有最大距离的时候，它就是最优化的。而支持向量就是那些用来定义超平面的训练向量。换句话说，支持向量机就是基于支持向量的学习算法。

SVM 方法被认为是模式识别领域最先进的技术。然而应用到 Wi-Fi 定位中时，这个方法的性能也就和加权 K 近邻算法相当。SVM 中合适的核函数以及它的参数很难选择，而这些选择和 SVM 的性能有很大的关系。从实践的观点来看，SVM 算法复杂度是它不易用于 Wi-Fi 定位的一个原因。

4.3 轨 迹 优 化

通常在完成单一位置的估算之后，可以通过连续估算出来的位置形成的轨迹，结合定位目标固有的运动规律进行更精准的位置估算。轨迹优化也可称为定位跟踪。

4.3.1 状态空间模型

定位跟踪问题可以看作一个状态估计问题，状态空间模型因其明确的物理含义及简洁清晰的描述形式被广泛用来描述估计问题，本书亦借助于状态空间模型来描述定位跟踪问题，假设目标的位置状态为 $\{x_t \mid t=1,2,\cdots,N\}$ ，各时刻的观测集合为 $\{z_t \mid t=1,\cdots,N\}$ ，那么目标的状态可由如下的运动方程和观测方程来描述：

$$\begin{cases} x_t = F(x_{t-1}) + w_t \\ z_t = H(x_t) + v_t \end{cases} \tag{4-32}$$

式中，F 为运动方程，描述目标的运动情况；H 为观测模型，描述观测量与目标当前时刻位置的关系；w_t 为运动噪声，用以描述运动的不确定性；v_t 为观测噪声，用于描述由于外界干扰、传感器本身噪声等引起的不确定性。

状态空间模型采用递推的方式描述和处理状态估计问题，在每个时刻，均通过运动方程及观测方程将当前时刻的状态变化叠加到上一时刻的估计上来。与传统的基于批处理方式的估计方法相比，状态空间模型具有实时性较好的优点。

4.3.2 贝叶斯递推估计原理

贝叶斯估计方法是借助于状态的先验分布和观察似然函数确定状态后验概率分布的一种状态估计方法。对于一阶马尔可夫过程，假设各时刻的观察相互独立，如果 $t-1$ 时刻的状态后验分布为 $p\left(x_{t-1} \mid z_{t-1}\right)$，则 t 时刻的状态先验分布 $p\left(x_t \mid z_{t-1}\right)$ 可表述如下：

$$p(x_t \mid z_{t-1}) = \int p(x_{t-1} \mid z_{t-1}) p(x_t \mid x_{t-1}) \mathrm{d}x_{t-1} \tag{4-33}$$

式中，$p\left(x_t \mid x_{t-1}\right)$ 代表转移概率密度函数，由式（4-32）的运动方程 F 及运动噪声 w_t 的概率分布 $p(w_t)$ 决定。定义为

$$p(x_t \mid x_{t-1}) = \int p(w_t) \delta\left(x_t - F(x_{t-1})\right) \mathrm{d}w_t \tag{4-34}$$

式中，$\delta(\cdot)$为冲激函数。

获得了先验分布 $p(x_t \mid x_{t-1})$ 之后，状态后验分布 $p(x_t \mid z_t)$ 可表述如下：

$$p(x_t \mid z_t) = \frac{p(z_t \mid x_t)p(x_t \mid z_{t-1})}{\int p(z_t \mid x_t)p(x_t \mid z_{t-1})\mathrm{d}x_t} \tag{4-35}$$

式中，$p(z_t \mid x_t)$为观测似然函数，由式（4-32）的观察方程 H 及观测噪声 v_t 的概率分布 $p(v_t)$ 决定。定义为

$$p(z_t \mid x_t) = \int p(v_t)\delta\left(z_t - H(x_t)\right)\mathrm{d}v_t \tag{4-36}$$

式（4-35），式（4-36）构成贝叶斯估计的预测过程，式（4-33），式（4-34）构成贝叶斯估计的更新过程，分别由式（4-32）中状态空间模型的运动方程和观测方程决定。上述预测和更新过程以迭代方式递归求解，即可实现对状态 x_t 后验分布 $p(x_t \mid z_t)$ 的计算。

上述贝叶斯描述是通用的、普适的描述，在实际问题中，上述贝叶斯过程是比较难以直接应用的。人们尝试了众多的方法来实现贝叶斯估计，并取得了一系列成果。当运动方程 F 及观测方程 H 均为线性方程，运动噪声 w_t 及观测噪声 v_t 均为高斯分布时，卡尔曼滤波给出了最优的贝叶斯估计。当运动方程 F 及观测方程 H 为非线性方程时，可以采用一阶逼近的方法形成扩展卡尔曼滤波，或者采用 Sigma 点二阶逼近的方法形成无迹卡尔曼滤波；进一步当运动噪声 w_t 及观测噪声 v_t 为非高斯时，可以采用粒子滤波，通过蒙特卡罗仿真的策略实现状态估计，或者采用格型滤波器、高斯滤波器来加以处理。本质上，他们都是贝叶斯估计的具体实现方法，针对被估计问题的线性化程度及噪声分布情况，采用不同的策略来实现具体的预测与更新过程。表 4-1 列出了常见的贝叶斯滤波器的优缺点。

表 4-1　贝叶斯算法汇总表

算法	KF	EKF	UKF	GSF	PF
分布函数	高斯分布	高斯分布	高斯分布	多高斯分布	任意
精度	优	一般	一般	优	优
适用条件	线性高斯	非线性高斯	非线性高斯	线性高斯	非线性高斯
健壮性	一般	一般	优	一般	优
实现复杂性	优	一般	一般	差	优

4.3.3　卡尔曼滤波及其改进

卡尔曼滤波器给出了线性、高斯条件下的最优贝叶斯实现，针对式（4-32）定义的状态空间模型，假设卡尔曼滤波器在 $t-1$ 时刻的后验状态估计均值为 $\hat{x}_{t-1}$，估计的方差为 P_{t-1}，则 $t-1$ 时刻的状态分布 $p(x_{t-1} \mid z_{t-1})$ 为

$$p(x_{t-1} | z_{t-1}) = N(x_{t-1} | \hat{x}_{t-1}, P_{t-1}) \tag{4-37}$$

式中，$N(x_{t-1} | \hat{x}_{t-1}, P_{t-1})$ 代表以 $\hat{x}_{t-1}$ 为均值，P_{t-1} 为方差的高斯分布。

假设 t 时刻的先验估计均值为 $\hat{x}_t^-$，方差为 P_t^-，则状态在 t 时刻的先验状态分布 $p(x_t | z_{t-1})$ 为

$$p(x_t | z_{t-1}) = N(x_t | \hat{x}_t^-, P_t^-) \tag{4-38}$$

式中，

$$\hat{x}_t^- = F\hat{x}_{t-1} \tag{4-39}$$

$$P_t^- = Q + FP_{t-1}F^T \tag{4-40}$$

式中，Q 为运动噪声 w_t 的方差。

假设 t 时刻的后验估计均值为 $\hat{x}_t$，方差为 P_t，则状态在 t 时刻的后验状态分布 $p(x_t | z_t)$ 为

$$p(x_t | z_t) = N(x_t | \hat{x}_t, P_t) \tag{4-41}$$

式中，

$$\hat{x}_t = \hat{x}_t^- + K(z_t - H\hat{x}_t^-) \tag{4-42}$$

$$P_t = P_t^- - KHP_t^- \tag{4-43}$$

式中，K 为卡尔曼滤波系数，定义为

$$K = P_t^- H^{\mathrm{T}} (HP_t^- H^{\mathrm{T}} + R)^{-1} \tag{4-44}$$

式中，R 为观测噪声 v_t 的方差。卡尔曼滤波系数用于评价算法对先验信息以及当前时刻观测信息的依赖程度，较大的 K 值意味着观测信息较为可靠，较小的 K 值意味着先验信息较为可靠。如果算法初始分布 $p(x_0)$不准确，K 值在算法执行的前几个时刻较大，然后会随着算法的收敛而逐步降低，最后达到一个较稳定的数值，稳定时的数值主要取决于运动噪声方差 Q 以及观测噪声方差 R。

卡尔曼滤波器假设噪声服从高斯分布，过程为线性过程，需要知道的先验信息是运动噪声方差 Q，观测噪声方差 R，线性运动方程 F，线性观测方程 H，以及初始状态分布 $p(x_0)$，在获取这些先验信息之后，卡尔曼滤波器根据式（4-41）至式（4-44）实现状态预测，根据式（4-38）至式（4-40）实现状态更新，通过反复的迭代运算实现对当前时刻状态后验概率的计算。卡尔曼滤波器中初始状态分布 $p(x_0)$和算法的收敛速度相关。运动噪声方差 Q 的大小反映了运动模型的准确程度，可用于评价算法对先验信息的依赖程度；大的 Q 值意味着算法运动模型不准确，先验信息不可靠，反之则代表先验信息较为可靠。观测噪声方差 R 的大小反映了观测模型的准确程度，可用于评价算法对于当前时刻观测信息的依赖程度，大的 R 值意

味着算法观测模型不准确，观察似然函数不可靠，反之则代表观察信息较为可靠。上述参数需要根据实际情况选取适当的数值。

卡尔曼滤波器以其简洁的运算过程、优异的估计效果而在众多领域得到广泛的应用。但是，在实际应用中，线性高斯系统的要求很难满足。因此，人们对传统卡尔曼滤波器进行了改进，以期达到使算法适用于更复杂场景的目的。在众多卡尔曼滤波改进型算法中，最具代表性的是扩展卡尔曼滤波器和无迹卡尔曼滤波器，它们均适用于非线性高斯系统，下面简述其基本原理。

扩展卡尔曼滤波器采用泰勒级数展开的方式实现对非线性运动方程与观测方程的线性化处理，仅保留运动与观测模型的一阶矩特征，适用于非线性化程度不高的系统。假设运动方程 F 以及观测方程 H 均为非线性函数，$\bar{F}$ 以及 $\bar{H}$ 代表采用泰勒级数展开进行一阶线性化处理之后的线性化方程，线性化处理过程如下：

$$\bar{F} = \frac{\mathrm{d}F(x)}{\mathrm{d}x} \mid x = \hat{x}_{t-1} \tag{4-45}$$

$$\bar{H} = \frac{\mathrm{d}H(x)}{\mathrm{d}x} \mid x = \hat{x}_t^- \tag{4-46}$$

采用扩展卡尔曼滤波时状态在 t 时刻的先验状态分布 $p(x_t \mid z_{t-1})$ 为

$$p(x_t \mid z_{t-1}) \approx N(x_t \mid \hat{x}_t^-, P_t^-) \tag{4-47}$$

式中，

$$\hat{x}_t^- = \bar{F}\,\hat{x}_{t-1} \tag{4-48}$$

$$P_t^- = Q + \bar{F}\,P_{t-1}\,\bar{F}^T \tag{4-49}$$

状态在 t 时刻的后验状态分布 $p(x_t \mid z_t)$ 为

$$p(x_t \mid z_t) \approx N(x_t \mid \hat{x}_t, P_t) \tag{4-50}$$

式中，

$$\hat{x}_t = \hat{x}_t^- + K(z_t - \bar{H}\,\hat{x}_t^-) \tag{4-51}$$

$$P_t = P_t^- - K\,\bar{H}\,P_t^- \tag{4-52}$$

卡尔曼滤波系数 K 计算如下：

$$K = P_t^- H^{\mathrm{T}} (\bar{H} P_t^- \bar{H}^{\mathrm{T}} + R)^{-1} \tag{4-53}$$

由于扩展卡尔曼滤波器仅保留了运动模型与观测模型的一阶矩信息，当系统的非线性程度较高时，扩展卡尔曼滤波器的估计效果会急剧下降。无迹卡尔曼滤波器采用 Sigma 点近似的方法使线性化逼近程度达到二阶矩，提高卡尔曼滤波器的使用范围。无迹卡尔曼滤波算法的本质是采用 UT 变换对非线性模型进行处理，首先进行 Sigma 点采样，然后，将每个样本进行非线性变化，最后对变换后的 Sigma 点集合的均值和方差进行运算以保证达到非线性模型二阶矩信息的近似。

假设无迹卡尔曼滤波在 $t-1$ 时刻的后验状态估计均值为 $\hat{x}_{t-1}$，估计的方差为 P_{t-1}，则 Sigma 点采样过程如下：

$$\begin{cases} \chi_{t-1}^{0}=\hat{x}_{t-1}, \quad W_0=\lambda/(n+\lambda) \\ \chi_{t-1}^{i}=\hat{x}_{t-1}+\left(\sqrt{(n+\lambda)P_{t-1}}\right)_i, \quad W_i=1/\{2(n+\lambda)\}, \qquad i=1,\cdots,n \\ \chi_{t-1}^{i}=\hat{x}_{t-1}-\left(\sqrt{(n+\lambda)P_{t-1}}\right)_{i-n}, \quad W_i=1/\{2(n+\lambda)\}, \quad i=n+1,\cdots,2n \end{cases} \tag{4-54}$$

式中，n 为被估计问题的维数，对于本书研究的二维平面定位问题 $n=2$；λ 为可调节的伸缩因子，$\left(\sqrt{(n+\lambda)P_{t-1}}\right)_i$ 为矩阵 $(n+\lambda)P_{t-1}$ 平方根的第 i 行或者列；W_i 为每个 Sigma 点的权值，且有 $\sum_{i=0}^{2n}W_i=1$ 成立。

获取 Sigma 点之后，UKF 算法对每个点进行预测，获取预测 Sigma 点：

$$\chi_t^i=F(\chi_{t-1}^i) \tag{4-55}$$

之后，UKF 计算先验分布 $p(x_t|z_{t-1})$ 的均值、方差：

$$\hat{x}_t^-=\sum_{i=0}^{2n}W_i\chi_t^i \tag{4-56}$$

$$P_t^-=\sum_{i=0}^{2n}W_i(\chi_t^i-\hat{x}_t^-)(\chi_t^i-\hat{x}_t^-)^{\mathrm{T}} \tag{4-57}$$

然后，UKF 计算预测的观察 Sigma 点 η_t^i 及其均值 $\hat{z}_t$：

$$\eta_t^i=H(\chi_t^i) \tag{4-58}$$

$$\hat{z}_t=\sum_{i=0}^{2n}W_i\eta_t^i \tag{4-59}$$

状态在 t 时刻的后验状态分布 $p\left(x_t|z_t\right)$ 的均值和方差为

$$\hat{x}_t=\hat{x}_t^-+K(z_t-\hat{z}_t) \tag{4-60}$$

$$P_t=P_t^--KP_{zz}K^T \tag{4-61}$$

式中，

$$P_{zz}=\sum_{i=0}^{2n}W_i(\eta_t^i-\hat{z}_t)(\eta_t^i-\hat{z}_t)^{\mathrm{T}} \tag{4-62}$$

$$P_{xz}=\sum_{i=0}^{2n}W_i(\chi_t^i-\hat{x}_t^-)(\eta_t^i-\hat{z}_t)^{\mathrm{T}} \tag{4-63}$$

$$K=P_{xz}P_{zz}^{-1} \tag{4-64}$$

UKF 算法由上述式（4-54）至式（4-64）决定，预测与更新过程迭代进行即可实现对状态的估计。

除了 EKF 与 UKF 算法，多元假设跟踪滤波器通过多个高斯分布函数来拟合非高斯分布，每个高斯分布采用 KF 算法独立处理，以达到适应非高斯环境的目的；网格滤波器通过将状态空间离散化处理来克服噪声非线性、非高斯问题；高斯和滤波器与多元假设跟踪类似，采用多个高斯分布来表征状态分布。这些滤波器均在一定程度上改善了 KF 的性能，使其更加适用于实际应用。

4.4　Loc 定位研究工具集

在本小节中，我们介绍一套用于 Wi-Fi 定位研究的工具集：Loc{lib,trace,eva,ana}[19,20]。该套工具集由德国曼海姆大学的 King 等开发，并且对外公开源码，工具集源码可从 http://pi4.informatik.uni-mannheim.de/pi4.data/content/projects/loclib/downloads.html 下载。

4.4.1　工具集概述

该工具集一共包含了 6 个组件，它们分别是 Loclib、Loctrace、Loceva、Locana、Locutil1 以及 Locutil2。

其中 Loclib 是应用程序和传感器硬件之间的一个连接器。它的任务就是从传感器硬件收集数据，并且做一些预处理工作。从应用程序角度来看，它就是充当了一个 Java Location API 以及访问传感器数据的一个句柄（handler）。从硬件角度来看，它直接通过硬件驱动来获取传感器的信息。Loclib 不仅包含了与 Wi-Fi 设备进行数据交互的组件，它还包括了 GPS 组件来和 NMEA-0183 兼容的 GPS 设备进行数据交互，同时还可以从蓝牙设备以及数字罗盘获取信息。

Loctrace 的作用就是直接通过 Loclib 来收集数据然后把它存到文件中去。

Loceva 则是使用 Loctrace 产生的追踪文件来评估不同类型的定位算法。目前 Loceva 已经实现了很多的定位算法。Loceva 还包含了很多的过滤器和生成器，以此设置不同的场景来进行仿真。

Locana 则可以对 Loctrace 和 Loceva 产生的结果进行可视化显示，从而可以验证 Loctrace 的结果是不是具有完整性和可靠性。对于 Loceva 产生的结果进行可视化则可以很方便地验证定位算法是不是如它们预期的那样运行。

Locutil1 和 Locutil2 则是作为工具组件来给其他组件使用。

整个工具集的结构可以使用图 4-10 来表示。图中表示了 Locutil1 和 Locutil2 几乎被所有的组件使用。只有 Loclib 是只需要 Locutil1 而不需要 Locutil2。Locutil1 和 Locutil2 的不同点就在于，Locutil1 是使用 Java ME 来实现的，而 Locutil2 是使用 Java SE 来实现的。对于 Loceva 和 Locana 来说，由于它们不需要通过 Loclib 来直接和传感器硬件进行数据交互，所以它们只依赖于 Locutil1 和 Locutil2 而不依赖于 Loclib。

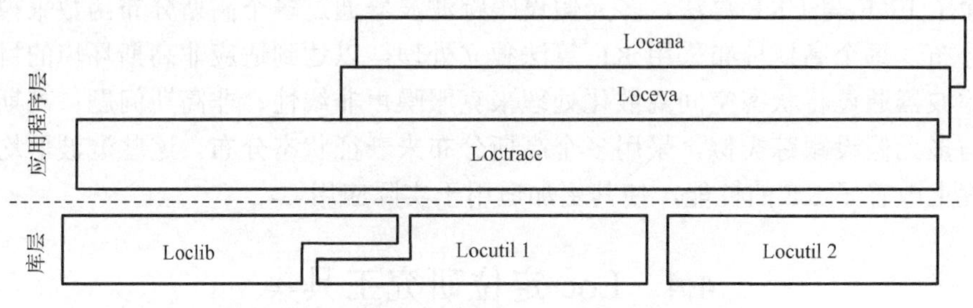

图 4-10 Loc{lib,trace,eva,ana}工具集软件结构

正如图 4-10 展示的那样，整个工具集的结构分为了两层，库层和应用程序层。库不是独立程序，它们是向其他程序提供服务的代码，而程序则是不同库和额外源码的一个整合体。Loclib、Locutil1 和 Locutil2 就是不能独立运行的库，而 Loctrace、Loceva 和 Locana 则是依赖于这些库的一个程序集合。

4.4.2 Loclib

4.4.1 小节已经对整个工具集进行了概述，而本小节中着重对 Loclib 进行详细的描述以及如何使用进行说明。Loclib 被组织成了 3 个层：传感器数据收集层、数据转换层、定位程序接口层。图 4-11 展示了 Loclib 的组织以及分层结构。

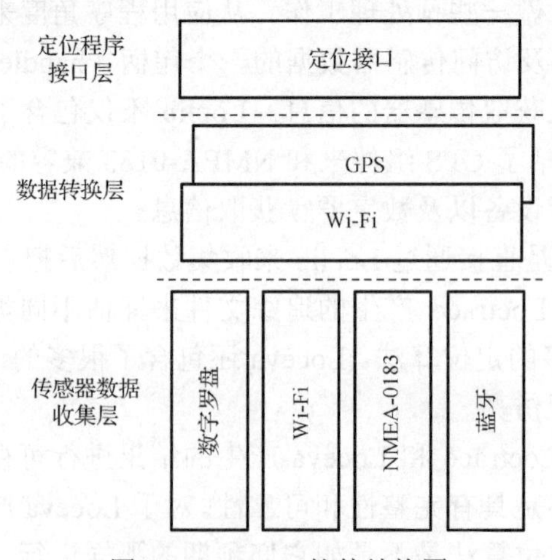

图 4-11 Loclib 软件结构图

传感器数据收集层，通过传感器硬件收集数据。目前版本的 Loclib（loclib-0.7.5）可以从 Wi-Fi 网卡、NMEA 兼容的 GPS 接收器、数字罗盘以及蓝牙收集数据。Loclib 会通过驱动或者有可能的话还会通过直接询问的方式来收集数据。例如，数字罗盘和 NMEA-0183 设备的数据都是通过直接询问的方式来获取的。而对于 Wi-Fi 网卡，它接收自不同 AP 的 RSSI 值则是通过驱动来获取的。通常从传感器数据收集层采集到的数据都会被转给数据转换层再做进一步处理。不过也可以通过句柄来直接访问。句柄是为了允许像 Loctrace 这样的应用程序来访问传感器数据而预先定义的接口。

数据转换层的职责就是把传感器数据收集层提供的数据转换到一个位置估算信息，来供定位接口使用。GPS 或者 Wi-Fi 定位算法会被用来完成这项任务。当一种方法可用，而另一种方法不可用时，数据转换层会选择使用 Wi-Fi 定位或者 GPS 定位。如果两种方法都可用，那么 GPS 将会被优先选择使用。如果两种方法都不可用时，那么数据转换层将会返回一个错误代码。

定位程序接口层则部分实现了 JSR-179 定义的定位接口，来给上层应用程序提供位置估算信息。

以下阐述 Loclib 各部分组件的使用方法。

NMEA-0183：对 NMEA-0183（2.2 版本）的兼容库是 Loclib 库的一部分。NMEA 库尤其对基于 SiRF II 芯片组的 GPS 接收器进行了优化，不过对于其他 NMEA-0183 兼容的设备也是可以正常使用的。可以使用以下命令来显示 GPS 接收器获取到的数据。

```
java –cp loclib-0.7.5.jar:debug-disable-1.1.jar:hexdump-0.1.jar: libdbus-java-2.3.1.jar:unix-0.2.jar:j2meunit.jar:locutil1-0.5.1.jar org.pi4.loclib.nmea0183.test.Serial GpsTestToString
```

Wi-Fi：目前版本的 Wi-Fi 数据采集实现支持主动扫描和被动扫描，以及监听嗅探（monitor-sniffing）。而监听嗅探则表示在数据传输的同时听取管理帧这样的一种工作方式。监听嗅探需要 Wi-Fi 网卡支持监听模式（monitor mode）。在监听模式下，网卡可以接收所有它能够接收的无线电信号并试图进行解析，而不仅仅局限于它所连接的无线局域网。

可以通过执行下面命令来开启无线网卡的监听模式，进行抓帧测试。

```
iw dev wlan0 interface add mon0 type monitor //wlan0 是无线网卡的名称，mon0 是虚拟网卡的名称可以任意指定
ifconfig mon0 up //开启虚拟网卡 mon0
tcpdump –i mon0 //使用 tcpdump 进行抓帧
```

该命令在 Ubuntu 12.04 LTS，Atheros AR5xxx 无线网卡环境下测试可行，并且省略 sudo 命令前缀。

而 Loclib 提供的 Wi-Fi 扫描工具则可以通过下面命令测试执行。

```
java -Djava.library.path=./ -cp loclib-0.7.5.jar:debug-disable-1.1.jar:hexdump-0.1.jar:libdbus-java-2.3.1.jar:unix-0.2.jar:j2meunit.jar:locutil1-0.5.1.jar org.pi4.loclib.wirelesslan.test.ScanTest
```

根据实际情况调整 java.library.path，该测试程序只能在 Linux 或者是*BSD 环境下工作。

蓝牙：所谓的基于近似法的蓝牙定位系统也是 Loclib 的一部分。这种方法的工作原理为移动设备的位置由它的通信区域 AP 位置的平均值来求得。目前版本的 Loclib 需要 BlueZ 蓝牙协议栈以及 Linux 或者*BSD 操作系统。蓝牙部分用法如下：替换 bluetoothlocationdata.txt 文件里面蓝牙 AP 的 MAC 地址和坐标。修改 loclib.properties 文件，设置 provider=Bluetooth。然后执行以下命令。

```
java -cp loclib-0.7.5.jar:debug-disable-1.1.jar:hexdump-0.1.jar:libdbus-java-2.3.1.jar:unix-0.2.jar:j2meunit.jar:locutil1-0.5.1.jar org.pi4.loclib.test.LocationProviderTest
```

数字罗盘：Loclib 实现了 Silicon Laboratories 生产的 F350-Compass-RD 数字罗盘的通信协议。该罗盘提供了方位角、温度以及 X、Y 轴上的倾斜度信息。

可以使用下面命令进行测试，测试程序会持续地向数字罗盘请求和接收数据并把它打印到屏幕上。

```
java -cp loclib-0.7.5.jar:debug-disable-1.1.jar:hexdump-0.1.jar:libdbus-java-2.3.1.jar:unix-0.2.jar:j2meunit.jar:locutil1-0.5.1.jar org.pi4.loclib.f350compassfd.test.CompassTest
```

FDDD：FDDD（Fingerprint Database Distribution Demonstrator）是一个示例程序。可以使用以下命令执行。

```
java -cp loclib-0.7.5.jar:debug-disable-1.1.jar:hexdump-0.1.jar:libdbus-java-2.3.1.jar:unix-0.2.jar:j2meunit.jar:locutil1-0.5.1.jar  -Djava.library.path=PATH_LOCLIB_JNI -Djava.security.policy=PATH_FDDD/rmi.policy -jar fddd-0.5.jar
```

PATH_LOCLIB_JNI 表示的是 Loclib jni 目录的路径。PATH_FDDD 代表的是 FDDD 代码的存放处。

SPBM：SPBM （Scalable Position-Based Multicast）移动 ad hoc 网络中的多播路由协议。它利用网络中节点的位置来转发数据包。Loclib 从 GPS 定位中获得的位置坐标可以供 SPBM 使用。Loclib-spdm 需要四个命令行参数：原始 SPBM 坐标系统的纬度、原始 SPBM 坐标系统的经度、SPBM 坐标系统 X 轴上的步长、SPBM 坐标系统 Y 轴上的步长。例如，可以使用以下命令来运行 loclib-spbm。

```
java -jar loclib-spbm-0.1.jar 49.3 8.5 0.0001 0.0001
```

4.4.3　Loctrace

Loctrace 只包含了一个程序：Tracer。Tracer 被用来收集构建指纹数据库的数据。为了实现这个目标，Tracer 通过 Loclib 直接收集传感器数据（例如，Wi-Fi 网络中通信范围之内的 AP 的 RSSI 值）。Tracer 包含一个图形用户界面（Graphical User Interface，GUI）来方便配置（例如，选择一个扫描模式和设备）。其他的参数，诸如扫描次数或者两次扫描的间隔时间也同样可以通过图形界面进行配置。如果追踪程序开始运行了，那么就会在 Tracer 界面的底部出现一个直方图，显示通信范围之内的 AP，以及和它们相关的 RSSI 的分布。图 4-12 表示的就是 Tracer GUI 的一个截图。

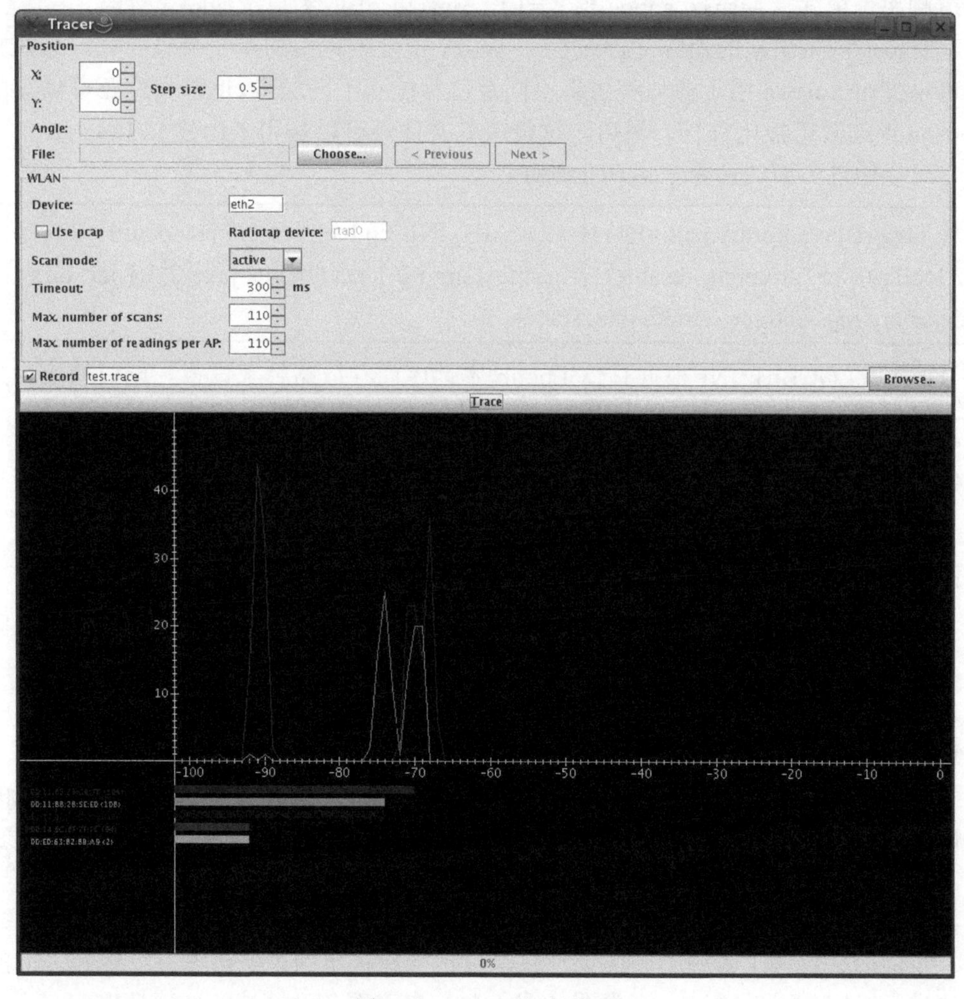

图 4-12　Tracer 运行界面

通过 Loclib 收集到的数据被存储到一个可读的追踪文件中，文件中每一行的格式如下。

```
t="Timestamp";pos="RealPosition",id="MACofScanDevice";degree="orientation";
"MACofResponse1"="SignalStrengthValue","Frequency","Mode","Noise";...;
"MACofResponseN"="SignalStrengthValue","Frequency","Mode","Noise"
```

t 表示自 UTC 时间 1970 年 1 月 1 日 0 点以来，以毫秒为单位的时间戳；pos 表示扫描设备的实际物理坐标；id 表示扫描设备的 MAC 地址；degree 表示用户携带扫描设备所朝的方向的角度（只有当有数字罗盘的时候该位才会被设置）。MACofResponse 表示回应点(如 AP)的 MAC 地址，连同它的以 dBm 为单位的 RSSI、信道频率、模式（AP=3，adhoc 模式=1），还有以 dBm 为单位的噪声等级。

Tracer 产生出来的追踪文件是整个 Wi-Fi 定位过程中的重要组成部分。这些文件可以交由 Loceva 用于评估和仿真不同定位算法和不同场景。追踪文件还可以交由 Locana 继续做可视化分析。最后，这些追踪文件还可以被用来构建 LFDB。

可以通过下面的命令来启动 Tracer。

```
java -Djava.library.path=PATH_LOCLIB_JNI -cp loctrace-0.5.jar:locutil1-0.5.1.
jar:loclib-0.7.5.jar:debug-disable-1.1.jar:hexdump-0.1.jar:libdbus-java-2.3.1.jar:unix-
0.2.jar org.pi4.loctrace.wirelesslan.Tracer
```

PATH_LOCLIB_JNI 根据具体 Loclib 本地库的存放路径来设置。现成的追踪文件也可以从工具集下载的网站进行下载。

4.4.4 Loceva

Loctrace 产生的追踪文件可以交由 Loceva 来评估各种不同类型的定位算法。目前版本的 Loceva 已经实现了很多的定位算法。

为了方便比较不同的定位算法，Loceva 包含了一个管理部分来设置和选择不同的场景进行仿真。这样，Loceva 利用 Loctrace 产生的追踪文件来仿真一个特殊的场景，这样的一个仿真场景就可以用于对比不同的定位算法。这样就可以确定不同的定位结果是基于不同的定位算法而不是由于环境的变化造成的。

建立和管理不同的场景是通过过滤器来完成的。过滤器通过控制追踪文件中的不同对象来产生不同的场景。例如，MAC 过滤器就是手工过滤掉一些 AP，即使它们是追踪文件的一部分。位置过滤器可以通过参考点的坐标来过滤掉 LFDB 中的一些参考点。

定位部分包含了多种不同的定位算法，使得新提出的算法可以方便地和之前的算法进行对比。下面通过一张类图（图 4-13）来察看各种算法的实现情况。

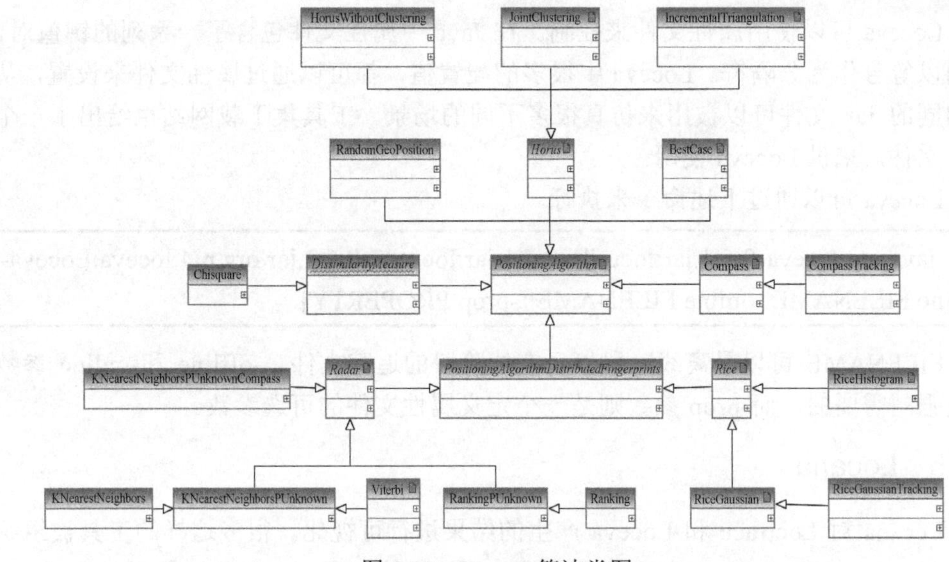

图 4-13　Loceva 算法类图

在选择了确定的场景以及定位算法以后，Loceva 还可以计算出这种情况下的定位误差。定位误差被定义为用户的实际位置和算法估算出来的位置的欧几里得距离。在每次仿真的 j 结束时，平均的定位误差都会被打印出来，还有一幅表示定位误差的累积概率密度函数图（图 4-14）也会被显示出来。这样的一幅图将会被用来对比不同定位算法的准确度。此外，Loceva 还可以使用计算的中间结果来产生一个日志文件。这个日志文件可以交由 Locana 来分析定位算法的行为。

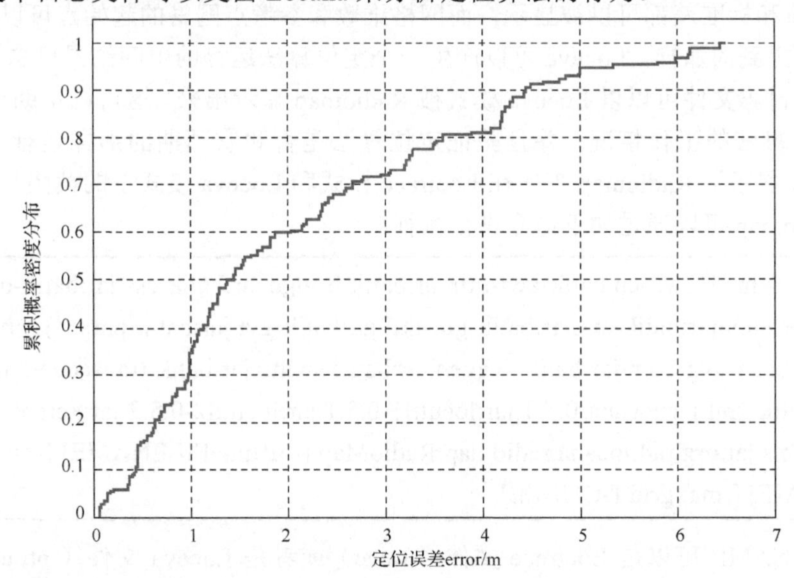

图 4-14　Loceva 产生的定位误差累积概率密度分布图

Loceva 可以使用属性文件来控制。在 Java 中属性文件包含了一系列的键值对，中间以等号作为分隔符。Loceva 中很多的配置值，都可以通过属性文件来设置，从而相同的 jar 文件可以被用来仿真很多不同的场景。工具集下载网站也给出了一个属性文件，来供 Loceva 使用。

Loceva 可以通过下述命令来执行。

```
java -cp loceva-0.5.1.jar:locutil1-0.5.1.jar:locutil2-0.5.2.jar org.pi4.loceva.Loceva-offline FILENAME -online FILENAME [-prop PROPERTY]
```

FILENAME 可以是离线阶段以及在线阶段的追踪文件。-offline 和-online 参数是被强制需要的，而-prop 参数则是一个定义属性文件的可选参数。

4.4.5 Locana

Locana 对 Loctrace 和 Loceva 产生的结果进行可视化。很多这样的工具被组织到了 Locana 包中。Locana 包含了很多特定用途的小工具。大部分工具都对 Loctrace 和 Loceva 的输出结果进行验证，或者是列出追踪文件中的一些特定对象。例如，有一个名为 AccessPointLister 的工具就可以打印出所有的 AP 以及它们在追踪文件中出现的次数。

Locana 还包含了一个工具叫作 Radiomap。Radiomap 提供了两种操作模式：Loctrace 模式和 Loceva 模式。Loctrace 模式对 Loctrace 产生的追踪文件进行可视化显示，这主要是用在可视化研究 LFDB 方面。对于每一个参考点和 AP，读数次数、RSSI 均值和标准差都可以被显示，而网格维数和参考点网格的起始点可以被调节。正如前面提到的那样，Loceva 可以产生一个定位算法运行的中间结果日志文件。这样的一个日志文件可以以 Loceva 模式被 Radiomap 显示出来。这可以帮助理解被选择的定位算法的工作情况，并且验证定位算法是否和它预期的那样运行。图 4-15 和图 4-16 展示了 Radiomap 工作在 Loctrace 模式和 Loceva 模式下的截图。

Radiomap 可以通过如下命令进行执行。

```
java -Xmx512M -cp batik-awt-util.jar:batik-bridge.jar:batik-css.jar:batik-dom.jar:batik-extension.jar:batik-ext.jar:batik-gui-util.jar:batik-gvt.jar:batik-parser.jar:batik-script.jar:batik-svg-dom.jar:batik-svggen.jar:batik-swing.jar:batik-transcoder.jar:batik-util.jar:batik-xml.jar:locana-0.5.1.jar:locutil1-0.5.1.jar:locutil2-0.5.2.jar:xerces_2_5_0.jar:xml-apis.jar org.pi4.locana.radiomap.RadioMap [-offline FILENAME] [-online FILENAME] [-maxgrid DOUBLE]
```

FILENAME 可以是 Loctrace 文件（.trace）或者是 Loceva 文件（.ptrace）来切换 Loctrace 模式和 Loceva 模式。-offline 和 -online 参数值只需要有一个，同时使用

两个参数也是可以的。-maxgrid 参数作为可选参数被用来设置最大的网格间隔，缺省值是 5.0。

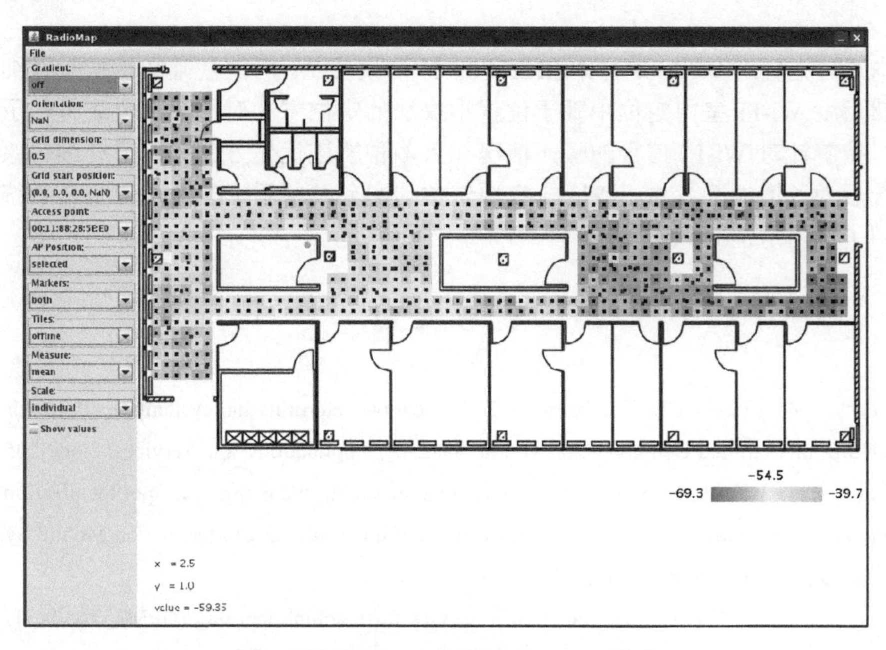

图 4-15　Radiomap 运行在 Loctrace 模式

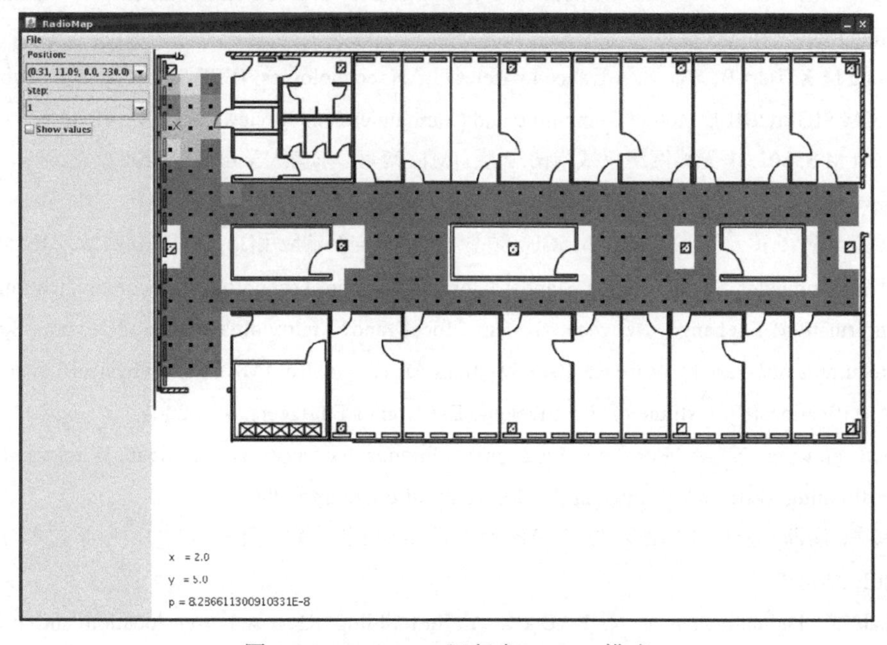

图 4-16　Radiomap 运行在 Loceva 模式

4.5 本章小结

本章首先针对 Wi-Fi 定位中 IEEE 802.11 协议及 Wi-Fi 的基础知识做了详细的阐述，然后就 Wi-Fi 室内定位中基于位置指纹法的定位方法对整个定位流程做了详细介绍，接着针对 Wi-Fi 信号的噪声情况加入多种轨迹优化方案并做了详细的原理阐述，最后为了增加读者对于 Wi-Fi 室内定位的印象及便于读者能实现整套系统，具体介绍了室内定位的一套工具集。

参考文献

[1] Youssef M, Agrawala A. The Horus WLAN location determination system[C]// Proceedings of the 3rd International Conference on Mobile Systems, Applications, and Services, 2005: 205-218.

[2] Sen S, Radunovic B, Choudhury R R, et al. You are facing the mona lisa: Spot localization using phy layer information[C]// Proceedings of the 10th International Conference on Mobile Systems, Applications, and Services, 2012: 183-196.

[3] Rasmussen C E, Nickisch H. Gaussian processes for machine learning (GPML) toolbox[J]. The Journal of Machine Learning Research, 2010, 11: 3011-3015.

[4] Perahia E, Stacey R. Next Generation Wireless LANs: 802.11n and 802.11ac[M]. Cambridge: Cambridge University Press, 2013.

[5] Gong M X, Hart B, Mao S. Advanced wireless LAN technologies: IEEE 802.11 ac and beyond[J]. ACM SIGMOBILE Mobile Computing and Communications Review, 2015, 18(4): 48-52.

[6] Gast M S. 802.11 无线网络权威指南. 2 版. [M]. 南京: 东南大学出版社, 2007.

[7] 高峰. 无线城市:电信级 Wi-Fi 网络建设与运营[M]. 北京: 人民邮电出版社, 2011.

[8] 厉萍, 董哲, 黄云飞, 等. 802.11n 5GHz 频率性能研究与终端应用[J]. 信息通信技术, 2012, 4: 016.

[9] IEEE Computer Society. IEEE Standard for Information Technology-Telecommunications and Information Exchange Between Systems-Local and Metropolitan Area Networks-Specific Requirements: Part 11: Wireless LAN Medium Access Control (MAC) and Physical Layer (PHY) Specifications[S]. Institute of Electrical and Electronics Engineers, Inc., 2001.

[10] Swangmuang N. A Location Fingerprint Framework towards Efficient Wireless Indoor Positioning Systems [D]. Pittsburgh: University of Pittsburgh, 2008.

[11] 邹亮, 潘洲. 基于 2.4 GHz 与 5 GHz 信号的 Wi-Fi 指纹定位算法研究[J]. 科学技术与工程, 2015, 3: 057.

[12] Bahl P, Padmanabhan V N. RADAR: An in-building RF-based user location and tracking system[C]// Proceedings of Nineteenth Annual Joint Conference of the IEEE Computer and

Communications Societies, 2000, 2: 775-784.

[13] LaMarca A, Chawathe Y, Consolvo S, et al. Place lab: Device positioning using radio beacons in the wild[M]. Berlin: Springer, 2005: 116-133.

[14] Haeberlen A, Flannery E, Ladd A M, et al. Practical robust localization over large-scale 802.11 wireless networks[C]// Proceedings of the 10th Annual International Conference on Mobile Computing and Networking, 2004: 70-84.

[15] 荆昊. 采用无线信号测距加权的室内协同定位[J]. 导航定位学报, 2014 (2): 31-39.

[16] Ferris B, Haehnel D, Fox D. Gaussian processes for signal strength-based location estimation[C]// Proceedings of Robotics Science and Systems, 2006.

[17] 王洁. 基于贝叶斯估计方法的无线定位跟踪技术研究[D]. 大连：大连理工大学, 2011.

[18] King T, Kopf S, Haenselmann T, et al. COMPASS: A probabilistic indoor positioning system based on 802.11 and digital compasses[C]// Proceedings of the 1st International Workshop on Wireless Network Testbeds, Experimental Evaluation & Characterization, 2006: 34-40.

[19] Zekavat R, Buehrer R M. Handbook of Position Location: Theory, Practice and Advances[M]. New York: John Wiley & Sons, 2011.

[20] King T, Butter T, Haenselmann T. Loc {lib, trace, eva, ana}: Research tools for 802.11-based positioning systems[C]// Proceedings of the Second ACM International Workshop on Wireless Network Testbeds, Experimental Evaluation and Characterization, 2007: 67-74.

第 5 章　航位推算与室内定位技术

在第 4 章的基于位置指纹的室内定位技术中，需要对室内环境进行大量的硬件改造，以布置 Wi-Fi 节点，因此其硬件成本较高。另外，由于无线信号易受传输环境的影响，产生如多径效应、非视线传播、信号衰落以及噪声干扰等情况，因此其定位精度受到很大程度的干扰，为此需要不定期更新位置指纹数据库，甚至修正信号传播模型，为室内定位系统的后期维护带来较高的技术成本。而基于航位推算的室内定位技术与外界环境无关，只与运动目标自身的运动过程有关，因此在室内定位系统中具有重要的价值和地位。本章将从航位推算的相关硬件基础、算法理论以及系统定位方法等方面介绍这种室内定位技术。

5.1　惯性测量单元

5.1.1　MEMS 的应用与发展

目前大部分智能手机都内置了多种微机电（Micro-electro Mechanical Systems，MEMS）传感器。MEMS 技术是将微型机构、微型传感器、微型执行器以及信号处理和控制电路、接口、通信和电源等集成于一体的微型器件或系统，在航空航天、车辆交通、生物医学及消费电子产品等领域中得到了广泛的应用。特别地，在智能手机领域，MEMS 技术可以提供音频性能、动作识别、方向定位、生物特征识别以及温度/湿度/气压测量等方面的应用。目前手机中的屏幕自动旋转、游戏动作交互、运动健康监测等功能都是在 MEMS 硬件基础上开发的。

惯性测量单元（Inertial Measurement Unit，IMU）是 MEMS 中一类重要的器件，可以用来测量载体的 6 自由度（Degree of Freedom，DoF）的运动信息，其中包括 3-DoF 的加速度和 3-DoF 的角速率。其中，加速度传感器可以测量载体受到的外力信息，其中包含重力成分，且重力成分会根据传感器的姿态分解到三个坐标方向上；陀螺仪可以测量载体旋转的角速度。通过对加速度或角速度进行时间积分可以进一步获得相关运动及姿态信息，但长时间的积分过程会出现漂移现象[1]，特别是对加速度进行二次积分获取运动距离时，其漂移过程更加明显。

5.1.2　MEMS 的分类与功能

以当前应用极为广泛的 Android 智能手机为例，一般来讲，MEMS 根据功能来分，可将其分为运动传感器、方位传感器以及其他传感器（如环境感知传感器）。

1. 运动传感器

运动传感器一般用来检测设备的移动，如倾斜、震动、旋转、摇摆等。这些动作可以作为输入信息来实现与手机的交互，比如用户在游戏中通过手机倾斜控制虚拟物体的旋转和运动。在这种情况下，监测的运动是以设备或应用为参照系，不需要对其坐标系进行旋转。此外，运动传感器还可以反映设备所处的物理环境变化，比如用户在携带手机转向时，用户的方向发生了改变，手机在地理坐标系中的姿态也随之改变。而在这种情况下，运动是以地球为参照系的。

加速度传感器用来测量施于传感器上的作用力，其返回数据是在手机坐标系下的表示，单位为 m/s^2。由于其中包含重力分量，因此在测量设备真实的加速度时，必须去除数据中的重力干扰，一般可通过高通滤波器实现；反之，低通滤波器则可以用于分离出重力加速度值。

重力传感器用来测量作用于传感器上的重力方向及数值。如前所述，重力加速度可以使用低通滤波器从加速度传感器数据中分离获得，因此其坐标系和数据单位与加速度传感器相同。

线性加速度传感器用来测量作用于传感器上除重力以外的加速度值。理论上说，线性加速度可以通过加速度与重力加速度的差值获得，或者使用高通滤波器从加速度传感器数据中分离获得，因此其坐标系和数据单位与加速度传感器相同。线性加速度可以直观反映载体的运动信息。

陀螺仪用来测量传感器的旋转速率，其返回数据是在手机坐标系下的表示，单位为 rad/s。需要注意的是，陀螺仪数据用正值表示逆时针方向旋转，也就是说，当分别从手机坐标系的 x、y、z 轴的正向位置观看处于原始方位的设备时，如果设备逆时针旋转，其返回的数据为正值。陀螺仪在测量旋转速率时，噪声和漂移都会引入误差，一般需要使用重力传感器或加速度传感器对其进行补偿，来确定漂移和噪声值。

旋转向量表示的是设备在地理坐标系中的姿态信息，即手机坐标系与地理坐标系之间的旋转信息，由角度和坐标轴信息组成，包含设备围绕坐标轴（x,y,z）旋转的角度 θ。传感器返回值形式为：($x\sin(\theta/2)$, $y\sin(\theta/2)$, $z\sin(\theta/2)$, $\cos(\theta/2)$)。

2. 方位传感器

方位传感器用于确定设备相对地球的物理方位，比如在智能手机上安装指南针应用来测定当前方向相对北极点的方位角。Android 平台中的方位传感一般支持地磁传感器和方向传感器，其中地磁传感器是基于硬件实现的；方向传感器则是通过对加速度数据和磁场数据处理、融合、计算得到的。

磁场传感器可以监测地球磁场的变化，此传感器提供了三维坐标轴方向上的原始磁场强度数据（单位为 μT）。一般不需要直接使用此传感器，而是用旋转向量传感器来测量旋转的原始数据，或者联合使用加速度计、地磁传感器、getRotationMatrix()方法获取旋转矩阵和倾角矩阵，然后通过 getOrientation()和 getInclination()得到侧倾度和地磁倾角数据。

方向传感器用于监测设备相对地球的方位（其实是地球磁场）。方向传感器的数据来自设备的地磁传感器和加速度计。利用这两种硬件传感器，方向传感器提供了以下三个方向的数据，其坐标系定义如图 5-1 所示。

（1）侧倾度（围绕 z 轴的旋转角）。这是指设备 y 轴与地磁北极间的夹角。例如，如果设备的 y 轴指向地磁北极则该值为 0，如果 y 轴指向南方则该值为 180°。同理，y 轴指向东方则该值为 90°，而指向西方则该值为 270°。

（2）俯仰度（围绕 x 轴的旋转角）。当 z 轴的正值部分朝向 y 轴的正值部分旋转时，该值为正；当 z 轴的正值部分朝向 y 轴的负值部分旋转时，该值为负。其取值范围为–180°～180°。

（3）翻滚度（围绕 y 轴的旋转角）。当 z 轴的正值部分朝向 x 轴的正值部分旋转时，该值为正；当 z 轴的正值部分朝向 x 轴的负值部分旋转时，该值为负。其取值范围为–90°～90°。

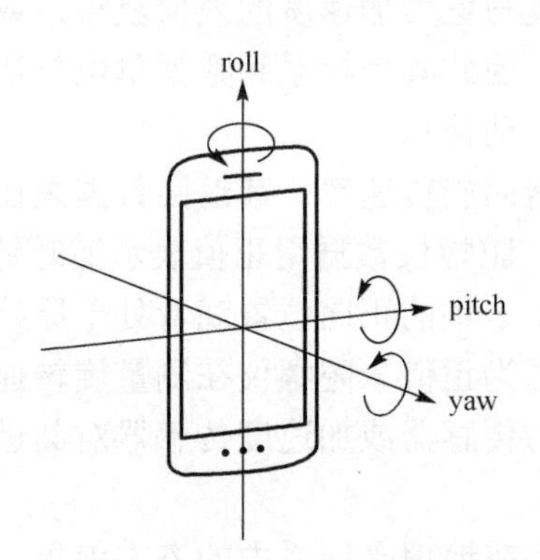

图 5-1　手机方向角旋转示意图

3. 其他传感器

在目前的智能手机中还有一类重要的传感器——环境感知传感器。这类传感器可以感知周围环境的物理信息，例如，光线传感器可以感知手机周围的光线强度，用于自动调节手机屏幕亮度。这些传感器虽然无法直接用于定位，但可以提供更多的有效信息用于改进定位方法。例如，通过光线传感器和位置传感器感知手机的位置，然后根据位置的不同，在方向测量时可以采用不同的数据处理方法或算法来进行方向测定。此外，可以通过这些传感器来进行环境感知，并提取出相应的环境特征，对应到地图上特定的位置，用来进行位置矫正和更新。

Android 平台提供了四种用于监测环境参数的传感器，可以用这些传感器来监测 Android 设备周边环境的湿度、光照度、气压和气温。这四种传感器都是基于硬件实现的，其返回的数据一般是单个值。表 5-1 列出了 Android 支持的全部环境传感器。

表 5-1　Android 支持的环境传感器类型

传感器名称	计量单位	数据说明
Ambient Temperature	℃	周边气温
Light	lx	光照度
Pressure	hPa 或 mbar	周边大气压
Relative Humidity	%	周边相对湿度
Temperature	℃	设备温度

5.1.3　坐标系定义与变换

在个人航位推算系统中，一般需要使用地理坐标系和手机坐标系来说明载体/人体的运动信息。地理坐标系又叫当地水平坐标系，是表示载体位置的坐标系。地理坐标系以地球为参考系，并将原点选取在载体重心处，且 X 水平指向东，Y 水平指向北，Z 沿垂线方向指向天，一般将这种坐标系称为“东北天”坐标系，如图 5-2(a)所示。手机坐标系以手机屏幕的默认方向为参考进行定义，其 x 轴指向手机右侧，y 轴指向手机顶部，z 轴指向屏幕上方。在手机姿态变化过程中，当设备运动或者旋转的时候，这些坐标轴是不会改变的，即手机坐标系相对于手机屏幕的位置是不变的，如图 5-2(b)所示。

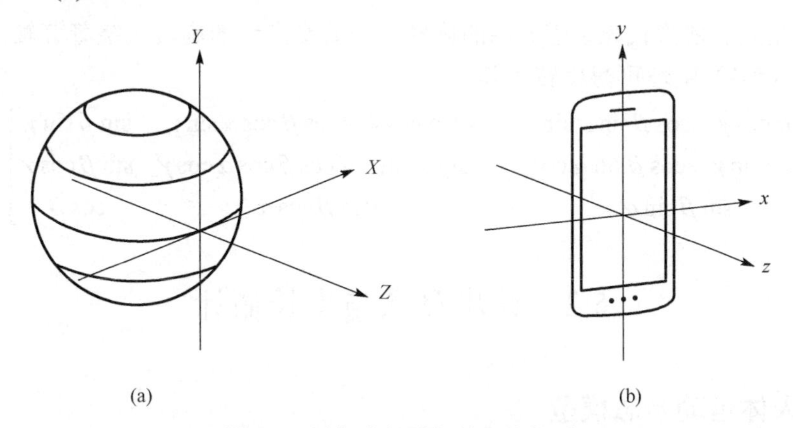

图 5-2　手机坐标系与地理坐标系

由于智能手机中的加速度数据和陀螺仪数据都是在手机坐标系下产生的，而航位推算的目的是获得目标在地理坐标系中的位置及方向，因此有时需要对坐标系进行变换，即将运动向量从一个坐标系变换到另一个坐标系。下面在三维空间中以欧拉角形式来说明其变换过程。

如图 5-3 所示，XYZ 为地理坐标系，xyz 为手机坐标系，称 xy-平面与 XY-平面的相交为交点线，用英文字母 N 代表。若α是 x-轴与交点线的夹角，β是 z-轴与 Z-轴的夹角，γ是交点线与 X-轴的夹角，且α和γ的取值范围为[0, 2π）弧度，β的取值范围为[0, π）弧度。

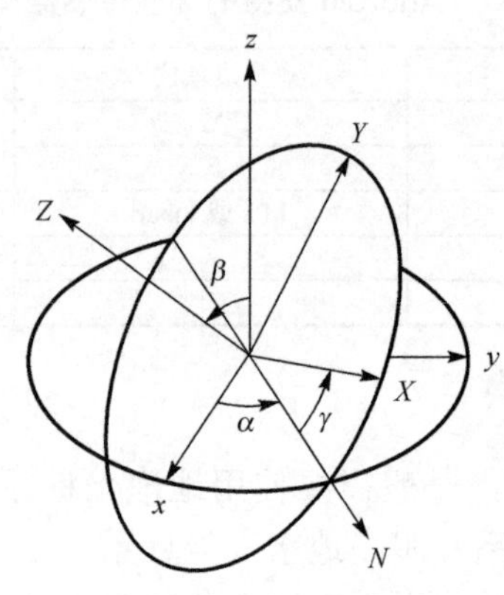

图 5-3　坐标系变换

坐标系变换矩阵可由三个基本旋转组合而成：

$$\boldsymbol{R}=\begin{bmatrix}\cos\gamma & \sin\gamma & 0\\ -\sin\gamma & \cos\gamma & 0\\ 0 & 0 & 1\end{bmatrix}\begin{bmatrix}1 & 0 & 0\\ 0 & \cos\beta & \sin\beta\\ 0 & -\sin\beta & \cos\beta\end{bmatrix}\begin{bmatrix}\cos\alpha & \sin\alpha & 0\\ -\sin\alpha & \cos\alpha & 0\\ 0 & 0 & 1\end{bmatrix}\tag{5-1}$$

其中，从左到右依次代表绕着 z 轴的旋转、绕着交点线的旋转、绕着 Z 轴的旋转。

对式（5-1）整理可得旋转矩阵：

$$\boldsymbol{R}=\begin{bmatrix}\cos\alpha\cos\gamma-\cos\beta\sin\alpha\sin\gamma & \sin\alpha\cos\lambda+\cos\beta\cos\alpha\sin\gamma & \sin\beta\sin\gamma\\ -\cos\alpha\sin\gamma-\cos\beta\sin\alpha\cos\gamma & -\sin\alpha\sin\gamma+\cos\beta\cos\alpha\cos\gamma & \sin\beta\cos\gamma\\ \sin\beta\sin\alpha & -\sin\beta\cos\alpha & \cos\beta\end{bmatrix}\tag{5-2}$$

5.2　计步算法与步长估计

5.2.1　人体运动步态模型

一个步态周期是指从一只脚离开地面开始到该脚再次接触地面的过程[2]。在这种运动过程中，身体重心会由于大腿的交替弯曲而产生上下浮动和微弱的侧向摆动。此外，由于腿部力量的变化，其前进方向是一种变加速过程。因此可以将人体运动过程分为三个方向上的变化：前向、侧向以及垂直方向。在运动过程中，三个方向上的加速度变化规律如图 5-4 所示。图 5-5 是通过手机加速度传感器采集的实际变化过程。

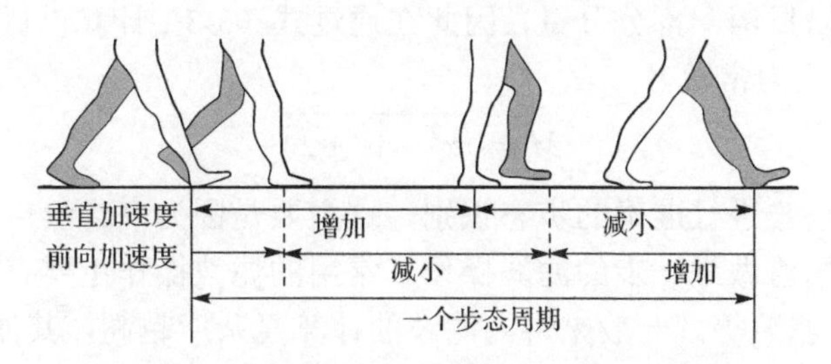

图 5-4　单个步态周期过程中加速度变化规律

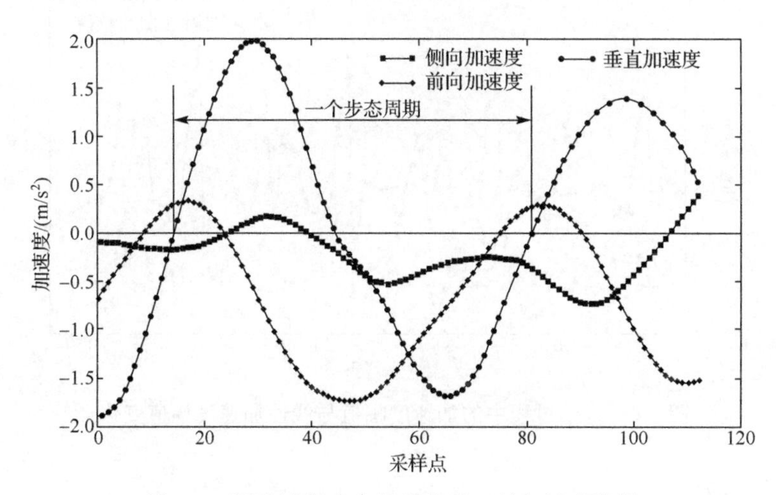

图 5-5　运动过程中实际采集的三轴加速度数据

5.2.2　数据预处理方法

目前大多数手机中内置的都是三轴加速度传感器，这些传感器可以检测到手机在三个方向上的受力情况，其中包括运动加速度、重力加速度和噪声成分。在航位推算过程中，用户携带手机的位置是不固定的，导致重力在三个方向上分解大小随着手机摆放的方向和倾斜度发生变化，很难实时地从加速度传感器数据中准确分离出用户水平方向上的实际运动加速度。因此，在计步时需要采用一种与手机姿态无关的步态检测算法。一般采取的方案是根据式（5-3）对加速度三个方向上的数值求取平方根，用合成加速度来进行步态的分析。由此得到的加速度幅值与线性加速度（不包含重力分量）幅值变化如图 5-6 所示。如无特殊说明，本章所述“加速度/线性加速度幅值”均是三轴数据合成之后的结果。理论上，计步算法应该使用线性加速度，即由于运动产生的加速度，但其幅值的变化范围并没有加速度明显（如图 5-6，加速度幅值范围为 7～15；线性加速度幅值范围为 0～6，这主要是因为重力加速度和线性加速度可以抵消一部分分量，因此在通过式（5-3）计算以后，加速度幅值可以小于 9.8（1 个重力常数）。

$$M=\sqrt{x^2+y^2+z^2} \tag{5-3}$$

仅由图 5-6 很难进行准确的步态识别，这主要是因为高频噪声的干扰，所以一般还需对加速度幅值做进一步的滤波操作。常用的滤波操作主要有：均值滤波、低通滤波、Kalman 滤波等。一般来讲，滤波的计算复杂度越高，其滤波效果越好。

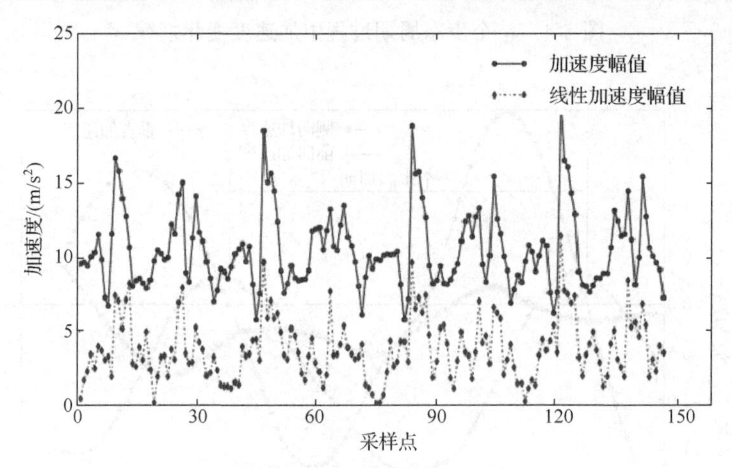

图 5-6　运动过程中的加速度幅值与线性加速度幅值变化

1. 均值滤波

均值滤波的效果与均值窗口长度有关，在实际应用中需要考虑待处理数据以及噪声的信号特征。图 5-7 是使用不同长度的窗口对加速度幅值进行均值滤波的结果。可以看出，对加速度均值滤波的质量与窗口长度（LW）具有较大关系。图 5-7(a)为原始加速度数据，其采样频率为 50Hz；图 5-7(b)中的窗口长度为 5，其滤波后的结果仍具有一定的噪声波动；当窗口长度为 10 时，如图 5-7(c)所示，其滤波结果较为理想；而当窗口长度较大时，如图 5-7(d)所示，可能会滤除有用的步态信息。考虑到人体运动步态的频率为 1～3Hz，在采用频率为 50Hz 时，将窗口长度设为半个步态的采样次数（10 次左右）比较合适，此时可以有效去除多峰值干扰，并且不会覆盖加速度的周期性特征。

2. Kalman 滤波

Kalman 滤波过程包括两步[3]：首先根据历史数据使用线性随机差分方程生成一个当前的预测值，然后根据观测值对预测值进行更新，并生成新的误差协方差。根据卡尔曼滤波原理可以建立加速度信号的卡尔曼滤波模型。在这里，由于加速度信号为一维信号，并假设加速度信号间是相互独立的，因此可以将计算模型简化为如下形式[4]：

$$\begin{cases} x_k = x_{k-1} + \omega_{k-1} \\ z_k = x_k + v_k \end{cases} \tag{5-4}$$

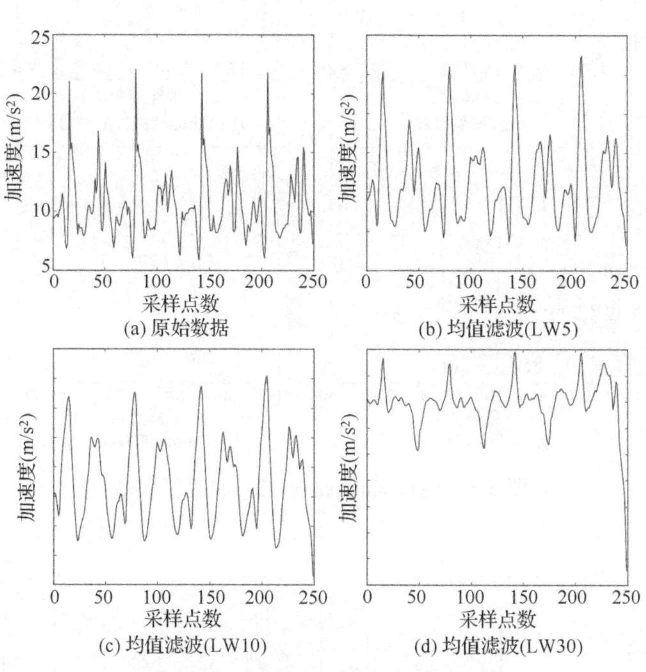

图 5-7　经过均值滤波的加速度数据

一般来讲，Kalman 滤波的效果与其参数 Q、R 密切相关。由图 5-8 可知，在 Q 固定时，R 越大，其周期性特征越明显；在 R 固定时，Q 越小，其周期性特征越明显。

3. 低通滤波

对于加速度信号而言，步态信号一般是低频信号，而噪声信号一般为高频信号，因此通过低通滤波可以滤除大部分高频噪声。低通滤波器的滤波效果与截止频率（cut-off frequency）密切相关。一般人体正常运动步态频率为 1～3Hz，因此截止频率一般不低于 3Hz。如图 5-9 所示，在步态频率为 1Hz 时，当截止频率过低时，可能会滤除掉一部分步态信息，如图 5-9(b)所示；当截止频率过高时，其滤波效果不明显，如图 5-9(d)所示。

综上所述，在设计计步算法前，首先需要考虑计步场景。如果是可穿戴的固定传感器，那么可以仅使用一个方向上的加速度（一般是垂直加速度）。但如果传感器的位置无法固定，那么一般使用合成加速度的幅值进行计步判断。在滤波方法的选择上，首先应考虑计算的复杂度，其次还要考虑参数的设置、不同场景下的算法鲁棒性等问题。

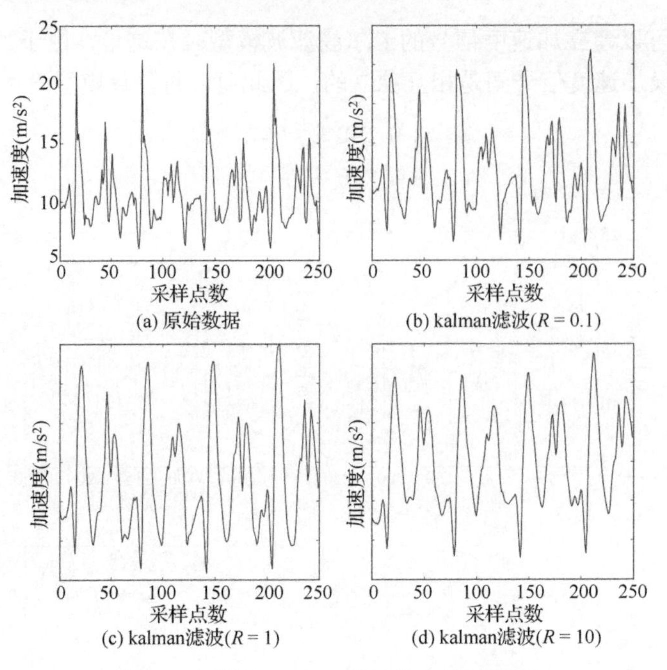

图 5-8　经过 Kalman 滤波的加速度数据

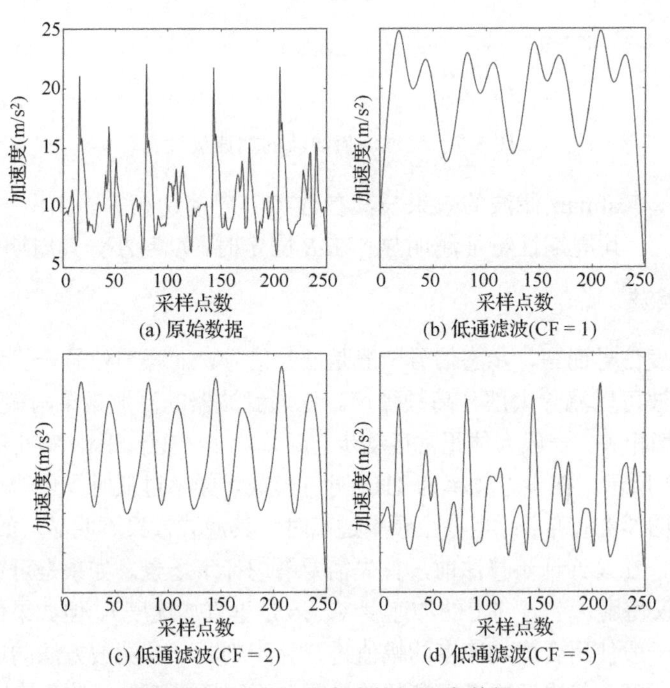

图 5-9　经过低通滤波的加速度数据

5.2.3 计步算法

1. 局部阈值检测算法

局部阈值检测算法通过设定阈值对加速度大小进行判定，当加速度幅值达到设定的阈值时，即认为发生了步态行为。但人体运动过程中的加速度幅值受步频、身高、传感器的摆放位置及姿态等多种因素的影响，容易对步态产生漏判或者误判。为此，一般多采用动态矫正因子的阈值设定方法。阈值的设定对计步算法的准确性和鲁棒性都具有非常重要的影响。

在图 5-10 中，子图(a)为正常情况下的局部阈值检测算法，此时能够很好地检测出目标运动的实际步数。但在一些情况下，会产生连续的多峰值现象，如子图(b)所示。此时需要引入延时机制[5]来避免多峰值带来的计步误差。延时机制的原理是：在加速度达到局部阈值后的一定时间内，所有再次达到该阈值的行为都视为无效，并将该时间称为延迟时间窗口。延迟时间窗口的设定对局部阈值检测算法的有效性具有重大影响。延迟时间窗口太大，可能会屏蔽掉真实的运动步态的峰值；延迟时间太小将失去其作用。一般来讲，延迟时间窗口的大小一般设为最快步态周期的 10%左右时能够达到良好的效果。在子图(b)中，将延迟时间窗口设为 30 个采样点，可以有效避免二次触发阈值。子图(c)反映的是变速运动过程中加速度幅值变化的过程，可以看出，在不同速率运动状态下，加速度幅值的变化较为明显，为了避免发生严重的步态漏检，局部阈值的设定应参考最慢步速下的峰值水平。

2. 过零检测算法

过零检测通过对加速度变化的过零次数进行统计来计步，这种方法的抗干扰能力较差，需要进行严格的低通滤波。在检测过程中一般会出现二次过零甚至多次过零的现象，为了避免这种现象带来的计步误差问题，同样可以采用延迟机制来抑制噪声干扰：在检测到过零行为后，在延迟时间窗内发生的再次过零行为都是无效的。

在图 5-11 中，子图(a)是在滤波效果理想的情况下的过零检测过程，此时通过简单的过零方法即可进行较为准确的计步。然而，在滤波效果不理想的情况下需要使用延迟窗进行进一步的干扰处理，在子图(b)中使用了一个延迟窗口长度为 30 的过零检测算法，可以有效地对多次过零进行有效的抑制。然而，过零检测同样需要考虑零值设定的问题，在使用加速度数据进行步态检测时，由于加速度中包含重力加速度，因此一般将零值设为 9.8。但是通过实验可以发现，在手持摆动情形下，加速度幅值可能会不归零，因此导致严重的步态漏检，如子图(c)所示。

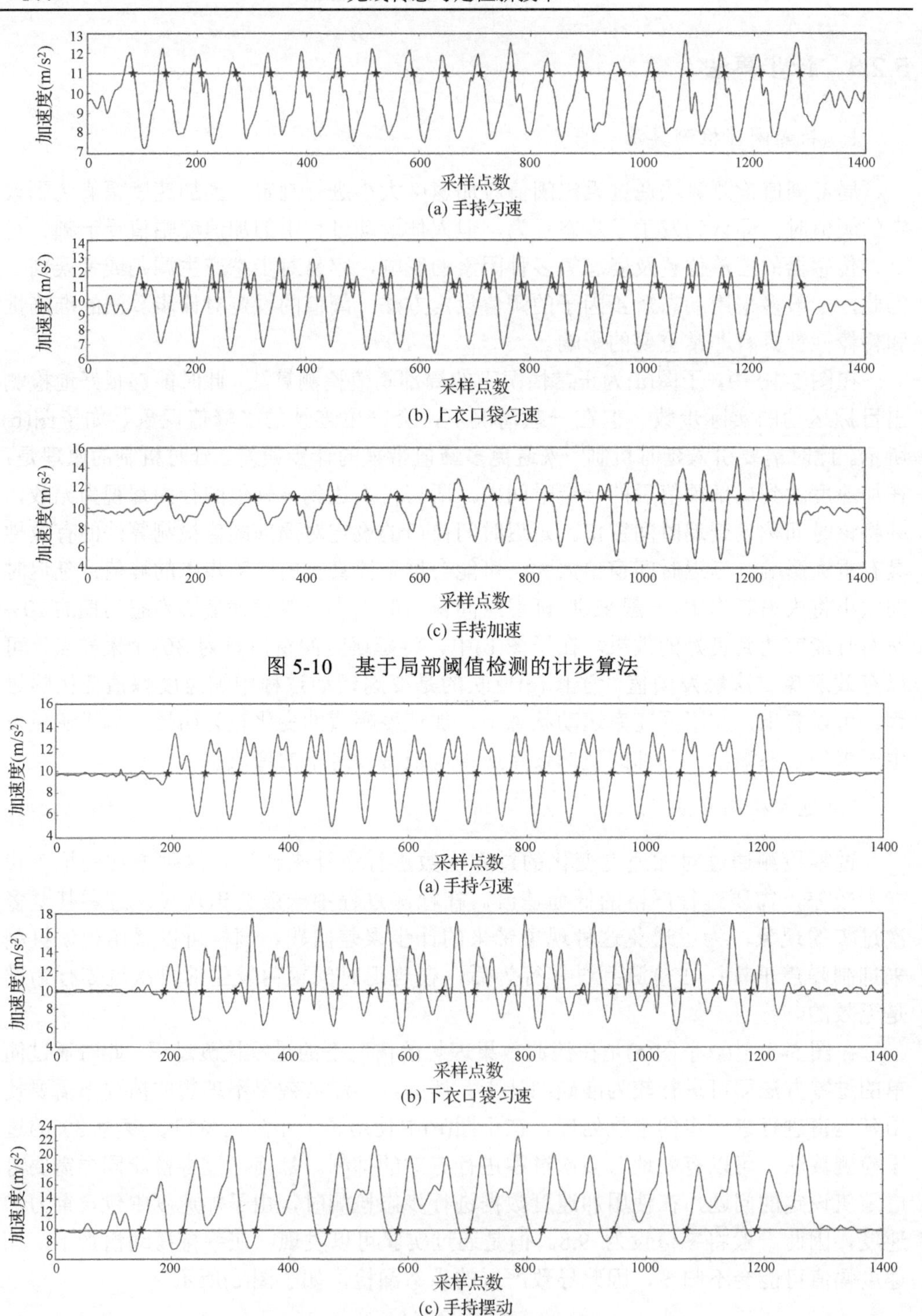

图 5-10　基于局部阈值检测的计步算法

图 5-11　采用过零检测的计步算法

此外需要注意的是，使用过零检测进行计步时，需要添加一个运动状态识别功能。只有在识别出目标处于运动状态时，才使用过零检测算法进行计步。因为在人体处于静止状态时，手机测量的加速度一般在零值附近抖动，因此不能将此时的过零行为认为是运动过程中的过零。

3. 基于有限状态机的计步算法

有限状态机（Finite-state Machine，FSM）是表示有限个状态以及在这些状态之间的转移和动作等行为的数学模型[6]。基于有限状态机阈值的判定方法实际上是对局部阈值算法和过零检测算法的结合，因此可以对复杂环境下的噪声具有较高的容忍度。但其过程也较为复杂，需要进行多次幅值判断。结合 5.2.1 节提供的人体运动步态模型，可以将单个步态分割为起始阶段、峰值上升阶段、峰值下降阶段、谷值下降阶段以及谷值上升阶段。参考文献[7]中的有限状态机，设计了如图 5-12 所示 FSM，其输入是加速度的幅值，并设置了 7 种状态，分别如下。

S0：表示静止状态；

S1：表示预备运动状态，即目标可能处于运动状态；

S2、S3：进入峰值状态和离开峰值状态；

S4、S6：进入谷值状态和离开谷值状态；

S7：单个步态结束状态。

S5：用于噪声容忍。

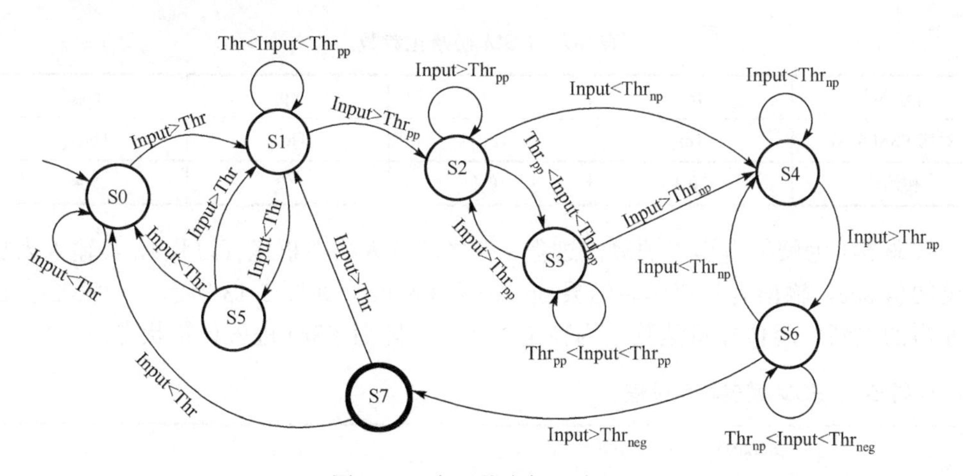

图 5-12　有限状态机计步过程

状态间的转移条件如图 5-12 所示。其中，Thr 为运动检测阈值；$\mathrm{Thr}_{\mathrm{pp}}$ 为峰值阈值；$\mathrm{Thr}_{\mathrm{np}}$ 为谷值阈值；$\mathrm{Thr}_{\mathrm{neg}}$ 为步态结束阈值。Thr 和 $\mathrm{Thr}_{\mathrm{neg}}$ 一般固定在 9.8 附近，用于判断步态的开始和结束。$\mathrm{Thr}_{\mathrm{pp}}$ 和 $\mathrm{Thr}_{\mathrm{np}}$ 的设定与计步结果密切相关。

为了达到良好的计步效果，需要分别对峰值、谷值阈值进行精细的设置。但是，不同人的步态习惯存在较大的差异，且同一个人的步态特征受环境、步频、地面状况等多种因素的影响。因此，基于固定阈值的计步方法并不能达到良好的鲁棒性，甚至可能导致计步算法失去作用。为此，下面设计了一种阈值学习过程，将 FSM 运行状态分为阈值学习状态和计步状态。在 FSM 处于阈值学习状态时，通过对加速度特征的分析动态地更新局部阈值。其过程如下所述。

首先进行初始化，系统将 thr，pp_i，np_i 以及 thr_{neg} 均设置在 9.8 附近，并分别对应 FSM 中的不同阈值，其初始结果如表 5-2 所示。在 FSM 处于自学习过程中，在状态 S2 和 S3 之间获取一个最大值 max_i；在状态 S4 和 S6 之间获取一个最小值 min_i，并在到达状态 S7 时更新状态机下一次判断的 pp_i 和 np_i。阈值更新的计算如式（5-5）和式（5-6）所示：

$$pp_i = 0.3\times\alpha\times \max_i + 0.3\times \max_h + 0.4\times thr \tag{5-5}$$

$$np_i = 0.3\times\beta\times \min_i + 0.3\times \min_h + 0.4\times thr_{neg} \tag{5-6}$$

式中，max_i 和 min_i 分别为当前状态机获取的最大值和最小值，其系数α和β分别用于调整阈值容忍度。由于峰值阈值要小于最大值，因此$\alpha<1$；同样谷值阈值要大于最小值，因此$\beta>1$。max_h 和 min_h 为历史最值，用于数值平滑，防止较大的跳动；thr 和 thr_{neg} 作为阈值更新的基准。最值、历史最值以及基准值的权重分别为 0.3、0.3、0.4。

表 5-2　FSM 初始化参数

算法参数	thr	pp_i	np_i	thr_{neg}
对应 FSM 参数	Thr	Thr_{pp}	Thr_{np}	Thr_{neg}
初始值	10.3	10.4	9.3	9.4

代码 5-1 为阈值自学习的算法过程（省略部分为状态机运行过程），其输入为加速度幅值 acc，输出为阈值学习结果 pp_thr 和 np_thr。如图 5-13 所示，一般经过 10 步左右的更新，阈值即可达到较为稳定的状态，随后 FSM 进入计步状态。

代码 5-1：FSM 阈值学习过程

```
1.  input: acc
2.  output: pp_thr, np_thr
3.  begin:
4.    for acc_i in acc:
5.  ……
6.      if currentState == 2:
7.        save acc_i to max_array
```

```
8.          …
9.    ……
10.       if currentState == 4:
11.         save acc_i to min_array
12.         …
13.   ……
14.       if currentState == 7:
15.         max_i = max(max_array)
16.         min_i = min(min_array)
17.         update pp_i and np_i
18.         …
19.   end
```

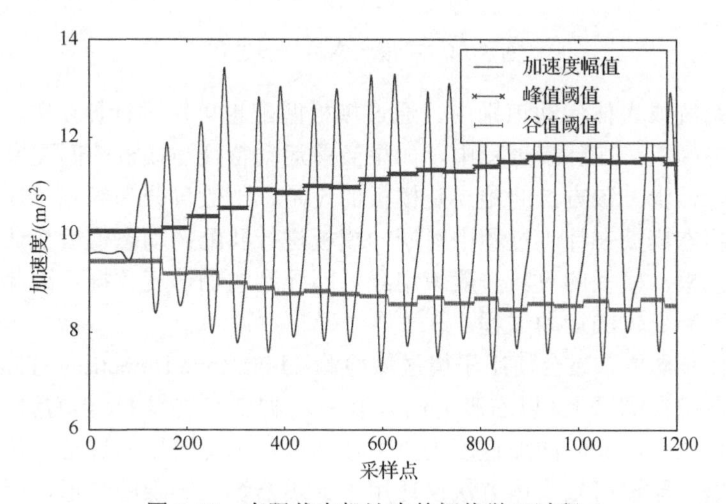

图 5-13　有限状态机计步的阈值学习过程

FSM 进入计步状态时，将状态机中的 PP_Thr 和 NP_Thr 分别设为自学习阶段的阈值学习结果 pp_thr 和 np_thr。此时只需要根据 FSM 中的状态转移条件进行状态判断即可。其计步过程与对应时刻 FSM 状态变化如图 5-14 所示。

4. 其他计步算法

使用陀螺仪也可以实现计步功能。在文献[8]中，作者将手机放置在下衣口袋，通过陀螺仪检测大腿摆动的角速度，其角速度变化曲线与加速度类似，也是正弦曲线，因此可以通过过零检测来进行计步。虽然从理论上来讲也是可以通过峰值检测来进行计步，但是角速度的峰值差异变化较大，因此在阈值设定上更加困难。

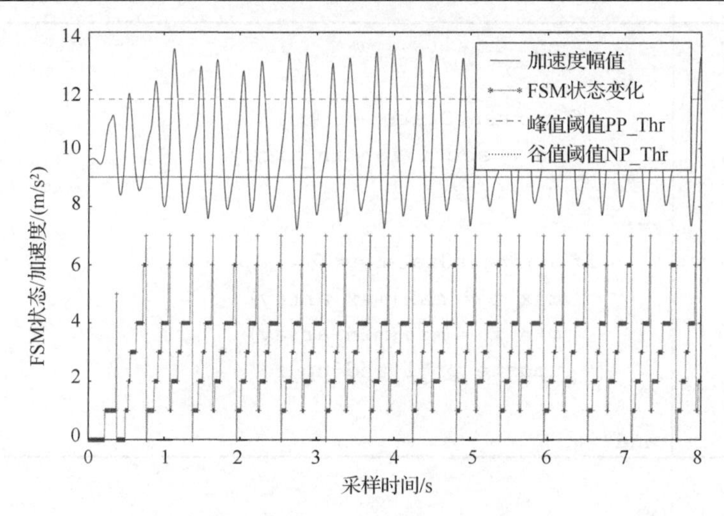

图 5-14　有限状态机计步过程

在定位系统或人体活动识别中，通过模板匹配也可以进行计步[9]。首先初始化一个运动步态模板，在计步过程中，如果当前运动特征与模板的匹配率高于设定的阈值，则进行计步。该方法的难点是模板的设定，一般可分为静态模板和动态模板两种方法。静态模板在计步过程中对同一模板进行匹配；动态模板在计步过程中不断更新参考模板，模板的更新一般使用最近匹配到的加速度数据，因此该方法能够较好地适应不断变化的运动过程。

在一些计步器中，还会使用平坦区域检测（Flat Zone Detection，FZD）算法[10]。首先将计步器绑在脚踝上（以右脚为例），在左右脚交替过程中，当右脚为支撑脚时，该脚处于静止状态，此时的加速度为重力加速度，因此可以通过检测该动作进行计步。但是由以上原理可知，该方法仅适用于计步器绑在脚踝的情形，而当加速度放置在任何其他位置时，在运动过程中一般是不会出现长时间静止状态，因此无法用于智能手机上来进行步态检测。

5.2.4　步长估计方法

通过合适的滤波处理和学习方法，目前计步算法的准确率一般可以达到 95%以上。然而在计算运动距离时，由于受到用户体格、步态习惯、运动环境、路况等因素的影响，步长估计仍难以达到满意的效果。常用的步长估计方法一般有常数模型、动态式模型以及神经网络模型等。

1. 常数模型

常数模型法是最简单的一种步长模型，通常使用固定值或者需要用户直接输入相关信息。在文献[11]中以身高作为步长参数，男性步长设为身高的 0.415 倍，对于女性则设为 0.413 倍。为了进一步提高步长的准确性，Moustafa 等[7]使用支持向量机对运动状态进行分类，并分别将步行、慢跑、跑步的步长设为 0.74m、1.01m、1.70m。

2. 动态式模型

动态步长模型根据实时的运动信息（一般是加速度数据）来计算每一步的步长。通过对步态的分析可知，步长的变化受运动幅度、步频、速度等因素的影响，因此在设计步长式时一般需要考虑这些参数。

一般来讲，运动幅度越大时，垂直加速度的变化范围越大，步长也越长，因此 Weinberg 等人[12]设计了如式（5-7）所示的步长模型，其中 $a_{\max}$、$a_{\min}$ 分别为单个步态中垂直加速度的最大值和最小值，k 为用户系数，与用户的步态习惯相关。

$$\text{step\_length} = k\sqrt[4]{a_{\max} - a_{\min}} \tag{5-7}$$

仅使用最值来确定步长具有一定的风险性，因此 Kim 等[13]设计了一种使用全部加速度数据来计算步长的模型，如式（5-8）所示，其中 N 为单个步态内的采样次数，a_i 为第 i 次垂直加速度采样，k 同样为用户系数。

$$\text{step\_length} = k\sqrt[3]{\frac{\sum_{i=1}^{N}|a_i|}{N}} \tag{5-8}$$

在文献[14]中，Scarlett 等则综合考虑了以上两种步态模型，设计了如式（5-9）所示步长估计方法，其参数与上述相同。

$$\text{step\_length} = k\frac{\dfrac{\sum_{i=1}^{N}|a_i|}{N} - a_{\min}}{a_{\max} - a_{\min}} \tag{5-9}$$

以上几种计步模型一般都需要计算每个步态内的垂直加速度，这样不仅需要固定手机方向，而且其计算量也较大。另一种可行的方案是使用步频来估计步长，其原理是基于以下观察：运动步频越大时，其步长一般越长。因此，如式（5-10）和式（5-11）所示的基本线性模型方法[15]得到了广泛的应用。

$$\text{step\_length} = af + b \tag{5-10}$$

$$\text{step\_length} = af + bv + c \tag{5-11}$$

式中，f 为步频；v 为加速度方差；a、b、c 均为用户系数。

线性拟合方法具有一定的局限性，为此，文献[16]提出了一种非线性拟合方法，如式（5-12）所示：

$$k_d = 1.5k_f^2 - 1.8475k_f + 1.3468 \tag{5-12}$$

式中，$k_d = d / d_n$，$k_f = f / f_n$，d_n和f_n分别为第n步的步长和步频。

在文献[17]中，Bylemans 等则是在观察了大量的测量结果以后，设计了一种更加精细的步长估计算法，其基本思想与前面几种方法相同，只是在计算方法上采取了更复杂的过程，如式（5-13）所示：

$$\text{step\_length} = 0.1 \times \sqrt[2.7]{\frac{\sum_{i=1}^{N} |a_i|}{N}} \sqrt{\frac{k}{\sqrt{\Delta t (a_{\max} - a_{\min})}}} \tag{5-13}$$

式中，Δt为单个步态的持续时间，反映的是步长信息，其他参数与前面相同。

3. 神经网络模型

虽然通过动态步长模型可以实时获得用户的步长，但模型中的用户参数一般是固定的经验值，且都是基于一定的假设，因此只有在正常步态模式下才能获得较好的估计结果。当用户在陌生环境或危险环境下，其运动步长可能发生较大的变化，因此需要一种能够进行信息反馈的模型来进一步调整步长的估计。

在文献[18]中，Cho 等在考虑步频、加速度方法以及路面状况等因素下，设计了如图 5-15 所示的用于步长估计的神经网络模型，其权重和偏置参数通过反向误差传播算法进行学习。神经网络的输入参数包括：

$$f(t_k) = 1 / (t_k - t_{k-1}) \tag{5-14}$$

$$\text{Var}(t_k) = \sum_{t=t_{k-1}}^{t_k} \frac{(a(t) - \overline{a}(t_k))^2}{n} \tag{5-15}$$

$$\theta(t_k) = \arcsin(\hat{a}(t_k) / g) \tag{5-16}$$

式中，$f(t_k)$为t_k时刻的步频；$\text{Var}(t_k)$为当前步态内的加速度方差；$\theta(t_k)$为路面的水平倾斜角度；t_k为检测到第k个步态的时间；$a(t)$为加速度数据；$\overline{a}(t_k)$为当前步态内加速度的均值；n为单个步态内的加速度采样次数。

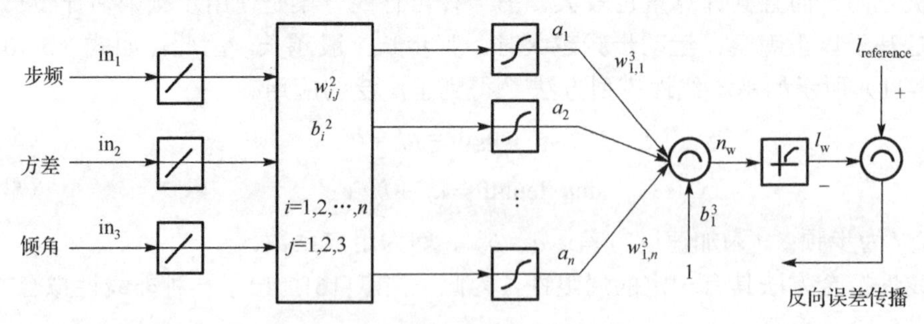

图 5-15　有限状态机计步过程

神经网络的训练是通过 GPS 信息来完成的。在 GPS 可用时，通过位置变化信息和计步结果来计算当前运动的平均步长，然后对神经网络的权重和偏置参数进行训练。这种方法不需要用户进行手动输入，并且能够及时地修正步长估计的准确性，但代价是需要 GPS 提供训练数据，且计算复杂度较高。

5.3　姿态解算与方向测量方法

在个人航位推算系统中，运动方向一般都是参考手机/传感器姿态信息获得的。手机测得的各种传感器数据一般都是在手机坐标系下的结果，需要进一步转化为在地理坐标系中的表示，才能准确表达人体的真实运动信息。因此，姿态解算对于航位推算的准确性具有重要意义。姿态是目标运动体在某一特定的坐标系下的空间位置信息的表示，一般用欧拉角来表示。使用 MEMS 传感器进行姿态解算最早被应用在航空航天领域中，用来确定飞机、导弹、卫星等飞行器的实时地理坐标信息。随着 MEMS 技术的发展，各种体积小、价格低的 MEMS 传感器被广泛地应用于消费类电子产品，如手机、笔记本、可穿戴产品以及 VR 设备等。

手机的姿态信息一般用欧拉角来表示，包括围绕 x 轴旋转的俯仰角（pitch）、围绕 y 轴旋转的翻滚角（roll）、围绕 z 轴旋转的偏航（yaw）。一方面，通过陀螺仪可以利用角速度积分获得姿态的相对变化信息；另一方面，通过加速度计和磁场传感器可以获得姿态的绝对信息。

5.3.1　基于加速度计和磁场传感器的方向估计测量方法

手机姿态角中的θ、ϕ可以通过加速度传感器来获得。当传感器处于静止状态时，加速度传感器输出与手机姿态的关系可以用式（5-17）来表示：

$$\begin{bmatrix} a_x \\ a_y \\ a_z \end{bmatrix} = g \begin{bmatrix} \sin\theta \\ -\cos\theta\sin\phi \\ -\cos\theta\cos\phi \end{bmatrix} \tag{5-17}$$

由此可得姿态角中的翻滚角及俯仰角，如式（5-18）所示：

$$\begin{cases} \phi = \arctan 2(a_y, a_z) \\ \theta = \arctan 2(-a_x, \sqrt{a_y^2 + a_z^2}) \end{cases} \tag{5-18}$$

需要注意的是，式（5-18）只有在传感器仅受重力加速度的情况下才成立[19]。此外，仅使用加速度传感器是无法获得姿态角中的偏航角的，此时需要用磁场传感器数据来进行计算。

磁场传感器的输出与姿态角的关系如式（5-19）所示：

$$\begin{bmatrix} m_x \\ m_y \\ m_z \end{bmatrix} = \begin{bmatrix} \cos\theta\cos\psi & \cos\theta\sin\psi & -\sin\psi \\ \sin\phi\sin\theta\cos\psi - \cos\theta\sin\psi & \sin\phi\sin\theta\sin\psi + \cos\theta\cos\psi & \sin\phi\cos\theta \\ \cos\phi\sin\theta\cos\psi + \sin\phi\sin\psi & \cos\phi\sin\theta\sin\psi - \sin\phi\cos\psi & \cos\phi\cos\theta \end{bmatrix} \begin{bmatrix} m_N \\ m_E \\ m_D \end{bmatrix} \tag{5-19}$$

式中，m_x、m_y、m_z 分别为磁场传感器在手机坐标系下的输出；m_N、m_E、m_D 分别为地理坐标系下的当地磁场强度。

由于磁场强度在地理坐标系中 Y 轴（东向）的分解量 m_E 为 0，因此上述式可简化为以下表述：

$$\begin{bmatrix} m_N\cos\psi \\ m_N\sin\psi \\ m_D \end{bmatrix} = \begin{bmatrix} \cos\theta & \sin\theta\sin\phi & \sin\theta\cos\phi \\ 0 & -\cos\phi & \sin\phi \\ -\sin\theta & \cos\theta\sin\phi & \cos\theta\cos\phi \end{bmatrix} \begin{bmatrix} m_x \\ m_y \\ m_z \end{bmatrix} \tag{5-20}$$

对上述式中的矩阵前两行求解，可得姿态角：

$$\psi = -\arctan 2(Y_h, X_h) \tag{5-21}$$

式中，$X_h = m_N\cos\psi$、$Y_h = m_N\sin\psi$ 分别为磁场强度在手机坐标系下的水平分量。

首先假设手机 y 轴的指向即目标运动方向。通过磁场/加速度传感器可以获得目标运动的绝对方向，但磁场传感器易受电磁干扰的影响，特别是在室内环境中存在大量软磁体和硬磁体。如图 5-16 所示，在干扰较小情况下，在发生运动转向时，可以通过磁场强度的变化（子图(a)）检测到方向的变化（子图(b)），发生转向的时刻可以通过陀螺仪的角速度（子图(c)）看出来。

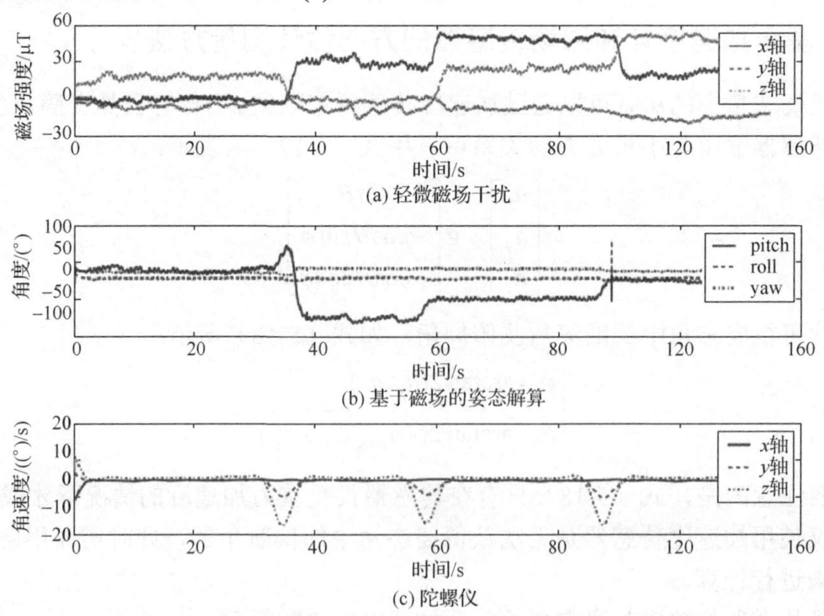

图 5-16　轻微磁场干扰条件下基于磁场传感器的方向估计

图 5-17 是在严重磁场干扰条件下的基于磁场传感器的方向估计结果。由陀螺仪的数据（子图(c)）可知，在运动过程中并未发生转向动作，但是由于周围环境磁场受到严重的干扰，导致基于磁场传感器的方向估计产生了剧烈的跳动（子图(b)）。这也是磁场传感器本身存在的缺点。

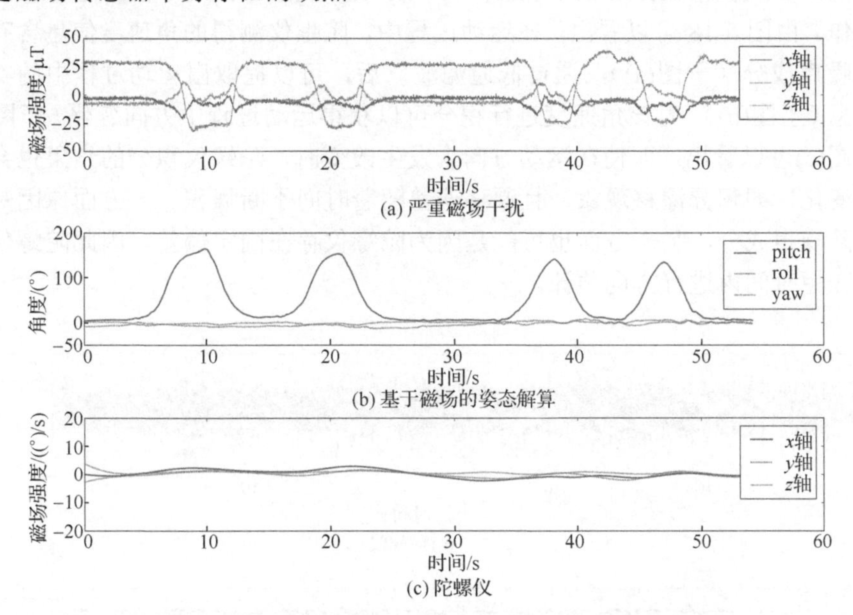

图 5-17　严重磁场干扰条件下基于磁场传感器的方向估计

5.3.2　基于陀螺仪的方向测量方法

陀螺仪在手机坐标系下的角速度输出与姿态角关系可由方向余弦矩阵（Direction Cosine Matrix，DCM）来表示，如式（5-22）所示：

$$\begin{bmatrix} \phi' \\ \theta' \\ \psi' \end{bmatrix} = \begin{bmatrix} 1 & \sin\phi\tan\theta & \cos\phi\tan\theta \\ 0 & \cos\phi & -\sin\phi \\ 0 & \dfrac{\sin\phi}{\cos\theta} & \dfrac{\cos\phi}{\cos\theta} \end{bmatrix} \begin{bmatrix} p \\ q \\ r \end{bmatrix} \tag{5-22}$$

式中，p、q、r 分别为陀螺仪在手机坐标系下的翻滚（roll）、俯仰（pitch）、偏航（yaw）角速度输出；ϕ、θ、ψ 分别为手机在地理坐标系下的翻滚角、俯仰角及偏航角。

通过对ϕ、θ、ψ进行积分即可更新当前的手机姿态信息，如式（5-23）所示：

$$\begin{bmatrix} \phi_t \\ \theta_t \\ \psi_t \end{bmatrix} = \begin{bmatrix} \phi_{t-1} \\ \theta_{t-1} \\ \psi_{t-1} \end{bmatrix} + \begin{bmatrix} \phi'_t \\ \theta'_t \\ \psi'_t \end{bmatrix} \Delta t \tag{5-23}$$

由以上叙述可知，该方法的优点是不受外界环境的影响，只与目标的运动过程相关。但是该方法面临两个主要问题：首先通过陀螺仪积分仅能获得目标运动的相对方向，需要使用磁场传感器或其他方法进行方向的初始化[20]。此外，由于受到噪声的影响，陀螺仪在积分过程中也会产生积分漂移现象，因此不能够进行长时间的积分操作。由图 5-18 可以看出，在运动过程中，陀螺仪测得的角速度信息含有大量的高频噪声成分（子图(a)），通过低通滤波以后，可以提取出运动过程中的实际角速度信息（子图(b)）。对该角速度进行积分可以获得运动过程中方向变化（子图(c)）。但由子图(c)可以看出，即使在运动方向未发生改变时，陀螺仪积分的结果也会发生缓慢的变化，即积分漂移现象，且漂移误差随着时间不断累积。一方面原因是未能完全去除噪声成分，另一方面也可能是因为陀螺仪存在固定偏差。因此陀螺仪积分仅能够在短时间内进行方向估计。

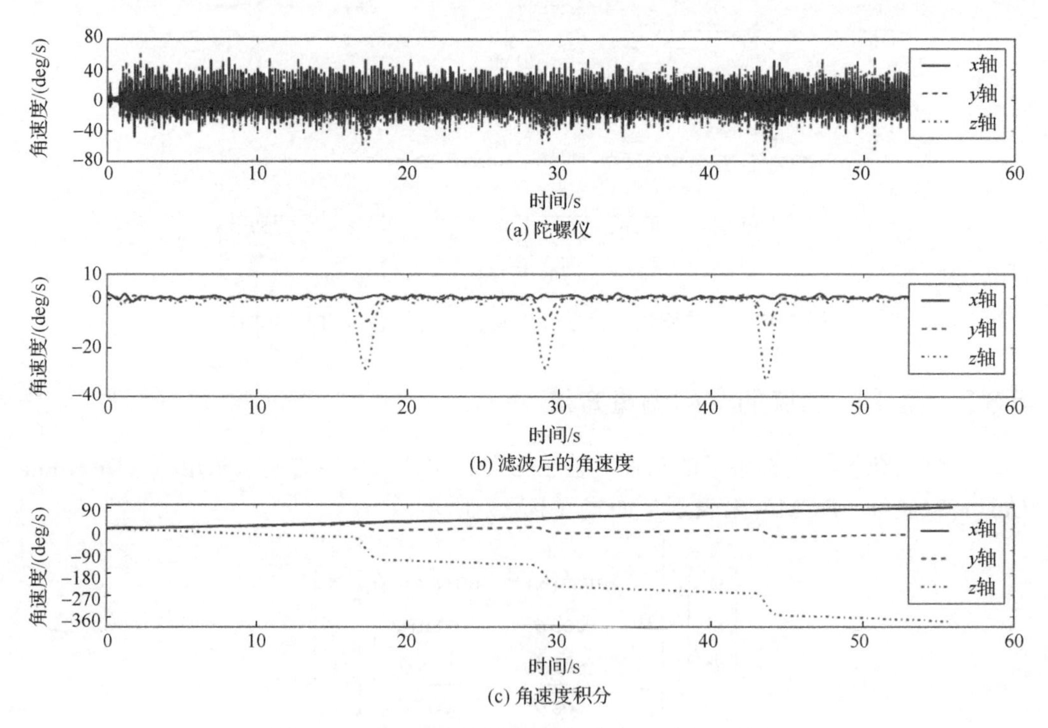

图 5-18　基于陀螺仪加速度积分的运动方向估计

5.3.3　基于 PCA 的方向测量方法

由图 5-4 和图 5-5 可知，人体在运动过程中伴随有前向、垂直以及侧向加速度的变化，且前向和垂直加速度的变化较为明显。基于 PCA 的方向测量方法主要是基于以下事实：运动加速度在水平面内变化最大的方向与目标运动方向平行[21]。因此，可以通过 PCA 对水平面内的线性加速度进行分析，并将第一特征向量（最大特征值对应的特征向量）作为运动轴。采用 PCA 进行方向测量不需固定手机的姿态，同时避免了基于磁场传感器方法中的方向偏差问题。但是，使用 PCA 进行方向测量需要对一定窗口长度的线性加速度进行分析，因此在发生转弯动作时存在一定的延迟和误差。此外还存在 180° 模糊问题，即需要进一步判断实际运动方向与特征向量方向相同或是相反。

1. 数据预处理

首先使用低通滤波对加速度数据进行预处理。不同于一般方法中所用的固定窗口 PCA（Fixed-window PCA，FW-PCA），本书使用动态窗口 PCA（Dynamic-window PCA，DW-PCA）方法。采用这种动态的窗口长度可以保证对每个步态进行独立的方向分析，不仅提高了方向测量的准确性，且可以最小化测量时延，在个人航位推算系统中实现几乎实时的位置更新。此外，PCA 分析的加速度数据应是世界坐标系中的加速度数值，因此还需要对手机坐标系下的加速度数据进行坐标变换。其变换后的加速度数据如图 5-19(b)所示，可以看出，在前半段时间内，X 轴（东西方向）的加速度较为明显；而到后半段时间时，Y 轴（南北方向）上的加速度较为明显。至此，已经初步地了解到目标的运动方向了。

2. PCA 分析

PCA 方法可主要分为 PCA2d 和 PCA3d，其中 PCA2d 方法首先将地理坐标系中的线性加速度投影到水平面，然后对二维的线性加速度进行 PCA 分析，并选取第一特征向量作为目标的运动轴；而 PCA3d 是先对三维地理坐标系中的线性加速度进行 PCA 分析。由于难以确定第一特征向量是垂直运动方向还是前向运动方向，因此在 PCA3d 中一般选择第三特征向量作为侧向运动轴，并将其垂直向量作为前向运动轴。图 5-19(c)是经过 PCA2d 处理后的方向估计结果。

3. 180°模糊问题

由前述 PCA 原理可知，通过 PCA 方法仅能够分析出前向运动轴，但并不知道实际运动方向在运动轴上的方向，即 180°模糊问题。这里通过分析 PCA 处理后的前向加速度特征来解决该问题。

由图 5-20 的运动步态模型可知，单个步态周期内的前向加速度具有先减小再增加的变化趋势。因此，如果 PCA 分析后的前向加速度是先减小再增加的，那么该特征向量的方向即目标运动方向；否则，特征向量的反向量为运动方向。基于这种现象，可以通过判断 PCA 处理后的前向加速度曲线的凹凸性来解决 180°模糊问题。如图 5-20 所示，曲线为每个步态内进行 PCA 分析后的前向加速度变化，实际运动方向如图中实线向量所示；PCA 分析的特征向量为虚线向量；根据前向加速度的凹凸性可以得到实际测量方向，如点线向量所示。

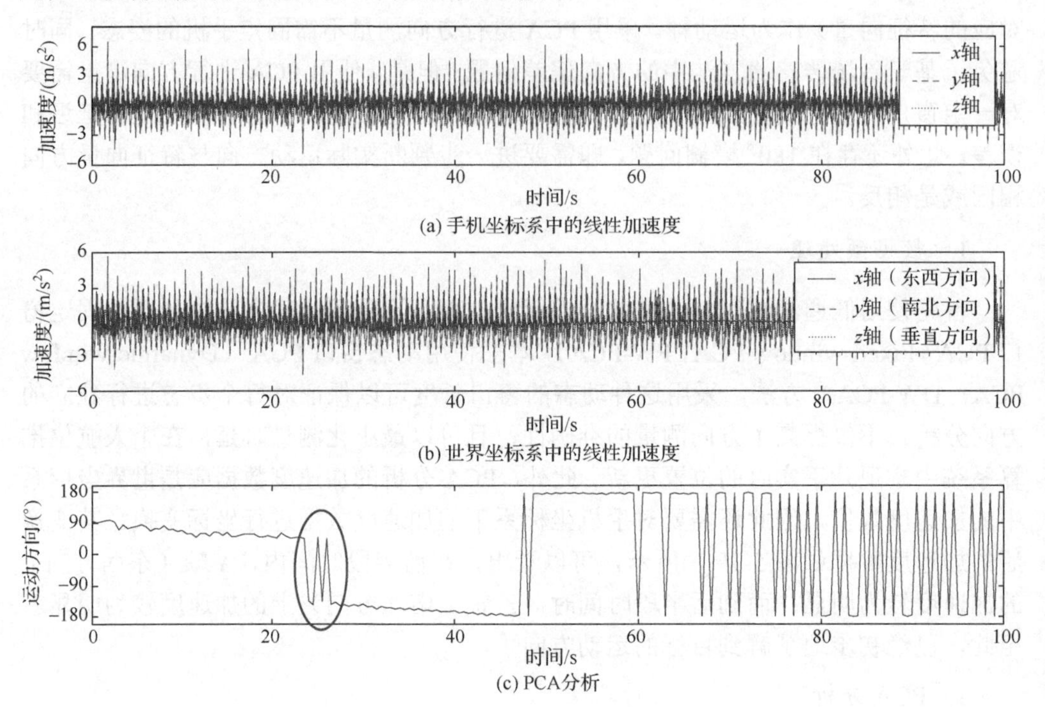

图 5-19　PCA 分析运动方向

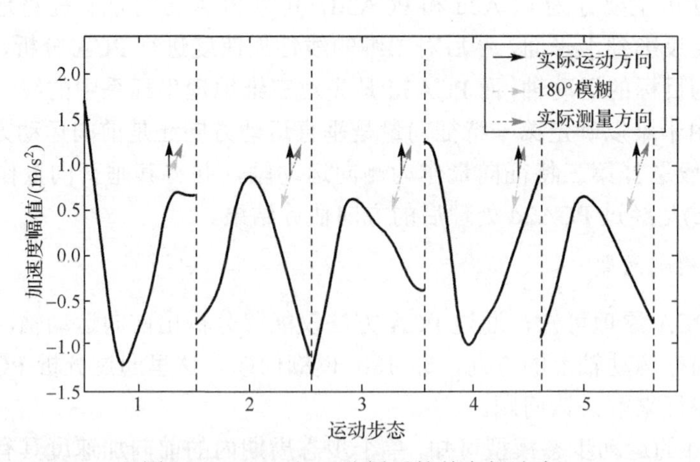

图 5-20　DW-PCA 分析后的前向加速度

经过 180°模糊处理的方向结果如图 5-21 所示，其中子图(a)中椭圆标记的区域在经过 PCA 处理后出现了严重的 180°模糊错误（实际运动方向为−90°至−180°）；而经过上述模糊处理方法矫正以后，该区域的方向与实际方向相符。需要注意的是，后半段的 360°跳变（–180°到 180°）属于正常现象，因为在定义方向时正南方为±180°。

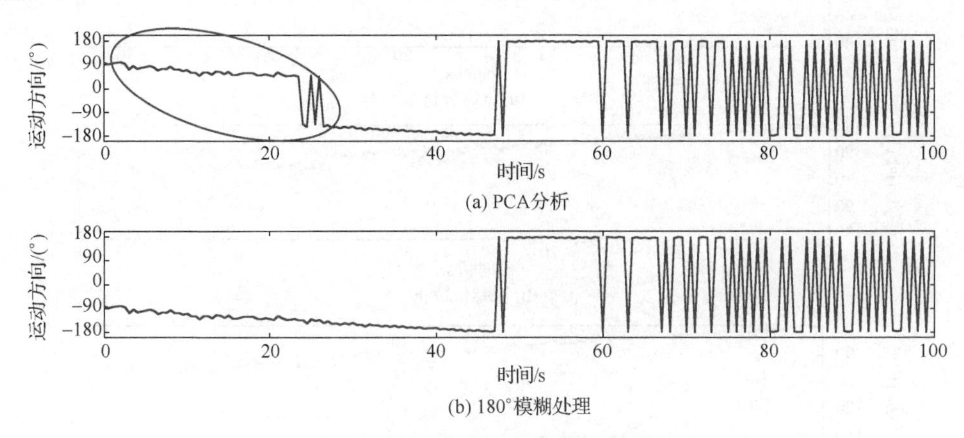

(a) PCA分析

(b) 180°模糊处理

图 5-21　PCA 中 180° 模糊处理

4. 进一步处理

虽然可以通过上述方法对 180°模糊进行有效的识别，但并不能 100%正确地判断实际运动方向，且 PCA 方法受手机抖动的影响而存在一定的误差。因此，在相邻方向结果发生较大变化时，可以通过使用当前步态内的陀螺仪积分对其结果做进一步检验和校正。如图 5-22 所示，子图(a)中的椭圆区域出现了一次较大角度的变化，此时通过对角速度积分可以知道，当时并没有发生运动方向的变化，因此可以判断这是一次抖动引起的方向偏差。

另外，由于在 PCA 分析中使用的是独立步态内的线性加速度，相邻两个步态的测量结果与实际方向具有相反的偏差，这主要是由于左右脚交替运动和手机位置的不对称性引起的。因此在实际测量中，取相邻两次测量结果作为运动方向可以提高检测的准确性。如图 5-22(b)中的椭圆标记位置，其运动方向估计结果呈现明显的锯齿状，这主要是由于左右步态交替引起的。进行相邻步态互补以后，可以得到更加平滑的方向估计结果，如子图(c)所示。

总结以上数据处理过程，基于动态窗口 PCA 的方向测量方法如代码 5-2 所示。其中 acc_win 为 FSM 分割的单步线性加速度；gyro 和 vect_rot 分别为陀螺仪角速度和手机旋转向量；conv()函数用于将手机坐标系中的传感器数据转换到世界坐标系；pca()为主成分分析函数；ambiguity()函数用于解决 180°模糊问题；integral()为积分函数。由于左右脚交替运动过程中的方向差异一般不超过 30°，因此在相邻方向变化大于 30°时，使用陀螺仪积分对测量结果进行检验和校正，最后对相邻步态的数据进行数值融合。

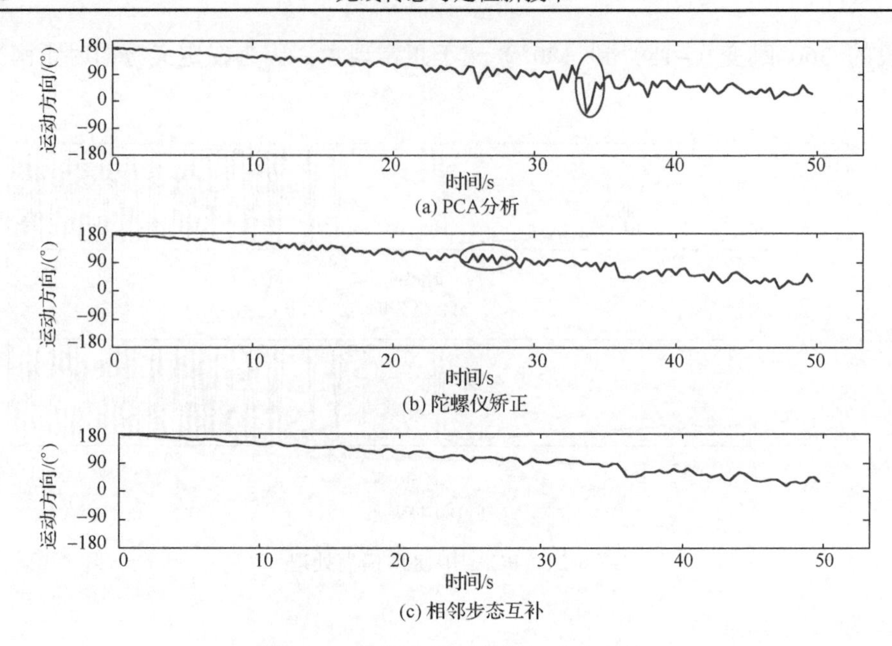

图 5-22　陀螺仪矫正与相邻步态互补

代码 5-2：DW-PCA 方向估计算法

```
1.  input = acc_win, gyro, vect_rot
2.  output = heading
3.  Begin:
4.    for acc_win_i in acc_win:
5.      acc_enu_i = conv (acc_win_i, vect_rot)
6.      acc_pcaed_i, eigvector_i= pca (acc_enu_i)
7.      heading_i = ambiguity (acc_pcaed_i, eigvector_i)
8.      if abs (heading_i - heading_i-1) > 30:
9.        gyro_enu_i = conv (gyro, vect_rot)
10.       gyro_step_i = integral (gyro_enu_i)
11.       if gyro_step_i> 30:
12.         heading_i = heading_i-1 + gyro_step_i
13.     heading_i = (heading_i-1 + heading_i)/2
14. End
```

5.3.4　多传感器数据融合方法

在姿态解算系统中，常用的数据融合方法主要有高斯-牛顿法（Gauss-Newton）和梯度下降法。高斯-牛顿法是一种非线性最小二乘最优化方法，其利用了目标函数的泰勒展开式把非线性函数的最小二乘化问题化为每次迭代的线性函数的最小二乘化问题。

我们知道，对于一个确定的向量 $\boldsymbol{a}$，用不同的坐标系表示时，它所表示的大小和方向一定是相同的。但是由于这两个坐标系的转换矩阵存在误差，那么当一个向量经过有误差存在的旋转矩阵变换后，在另一个坐标系中肯定和理论值是有偏差的。因此通过这个偏差来修正这个旋转矩阵。

假设坐标系间的旋转四元数为 ${}_{\mathrm{E}}^{\mathrm{S}}\hat{\boldsymbol{q}}$，在地理坐标系中预定义一个场方向 ${}^{\mathrm{E}}\hat{\boldsymbol{d}}$，该场在手机坐标系中测得的方向为 ${}^{\mathrm{S}}\hat{\boldsymbol{s}}$。姿态结算的目的就是最小化该误差（式 5-24），该误差可以根据式（5-25）计算得出，其中 ${}_{\mathrm{E}}^{\mathrm{S}}\hat{\boldsymbol{q}}=[q_1\quad q_2\quad q_3\quad q_4]$，${}^{\mathrm{E}}\hat{\boldsymbol{d}}=[0\quad d_x\quad d_y\quad d_z]$，${}^{\mathrm{S}}\hat{\boldsymbol{s}}=[0\quad s_x\quad s_y\quad s_z]$。

$$\min_{{}_{\mathrm{E}}^{\mathrm{S}}\hat{q}\in R^4} \boldsymbol{f}({}_{\mathrm{E}}^{\mathrm{S}}\hat{\boldsymbol{q}}, {}^{\mathrm{E}}\hat{\boldsymbol{d}}, {}^{\mathrm{S}}\hat{\boldsymbol{s}}) \tag{5-24}$$

$$\boldsymbol{f}({}_{\mathrm{E}}^{\mathrm{S}}\hat{\boldsymbol{q}}, {}^{\mathrm{E}}\hat{\boldsymbol{d}}, {}^{\mathrm{S}}\hat{\boldsymbol{s}}) = {}_{\mathrm{E}}^{\mathrm{S}}\hat{\boldsymbol{q}}^* \otimes {}^{\mathrm{E}}\hat{\boldsymbol{d}} \otimes {}_{\mathrm{E}}^{\mathrm{S}}\hat{\boldsymbol{q}} - {}^{\mathrm{S}}\hat{\boldsymbol{s}} \tag{5-25}$$

首先将 $\boldsymbol{f}({}_{\mathrm{E}}^{\mathrm{S}}\hat{\boldsymbol{q}}, {}^{\mathrm{E}}\hat{\boldsymbol{d}}, {}^{\mathrm{S}}\hat{\boldsymbol{s}})$ 整理可得式（5-26），对该函数进行求导可得其雅可比矩阵，如式（5-27）所示：

$$\boldsymbol{f}({}_{\mathrm{E}}^{\mathrm{S}}\hat{\boldsymbol{q}}, {}^{\mathrm{E}}\hat{\boldsymbol{d}}, {}^{\mathrm{S}}\hat{\boldsymbol{s}}) = \begin{bmatrix} 2d_x\left(\frac{1}{2}-q_3^2-q_4^2\right)+2d_y(q_1q_4+q_2q_3)+2d_z(q_2q_4-q_1q_3)-s_x \\ 2d_x(q_2q_3-q_1q_4)+2d_y\left(\frac{1}{2}-q_2^2-q_4^2\right)+2d_z(q_1q_2+q_3q_4)-s_y \\ 2d_x(q_1q_3+q_2q_4)+2d_y(q_3q_4-q_1q_2)+2d_z\left(\frac{1}{2}-q_2^2-q_3^2\right)-s_z \end{bmatrix} \tag{5-26}$$

$$J({}_{\mathrm{E}}^{\mathrm{S}}\hat{\boldsymbol{q}}, {}^{\mathrm{E}}\hat{\boldsymbol{d}}) = \begin{bmatrix} \frac{\partial f_x}{\partial q_1} & \frac{\partial f_x}{\partial q_2} & \frac{\partial f_x}{\partial q_3} & \frac{\partial f_x}{\partial q_4} \\ \frac{\partial f_y}{\partial q_1} & \frac{\partial f_y}{\partial q_2} & \frac{\partial f_y}{\partial q_3} & \frac{\partial f_y}{\partial q_4} \\ \frac{\partial f_z}{\partial q_1} & \frac{\partial f_z}{\partial q_2} & \frac{\partial f_z}{\partial q_3} & \frac{\partial f_z}{\partial q_4} \end{bmatrix}$$
$$= \begin{bmatrix} 2d_yq_4-2d_zq_3 & 2d_yq_3+2d_zq_4 & -4d_xq_3+2d_yq_2-2d_zq_1 & -4d_xq_4+2d_yq_1+2d_zq_2 \\ -2d_xq_4+2d_zq_2 & 2d_xq_3-4d_yq_2+2d_zq_1 & 2d_xq_2+2d_zq_4 & -2d_xq_1-4d_yq_4+2d_zq_3 \\ 2d_xq_3-2d_yq_2 & 2d_xq_4-2d_yq_1-4d_zq_2 & 2d_xq_1+2d_yq_4-4d_zq_3 & 2d_xq_2+2d_yq_3 \end{bmatrix} \tag{5-27}$$

注意，式（5-27）中的自变量四元数为行向量，因变量三维向量是列向量，然后通过初始旋转四元数 ${}_{\mathrm{E}}^{\mathrm{S}}\hat{\boldsymbol{q}}_0$ 和步长 μ，由梯度下降法可以根据式（5-28）递推地求旋转四元数。

$${}_{\mathrm{E}}^{\mathrm{S}}\hat{\boldsymbol{q}}_{k+1} = {}_{\mathrm{E}}^{\mathrm{S}}\hat{\boldsymbol{q}}_k - \mu\frac{\nabla\boldsymbol{f}({}_{\mathrm{E}}^{\mathrm{S}}\hat{\boldsymbol{q}}, {}^{\mathrm{E}}\hat{\boldsymbol{d}}, {}^{\mathrm{S}}\hat{\boldsymbol{s}})}{\left\|\nabla\boldsymbol{f}({}_{\mathrm{E}}^{\mathrm{S}}\hat{\boldsymbol{q}}, {}^{\mathrm{E}}\hat{\boldsymbol{d}}, {}^{\mathrm{S}}\hat{\boldsymbol{s}})\right\|},\quad k=0,1,2,\cdots,n \tag{5-28}$$

式中，$\nabla \boldsymbol{f}({}_{\mathrm{E}}^{\mathrm{S}}\hat{\boldsymbol{q}}, {}^{\mathrm{E}}\hat{\boldsymbol{d}}, {}^{\mathrm{S}}\hat{\boldsymbol{s}}) = J^{\mathrm{T}}({}_{\mathrm{E}}^{\mathrm{S}}\hat{\boldsymbol{q}}, {}^{\mathrm{E}}\hat{\boldsymbol{d}}) \boldsymbol{f}({}_{\mathrm{E}}^{\mathrm{S}}\hat{\boldsymbol{q}}, {}^{\mathrm{E}}\hat{\boldsymbol{d}}, {}^{\mathrm{S}}\hat{\boldsymbol{s}})$。

在重力场中，地理坐标系中的重力加速度为 ${}^{\mathrm{E}}\hat{\boldsymbol{g}} = [0 \quad 0 \quad 0 \quad 1]$，手机坐标系中测得的加速度值为 ${}^{\mathrm{S}}\hat{\boldsymbol{a}} = [0 \quad a_x \quad a_y \quad a_z]$，则上述式（5-26）和（5-27）可简化为如下式：

$$\boldsymbol{f}_{\mathrm{g}}({}_{\mathrm{E}}^{\mathrm{S}}\hat{\boldsymbol{q}}, {}^{\mathrm{S}}\hat{\boldsymbol{a}}) = \begin{bmatrix} 2(q_2 q_4 - q_1 q_3) - a_x \\ 2(q_1 q_2 + q_3 q_4) - a_y \\ 2\left(\dfrac{1}{2} - q_2^2 - q_3^2\right) - a_x \end{bmatrix} \tag{5-29}$$

$$J_{\mathrm{g}}({}_{\mathrm{E}}^{\mathrm{S}}\hat{\boldsymbol{q}}) = \begin{bmatrix} -2q_3 & 2q_4 & -2q_1 & 2q_2 \\ 2q_2 & 2q_1 & 2q_4 & 2q_3 \\ 0 & -4q_2 & -4q_3 & 0 \end{bmatrix} \tag{5-30}$$

在磁场中，地理坐标系中的磁场强度为 ${}^{\mathrm{E}}\hat{\boldsymbol{b}} = [0 \quad b_x \quad 0 \quad b_z]$，手机坐标系中测得的磁场强度值为 ${}^{\mathrm{S}}\hat{\boldsymbol{m}} = [0 \quad m_x \quad m_y \quad m_z]$，则上述式（5-29）和式（5-30）可简化为如下式：

$$\boldsymbol{f}_{\mathrm{b}}({}_{\mathrm{E}}^{\mathrm{S}}\hat{\boldsymbol{q}}, {}^{\mathrm{E}}\hat{\boldsymbol{b}}, {}^{\mathrm{S}}\hat{\boldsymbol{m}}) = \begin{bmatrix} 2b_x\left(\dfrac{1}{2} - q_3^2 - q_4^2\right) + 2b_z(q_2 q_4 - q_1 q_3) - m_x \\ 2b_x(q_2 q_3 - q_1 q_4) + 2b_z(q_1 q_2 + q_3 q_4) - m_y \\ 2b_x(q_1 q_3 + q_2 q_4) + 2b_z\left(\dfrac{1}{2} - q_2^2 - q_3^2\right) - m_z \end{bmatrix} \tag{5-31}$$

$$J_{\mathrm{b}}({}_{\mathrm{E}}^{\mathrm{S}}\hat{\boldsymbol{q}}, {}^{\mathrm{E}}\hat{\boldsymbol{b}}) = \begin{bmatrix} -2b_z q_3 & 2b_z q_4 & -4b_x q_3 - 2b_z q_1 & -4b_x q_4 + 2b_z q_2 \\ -2b_x q_4 + 2b_z q_2 & 2b_x q_3 + 2b_z q_1 & 2b_x q_2 + 2b_z q_4 & -2b_x q_1 + 2b_z q_3 \\ -2b_x q_3 & 2b_x q_4 - 4b_z q_2 & 2b_x q_1 - 4b_z q_3 & 2b_x q_2 \end{bmatrix} \tag{5-32}$$

仅通过重力场或磁场是无法获得姿态的唯一解的，因此需要通过式（5-33）和式（5-34）对重力场和磁场进行合并。

$$\boldsymbol{f}_{\mathrm{g,b}}({}_{\mathrm{E}}^{\mathrm{S}}\hat{\boldsymbol{q}}, {}^{\mathrm{S}}\hat{\boldsymbol{a}}, {}^{\mathrm{E}}\hat{\boldsymbol{b}}, {}^{\mathrm{S}}\hat{\boldsymbol{m}}) = \begin{bmatrix} \boldsymbol{f}_{\mathrm{g}}({}_{\mathrm{E}}^{\mathrm{S}}\hat{\boldsymbol{q}}, {}^{\mathrm{S}}\hat{\boldsymbol{a}}) \\ \boldsymbol{f}_{\mathrm{b}}({}_{\mathrm{E}}^{\mathrm{S}}\hat{\boldsymbol{q}}, {}^{\mathrm{E}}\hat{\boldsymbol{b}}, {}^{\mathrm{S}}\hat{\boldsymbol{m}}) \end{bmatrix} \tag{5-33}$$

$$J_{\mathrm{g,b}}({}_{\mathrm{E}}^{\mathrm{S}}\hat{\boldsymbol{q}}, {}^{\mathrm{E}}\hat{\boldsymbol{b}}) = \begin{bmatrix} J_{\mathrm{g}}^{\mathrm{T}}({}_{\mathrm{E}}^{\mathrm{S}}\hat{\boldsymbol{q}}) \\ J_{\mathrm{b}}^{\mathrm{T}}({}_{\mathrm{E}}^{\mathrm{S}}\hat{\boldsymbol{q}}, {}^{\mathrm{E}}\hat{\boldsymbol{b}}) \end{bmatrix} \tag{5-34}$$

使用传统方法进行姿态优化时需要根据式（5-34）进行多次迭代，且每次迭代需要调整步长μ到最优值以提高算法速度和精度，因此将极大地增加计算复杂度。而在姿态结算过程中，如果收敛速度不小于姿态变化的速度，那么只需要对每次采样进行一次迭代即可。如式（5-35）所示，当前的姿态估计为${}^{\mathrm{S}}_{\mathrm{E}}\boldsymbol{q}_{\nabla,t}$，前一时刻的姿态估计为${}^{\mathrm{S}}_{\mathrm{E}}\hat{\boldsymbol{q}}_{\mathrm{est},t-1}$，目标函数梯度$\nabla \boldsymbol{f}$可根据所使用的传感器类型依照式（5-36）进行选择。

$$
{}^{\mathrm{S}}_{\mathrm{E}}\boldsymbol{q}_{\nabla,t} = {}^{\mathrm{S}}_{\mathrm{E}}\hat{\boldsymbol{q}}_{\mathrm{est},t-1} - \mu_t \frac{\nabla \boldsymbol{f}}{\|\nabla \boldsymbol{f}\|} \tag{5-35}
$$

$$
\nabla \boldsymbol{f} = \begin{cases} \boldsymbol{J}_{\mathrm{g}}^{\mathrm{T}}({}^{\mathrm{S}}_{\mathrm{E}}\hat{\boldsymbol{q}}_{\mathrm{est},t-1})\boldsymbol{f}_{\mathrm{g}}({}^{\mathrm{S}}_{\mathrm{E}}\hat{\boldsymbol{q}}_{\mathrm{est},t-1}, {}^{\mathrm{S}}\hat{\boldsymbol{a}}_t) \\ \boldsymbol{J}_{\mathrm{g,b}}^{\mathrm{T}}({}^{\mathrm{S}}_{\mathrm{E}}\hat{\boldsymbol{q}}_{\mathrm{est},t-1}, {}^{\mathrm{E}}\hat{\boldsymbol{b}})\boldsymbol{f}_{\mathrm{g,b}}({}^{\mathrm{S}}_{\mathrm{E}}\hat{\boldsymbol{q}}_{\mathrm{est},t-1}, {}^{\mathrm{S}}\hat{\boldsymbol{a}}_t, {}^{\mathrm{E}}\hat{\boldsymbol{b}}, {}^{\mathrm{S}}\hat{\boldsymbol{m}}_t) \end{cases} \tag{5-36}
$$

式中，$\mu_t = \alpha \left\| {}^{\mathrm{S}}_{\mathrm{E}}\boldsymbol{q}_{\omega,t} \right\| \Delta t, \alpha > 1$。

通过以上计算可以获得根据陀螺仪得到的姿态估计${}^{\mathrm{S}}_{\mathrm{E}}\boldsymbol{q}_{\omega,t}$以及根据加速度计/磁场传感器得到的姿态估计${}^{\mathrm{S}}_{\mathrm{E}}\boldsymbol{q}_{\nabla,t}$，然后通过互补滤波器可以对两个姿态估计进行数据融合，以获得新的姿态估计${}^{\mathrm{S}}_{\mathrm{E}}\boldsymbol{q}_{\mathrm{est},t}$，如式（5-37）所示：

$$
{}^{\mathrm{S}}_{\mathrm{E}}\boldsymbol{q}_{\mathrm{est},t} = \gamma_t \, {}^{\mathrm{S}}_{\mathrm{E}}\boldsymbol{q}_{\nabla,t} + (1-\gamma_t)\, {}^{\mathrm{S}}_{\mathrm{E}}\boldsymbol{q}_{\omega,t}, 0 \leqslant \gamma_t \leqslant 1 \tag{5-37}
$$

在实际计算过程中，还需对磁场干扰和陀螺仪漂移进行补偿。文献[22]给出了一种基于梯度下降法的姿态估计流程，如图 5-23 所示，其中 Group1 和 Group2 分别为磁场干扰补偿和陀螺仪漂移补偿过程。

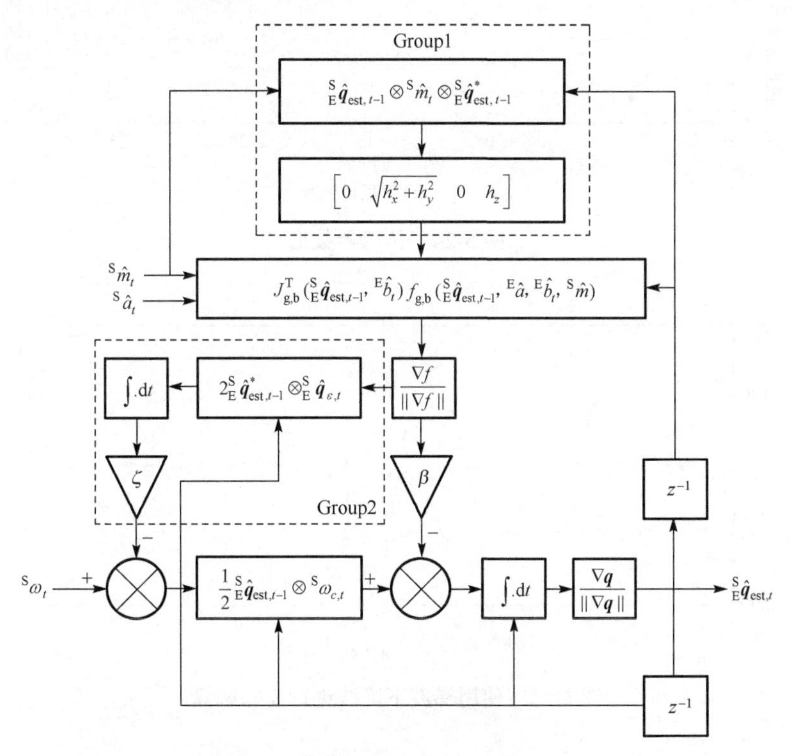

图 5-23　姿态结算中的数据融合过程

图 5-24 为运动过程中采集得到的加速度、陀螺仪以及磁场传感器数据，其中对陀螺仪数据进行了漂移补偿，并对磁场传感器进行硬磁铁干扰补偿。图 5-25 为通过梯度下降法进行姿态解算的结果，其方向均以欧拉角进行描述，且角度变化范围为 –180°～180°。

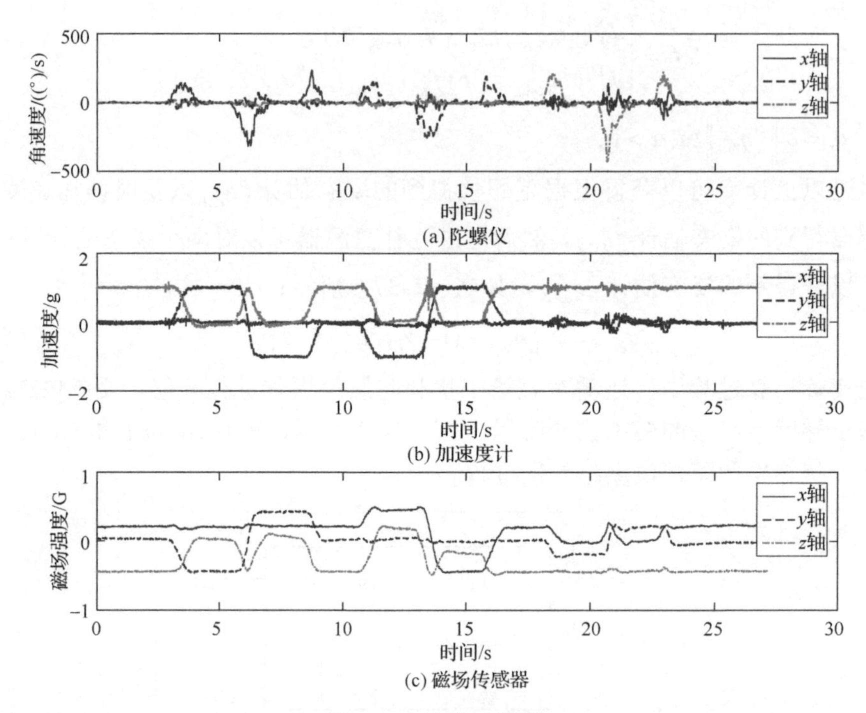

图 5-24　传感器数据

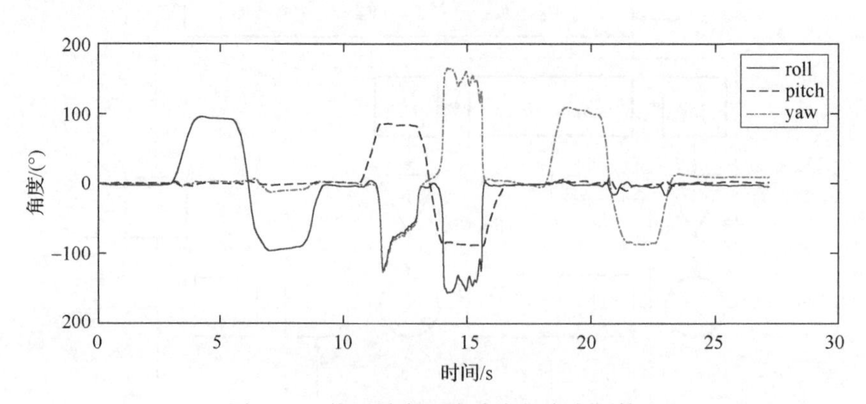

图 5-25　使用梯度下降法进行姿态解算

5.4 基于航位推算的室内定位方法及其扩展

5.4.1 个人航位推算原理

航位推算是在知道当前时刻位置的条件下，通过测量移动的距离和方位，推算下一时刻位置的方法。航位推算算法最初用于车辆、船舶等的航行定位中，所使用的加速度计、磁罗盘、陀螺仪成本高、尺寸大。随着微机电系统技术的发展，加速度计、数字罗盘、陀螺仪尺寸、重量、成本都大大降低，使航位推算可以在行人导航中得以应用。航位推算过程如图 5-26 所示。在定位过程中，已知上一时刻的位置（x_i , y_i），且已知当前时刻运动的距离 d 和方向 θ，则根据式（5-38）可以推算出当前时刻的位置（x_j , y_j）。

$$\begin{cases} x_j = x_i + d\cos\theta \\ y_j = y_i + d\sin\theta \end{cases} \tag{5-38}$$

在个人航位推算系统中，由本章 5.2 节的相关方法与理论，距离的测量可以由步数与步长获得；由 5.3 节相关知识可以解决运动过程中的方向题。无论是计步、步长估计还是方向测量，都有一定的误差和干扰，因此航位推算过程中存在误差累积问题，即估算位置的误差范围越来越大。为了避免误差累积带来的问题，可以通过位置指纹法进行间歇性地位置矫正。

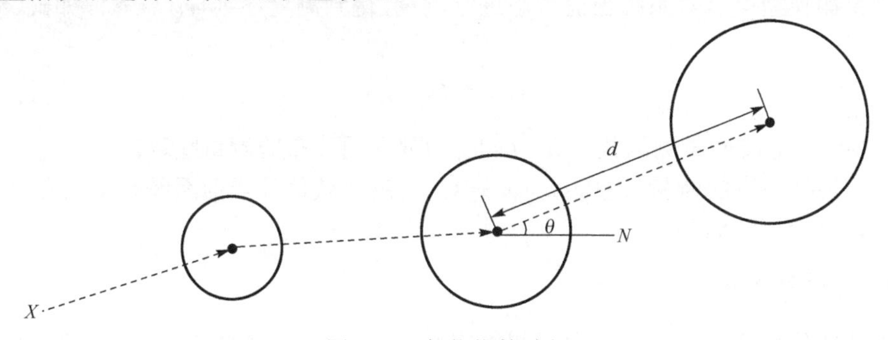

图 5-26　航位推算过程

5.4.2 粒子滤波与航位推算

粒子滤波（Particle Filter，PF），又称为序贯蒙特卡罗（Sequential Monte Carlo，SMC）方法，是一种基于蒙特卡罗方法的贝叶斯滤波技术。粒子滤波的基本原理是寻找一组在状态空间传播的随机粒子（样本）描述系统的状态，通过蒙特卡罗方法处理贝叶斯估计中的积分运算，从而得到系统状态的最小均方差估计，当粒子数量趋于无穷时可以逼近服从任意概率分布的系统状态。与其他滤波技术相比，粒子滤波不需要对系统状态做任何先验性假设，原则上可应用于任何能用状态空间模型描述的随机系统。

粒子滤波的思想最早出现于 20 世纪 50 年代，被用于处理统计学和理论物理领域中的状态估计。20 世纪 60 年代末，粒子滤波在自动控制领域得到了应用，并于 70 年代得到了一定的发展。但是历史上有两个问题限制了粒子滤波的进一步发展：第一个问题是粒子滤波的计算量很大，这对于当时的计算水平是一个很大的挑战；另一个问题是粒子退化现象，导致计算资源的浪费和计算结果的偏差。后一个问题直到 1993 年 Gordon 等在提出自举滤波（Bootstrap Filter，BF）算法时通过引入重采样步骤才得到有效解决，随后随着半导体技术的发展，计算资源的性价比越来越高，粒子滤波又逐渐成为科学、工程和金融领域中重点关注的技术。目前，粒子滤波已在数字通信、金融领域数据分析、统计学、图像处理、计算机视觉、自适应估计、语音信号处理、机器学习等领域展开应用研究。

1. 研究对象

首先采用动态空间模型（Dynamic State Space Model，DSSM）来描述定位问题。系统状态序列$\{\boldsymbol{x}_k, k\in\mathbf{N}\}$由状态转移模型生成，如式（5-39）所示：

$$\boldsymbol{x}_k = \boldsymbol{f}_k(\boldsymbol{x}_{k-1}, \boldsymbol{\omega}_{k-1}) \tag{5-39}$$

式中，$\boldsymbol{f}_k(\cdot)$为非线性状态转移函数；$\{\boldsymbol{\omega}_{k-1}, k\in\mathbf{N}\}$为独立同分布的过程噪声。

由量测模型可以对系统当前状态进行测量，得到测量序列$\{\boldsymbol{y}_k, k\in\mathbf{N}\}$，如式（5-40）所示：

$$\boldsymbol{y}_k = \boldsymbol{h}_k(\boldsymbol{x}_k, \boldsymbol{\upsilon}_k) \tag{5-40}$$

式中，$\boldsymbol{h}_k(\cdot)$为非线性量测函数；$\{\boldsymbol{v}_k, k\in\mathbf{N}\}$为独立同分布的测量噪声。

如何根据所有的测量信息$\boldsymbol{y}_{1:k}=\{\boldsymbol{y}_i, i=1, \cdots, k\}$有效估计当前系统状态$\boldsymbol{x}_k$是一般滤波方法需要解决的问题。

2. 贝叶斯估计

贝叶斯估计理论的目标是根据测量序列$\{\boldsymbol{y}_k, k\in\mathbf{N}\}$计算系统状态 $\boldsymbol{x}_k$ 的后验概率密度函数 $p(\boldsymbol{x}_k \mid \boldsymbol{y}_{1:k})$。首先假设初始的概率密度函数 $p(\boldsymbol{x}_0)$ 是已知的，则可以递归地计算当前后验概率密度函数 $p(\boldsymbol{x}_k \mid \boldsymbol{y}_{1:k})$。其过程可分为两步：预测与更新。

（1）预测过程。假设 $k-1$ 时刻的后验概率密度函数 $p(\boldsymbol{x}_{k-1} \mid \boldsymbol{y}_{1:k-1})$ 已知，由系统的状态转移方程和切普曼 · 柯尔莫哥洛夫（Chapman · Kolmogorov）方程可以得到 k 时刻的先验概率密度函数 $p(\boldsymbol{x}_k \mid \boldsymbol{y}_{1:k-1})$，如式（5-41）所示：

$$p(\boldsymbol{x}_k \mid \boldsymbol{y}_{1:k-1}) = \int p(\boldsymbol{x}_k \mid \boldsymbol{x}_{k-1}) p(\boldsymbol{x}_{k-1} \mid \boldsymbol{y}_{1:k-1}) \mathrm{d}\boldsymbol{x}_{k-1} \tag{5-41}$$

其中假设系统状态服从一阶马尔可夫过程，即 $p(\boldsymbol{x}_k \mid \boldsymbol{x}_{k-1}, \boldsymbol{y}_{1:k-1}) = p(\boldsymbol{x}_k \mid \boldsymbol{x}_{k-1})$；系统状态转移函数 $p(\boldsymbol{x}_k \mid \boldsymbol{x}_{k-1})$ 由式（5-39）确定。

（2）更新过程。当测量数据 $\boldsymbol{y}_k$ 已知时，根据贝叶斯规则可以计算后验概率密度函数 $p(\boldsymbol{x}_k \mid \boldsymbol{y}_{1:k})$，如式（5-42）所示：

$$p(\boldsymbol{x}_k \mid \boldsymbol{y}_{1:k}) = \frac{p(\boldsymbol{y}_k \mid \boldsymbol{x}_k) p(\boldsymbol{x}_k \mid \boldsymbol{y}_{1:k-1})}{p(\boldsymbol{y}_k \mid \boldsymbol{y}_{1:k-1})} \tag{5-42}$$

其中归一化常数 $p(\boldsymbol{y}_k \mid \boldsymbol{y}_{1:k-1}) = \int p(\boldsymbol{y}_k \mid \boldsymbol{x}_k) p(\boldsymbol{x}_k \mid \boldsymbol{y}_{1:k-1}) \mathrm{d}\boldsymbol{x}_k$，似然函数 $p(\boldsymbol{y}_k \mid \boldsymbol{x}_k)$ 由式（5-40）确定。

式（5-41）和式（5-42）即构成了最优贝叶斯估计理论，但这种递归过程只是一种理论上的最优，在实际应用中很少有情况能够直接利用上述解析方法求得后验滤波概率密度。扩展卡尔曼方法（Extended Kalman Filters，EKF）[23]即是对这种最优估计的近似过程。

3．序列重要性采样

序列重要性采样（Sequential Importance Sampling，SIS）[24]是一种基于蒙特卡罗[25]估计的方法，其主要思想是通过一系列带有权重的随机样本来表示后验概率密度，并通过样本及其权重来估计系统状态。当样本数量非常大时，SIS 滤波可以非常接近最优贝叶斯估计。

假设 $\{\boldsymbol{x}_{0:k}^{(i)}, w_k^{(i)}\}_{i=1}^N$ 是服从后验概率密度函数 $p(\boldsymbol{x}_{0:k} \mid \boldsymbol{y}_{1:k})$ 的 N 个样本集合，其中 $w_k^{(i)}$ 为归一化权重，则有

$$p(\boldsymbol{x}_{0:k} \mid \boldsymbol{y}_{1:k}) \approx \sum_{i=1}^{N} w_k^{(i)} \delta(\boldsymbol{x}_{0:k} - \boldsymbol{x}_{0:k}^{(i)}) \tag{5-43}$$

当 $p(\boldsymbol{x}_{0:k} \mid \boldsymbol{y}_{1:k})$ 是一个难以采样的分布时，通过引入一个容易采样的函数 $q(\boldsymbol{x}_{0:k} \mid \boldsymbol{y}_{1:k})$ 来实现对 $p(\boldsymbol{x}_{0:k} \mid \boldsymbol{y}_{1:k})$ 的估计，并将 $q(\boldsymbol{x}_{0:k} \mid \boldsymbol{y}_{1:k})$ 称为重要性密度（importance density）。假设 $\{\boldsymbol{x}_{0:k}^{(i)}\}_{i=1}^N$ 是由重要性密度函数 $q(\boldsymbol{x}_{0:k} \mid \boldsymbol{y}_{1:k})$ 采样得到的，则粒子权重可根据式（5-44）设置

$$w_k^{(i)} \propto \frac{p(\boldsymbol{x}_{0:k}^{(i)} \mid \boldsymbol{y}_{1:k})}{q(\boldsymbol{x}_{0:k}^{(i)} \mid \boldsymbol{y}_{1:k})} \tag{5-44}$$

根据式（5-45）分解重要性概率密度

$$q(\boldsymbol{x}_{0:k} \mid \boldsymbol{y}_{1:k}) = q(\boldsymbol{x}_k \mid \boldsymbol{x}_{0:k-1}, \boldsymbol{y}_{1:k}) q(\boldsymbol{x}_{0:k-1} \mid \boldsymbol{y}_{1:k-1}) \tag{5-45}$$

此外，后验概率密度函数 $p(\boldsymbol{x}_k \mid \boldsymbol{y}_{1:k})$ 可表示为

$$
\begin{aligned}
& p(\boldsymbol{x}_{0:k} \mid \boldsymbol{y}_{1:k}) \\
&= \frac{p(\boldsymbol{y}_k \mid \boldsymbol{x}_{0:k}, \boldsymbol{y}_{1:k-1}) p(\boldsymbol{x}_{0:k} \mid \boldsymbol{y}_{1:k-1})}{p(\boldsymbol{y}_k \mid \boldsymbol{y}_{1:k-1})} \\
&= \frac{p(\boldsymbol{y}_k \mid \boldsymbol{x}_{0:k}, \boldsymbol{y}_{1:k-1}) p(\boldsymbol{x}_k \mid \boldsymbol{x}_{0:k-1}, \boldsymbol{y}_{1:k-1})}{p(\boldsymbol{y}_k \mid \boldsymbol{y}_{1:k-1})} p(\boldsymbol{x}_{0:k-1} \mid \boldsymbol{y}_{1:k-1}) \\
&= \frac{p(\boldsymbol{y}_k \mid \boldsymbol{x}_k) p(\boldsymbol{x}_k \mid \boldsymbol{x}_{k-1})}{p(\boldsymbol{y}_k \mid \boldsymbol{y}_{1:k-1})} p(\boldsymbol{x}_{0:k-1} \mid \boldsymbol{y}_{1:k-1}) \\
& \propto p(\boldsymbol{y}_k \mid \boldsymbol{x}_k) p(\boldsymbol{x}_k \mid \boldsymbol{x}_{k-1}) p(\boldsymbol{x}_{0:k-1} \mid \boldsymbol{y}_{1:k-1})
\end{aligned} \tag{5-46}
$$

将式（5-45）、式（5-46）代入式（5-44）可得

$$
\begin{aligned}
w_k^{(i)} & \propto \frac{p(\boldsymbol{y}_k \mid \boldsymbol{x}_k^{(i)}) p(\boldsymbol{x}_k^{(i)} \mid \boldsymbol{x}_{k-1}^{(i)})}{q(\boldsymbol{x}_k^{(i)} \mid \boldsymbol{x}_{0:k-1}^{(i)}, \boldsymbol{y}_{1:k})} \frac{p(\boldsymbol{x}_{0:k-1}^{(i)} \mid \boldsymbol{y}_{1:k-1})}{q(\boldsymbol{x}_{0:k-1}^{(i)} \mid \boldsymbol{y}_{1:k-1})} \\
&= w_{k-1}^{(i)} \frac{p(\boldsymbol{y}_k \mid \boldsymbol{x}_k^{(i)}) p(\boldsymbol{x}_k^{(i)} \mid \boldsymbol{x}_{k-1}^{(i)})}{q(\boldsymbol{x}_k^{(i)} \mid \boldsymbol{x}_{0:k-1}^{(i)}, \boldsymbol{y}_{1:k})}
\end{aligned} \tag{5-47}
$$

当 $q(\boldsymbol{x}_k \mid \boldsymbol{x}_{0:k-1}, \boldsymbol{y}_{1:k}) = q(\boldsymbol{x}_k \mid \boldsymbol{x}_{k-1}, \boldsymbol{y}_k)$ 时，则粒子权重仅依赖于 $\boldsymbol{x}_{k-1}$ 和 $\boldsymbol{y}_k$。在这种情况下，仅需要存储 $\boldsymbol{x}_k^{(i)}$ 的信息，不需要存储历史状态及历史观测值，此时的粒子权重更新如式（5-48）所示：

$$
w_k^{(i)} \propto w_{k-1}^{(i)} \frac{p(\boldsymbol{y}_k \mid \boldsymbol{x}_k^{(i)}) p(\boldsymbol{x}_k^{(i)} \mid \boldsymbol{x}_{k-1}^{(i)})}{q(\boldsymbol{x}_k^{(i)} \mid \boldsymbol{x}_{k-1}^{(i)}, \boldsymbol{y}_k)} \tag{5-48}
$$

在粒子数量足够多时，通过式（5-43）即可准确估计系统的后验概率分布。

4．粒子衰退与重采样

SIS 算法存在粒子衰退现象，即经过多次权重更新以后，权重分布到少数粒子上，大部分粒子的权重几乎可以忽略。粒子衰退不仅弱化了粒子的多样性，而且将大部分计算花费在无用粒子上，严重影响了粒子滤波的效率。为此，Liu 等[26]提出了一种衡量粒子衰退程度的方法，如式（5-49）所示：

$$
N_{\text{eff}} = \frac{1}{\sum_{i=1}^{N} (\tilde{\omega}_k^i)^2} \tag{5-49}
$$

式中，N_{eff} 称为有效粒子数，其中 $\tilde{\omega}_k^i$ 为归一化权值，且 $1 \leqslant N_{\text{eff}} \leqslant N$。由式（5-49）可知，如果 N_{eff} 越小，则表示粒子退化问题越严重。

抑制粒子衰退的一种简单方法是当有效粒子数小于阈值 N_T 时，引入重采样过程[27]。重采样的基本思想是：去除权重较小的粒子，保留并复制权重较大的粒子。重采样过程实际上是对式（5-43）表示的离散概率密度进行 N 次独立重分布的采样，

因此在重采样后需要将粒子权重重置为 $1/N$。随机抽样法是一种简单有效的重采样算法，其过程如代码 5-3 所示。

代码 5-3：重采样算法

```
1.   Input: x_k^(i), i = 1, 2, ⋯ , N
2.   Output: x_k^(l), l = 1, 2, ⋯ , N
3.   Begin:
4.     n_0 = 0
5.     for i in [1, N]:
6.          n_i = Σ_{j=1}^{i} w̃_j
7.     End for
8.     for l in [1, N]:
9.          μ_l ~ U(0, 1)
10.  for i in [1,N]:
11.    if n_{i-1} < μ_l < n_i
12.              x_k^(l) = x_k^(i)
13.        End if
14.      End for
15.    End for
16.  Ending
```

由以上过程可知，粒子滤波过程包含 3 块主要内容：粒子传播模型、观测模型以及重采样算法。其中，传播模型用来更新粒子的位置；观测模型用来更新粒子的权重；重采样算法用来修正粒子的分布。下面将结合航位推算应用对其进行分析。

1）粒子传播模型

粒子的传播是指通过对状态转移模型 $p(s_k|s_{k-1}, c_k)$ 进行采样后生成的新粒子状态 s_k，其中 s_{k-1} 为上一步重采样后粒子的状态；c_k 为时间（$k-1, k$）内的运动信息。

由于 IMU 传感器测量时存在一定的误差，因此首先需建立一个不确定性模型。一般来讲，对步长和方向的不确定性均使用高斯随机变量来描述，如式（5-50）所示。其中 l 为测量的步长，θ 为测量的方向，σ_l、σ_θ 分别为步长和方向的高斯分布方差。然后可以根据式（5-51）对粒子进行航位推算，更新粒子的位置信息。

$$\begin{cases} l' = l + n_l, n_l \sim N_{0,\sigma_l} \\ \theta' = \theta + n_\theta, n_\theta \sim N_{0,\sigma_\theta} \end{cases} \tag{5-50}$$

$$\begin{cases} x_k = x_{k-1} + l'\cos\theta' \\ y_k = y_{k-1} + l'\sin\theta' \end{cases} \tag{5-51}$$

2）观测模型

观测模型用来更新粒子的权重，即根据观测数据重新评判粒子的质量。其中，地图信息是最直观、有效的观测数据，其评判方法是：当粒子进入不可达区域或发生穿墙行为时，即将该粒子的权重置零，如式（5-52）所示。这样可以保证滤波后的位置估计信息具有较高的可信度。

$$p(x_k^{(i)} \mid x_{k-1}^{(i)}) = \begin{cases} 0, & \text{粒子处于不可达区域或发生穿墙行为} \\ 1, & \text{粒子处于正常区域且未发生穿墙行为} \end{cases} \tag{5-52}$$

另一种常用的观测模型是使用无线信号强度来进行判断，即 5.4.4 节将讲到的位置指纹法，常用的有 GSM 指纹[28]、Wi-Fi 指纹[29]、磁场指纹[30]、光线指纹[31]以及混合信号指纹[32]等。其一般过程为：当匹配到有效指纹后，数据库返回位置估计信息 x_{meas}，然后通过式（5-53）计算各粒子的测量相似度：

$$p(z_k \mid x_k^{(i)}) = \frac{1}{\sqrt{2\pi}\sigma}\exp\left\{-\frac{\left\|x_k^{(i)} - x_{\text{meas}}\right\|^2}{2\sigma_{\text{meas}}^2}\right\} \tag{5-53}$$

式中，$x_k^{(i)}$ 为第 i 个粒子的坐标；x_{meas} 为位置指纹法返回的位置估计；σ_{meas} 为测量信任度，且其值越小，测量结果越准确，一般与所使用的信号稳定性有关。

综合以上两种观测模型，可以进行粒子权重的更新[33]：

$$w_k^{(i)} = w_{k-1}^{(i)} p(x_k^{(i)} \mid x_{k-1}^{(i)}) p(z_k \mid x_k^{(i)}) \tag{5-54}$$

为了得到后验概率密度，还需要对粒子权重进行归一化，然后根据式（5-55）计算当前的实际位置。

$$\begin{cases} X_k = \sum_{i=1}^{N} (w_k^{(i)} x_k^{(i)}) \\ Y_k = \sum_{i=1}^{N} (w_k^{(i)} y_k^{(i)}) \end{cases} \tag{5-55}$$

3）重采样过程

当粒子有效数 N_{eff} 小于 $2/3N$ 时，即根据代码 5-3 对粒子进行重采样。在新生成粒子时，为了保证粒子的多样性，新生成粒子的坐标会在被复制粒子坐标的基础上产生一个随机的偏移量。

5.4.3 Landmark 矫正技术

由于航位推算过程存在误差累积现象，因此在实际应用过程中多会引入矫正机制。在室外区域，可以通过 GPS 信号对累积误差进行间歇性置零，而在室内区域一般很难接收到 GPS 信号。为此，一些系统辅以超声定位、红外定位等技术对其进行矫正，但这些方法都需要额外的设施提供硬件支持。另外，基于位置指纹法的室内定位系统中，一般需要对定位区域建立一张细致的 Wi-Fi 位置指纹数据库。在 Wi-Fi 覆盖不足或接入点较少的情况下，可能出现定位盲点。此外，由于无线信号传播距离越远，其信号特征越不稳定，特别是在复杂的室内环境下其指纹的有效性会比较差，从而导致定位效果不理想。考虑到定位无线信号的传播特征，在建立位置指纹数据库时可以只选取信号稳定的位置建立指纹信息，并将这些点称作 Landmark 点，用于航位推算的矫正[34]。如图 5-27 所示，当定位目标进入到 Landmark 有效检测区域时，使用位置指纹匹配的方法对其位置进行估计。由于不需要对定位环境中的所有点建立指纹信息，这种方法不仅减少了建立和维护指纹数据库的工作量，同时还提高了指纹数据库的可靠性。

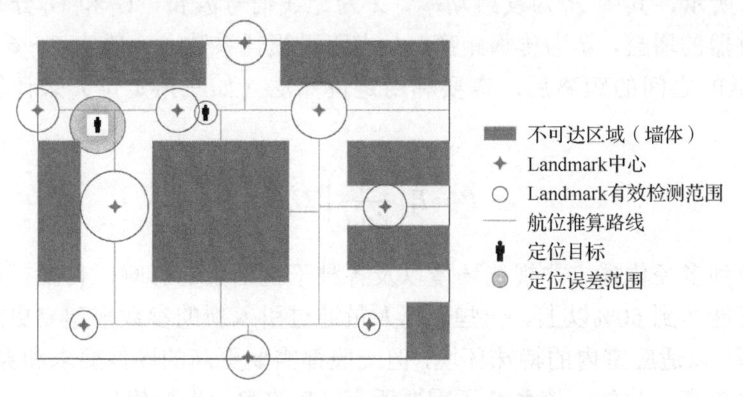

图 5-27 Landmark 位置矫正应用场景示意图

Landmark 对位置矫正的过程如图 5-28 所示。因为航位推算系统测量的方向与实际运动方向存在固定的角度偏差，因此在航位推算路径相对于实际运动路径会有一个旋转。当定位目标运动到图中 M 点检测到一个 Landmark 点时，立即将定位位置由 N 点重置到 M 点。通过这种方法不仅能够抑制航位推算过程中的误差累积，而且通过适当的方法可以使系统意识到方向测量偏差，在之后的航位推算过程中可以在测量方向基础上减掉该偏差，以获得更好的位置估计结果。

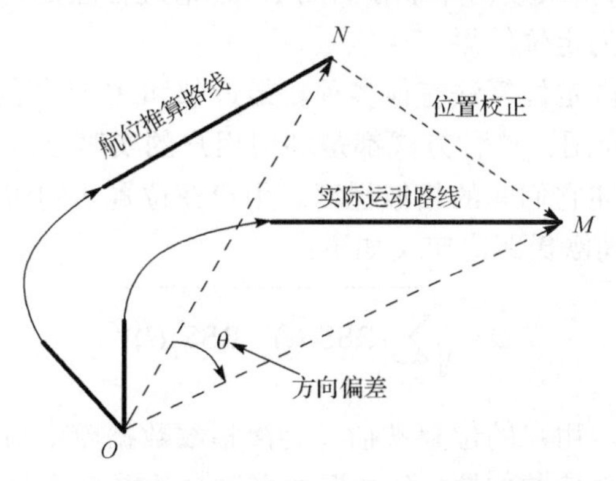

图 5-28 Landmark 位置校正过程示意图

5.4.4 Wi-Fi 位置指纹辅助定位

在室内定位系统中，位置指纹法主要是利用来自接入点或者其他无线射频装置的信号接收强度（Received Signal Strength，RSS）来实现定位服务的，其主要的定位方法有：信号传播模型法和位置指纹法。

对基于信号传播模型法的定位系统，首先需要构建一个信号传播模型，并通过这个模型将具体的 RSS 值转化成一个实际的传播距离。一个简单的信号传播模型如式（5-56）所示，其中 P_{t} 为发射功率，λ 为无线信号波长，G_{t} 和 G_{r} 分别为信号发射器和接收器的增益，d 为传播距离，n 为路径损耗系数，一般为 2～6。在获得目标与多个 AP 之间的距离后，需要利用定位算法（如三角定位）来计算出目标的位置。

$$P_{\mathrm{r}} = P_{\mathrm{t}}\left(\frac{\lambda}{4\pi d}\right)^{n} G_{\mathrm{t}} G_{\mathrm{r}} \tag{5-56}$$

由于受到多径传播、非视线环境以及各种干扰因素的影响，传播模型法的定位误差有时可能达到 50%以上。一些研究人员通过引入新的参数来建立更加复杂的信号传播模型，以适应室内的特殊环境，但一般都需要更高的硬件要求和算法复杂度，其建设成本较高。此外，该系统还需要所有 AP 的实际坐标信息。

基于位置指纹的室内定位方法过程一般包括两个阶段。

（1）离线阶段，也叫训练阶段：在该阶段需要在定位区域内建立一个位置指纹数据库，将每个位置及其所接收到的 RSSI 值作为一条位置指纹信息。位置节点之间的分隔距离需要视定位环境而定，在室内情况下一般为 1m 左右。此外，为了避免因信号跳动导致采样不理想，一般在每个位置节点进行多次采样并记录均值。

（2）在线阶段，也叫定位阶段：在进行定位时，首先在当前位置上采集各接入点的 RSSI 值，然后与指纹数据库中存储的 RSSI 值进行匹配，并将匹配度最高的指纹对应的位置信息作为定位结果。

基于指纹法的室内定位算法有很多种。最近邻和 K 近邻的定位方法在文献[35]和文献[36]都有研究介绍。这种方式都是利用用户的实时指纹信息与指纹数据库中指纹的欧氏距离来描述它们间的相似程度。用户在位置 j 的实时指纹数据与指纹数据库中位置 l 的指纹间欧氏距离定义如下：

$$D = \sqrt{\sum_{i=1}^{n} (\mathrm{RSS}_{l}(i) - \mathrm{RSS}_{j}(i))^{2}} \tag{5-57}$$

在最近邻算法中，用户的位置被估计为离指纹数据库中指纹最相似的位置，即欧氏距离最小的指纹对应的位置。而 K 近邻算法是计算 K 个最临近目标位置的指纹中心位置作为估计结果，并且用欧氏距离作为每个相邻点的权重。这种算法易于实现，但不能提供很高的精度。

在基于指纹法的系统中另一种比较常用的定位方法是基于朴素贝叶斯理论的概率定位法[37]。虽然这种方法能够提供比较高的定位精度，但是这种方法的计算量是非常巨大的。

5.5　室内定位系统仿真与分析

5.5.1　仿真环境与参数设置

本书的仿真环境如图 5-29 所示，其实际面积为 200m×100m。为了简化地图的数字化过程，在仿真系统中忽略了房间的位置，并将走廊宽度设为可调节状态。图中折线为仿真的一次实际运动路线。

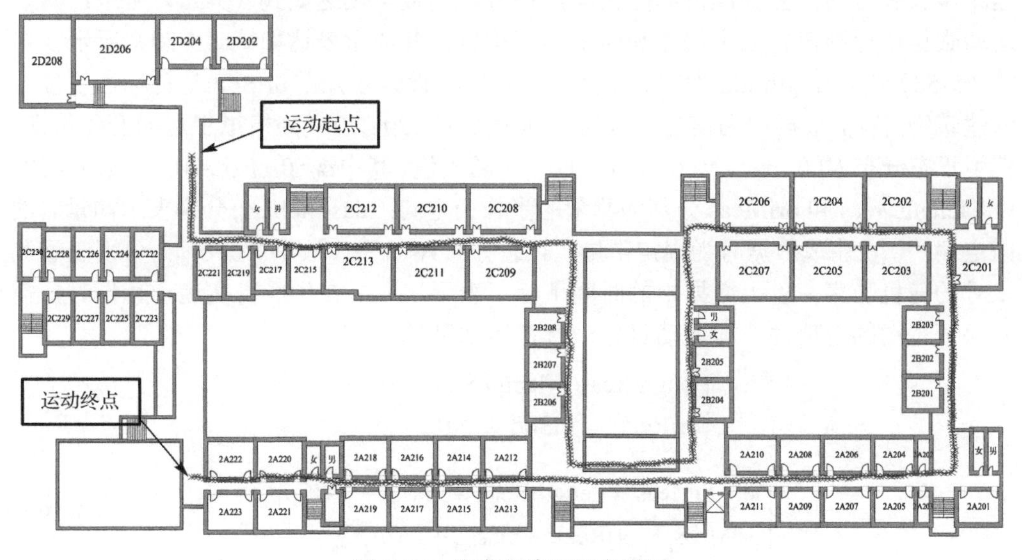

图 5-29　仿真环境平面布置图

图 5-30 是本次用到的系统模型，主要包括：真实路径生成模块用于仿真实际运动信息，其固定步长为 0.7m，生成的实际运动步长和方向均使用高斯噪声模块添加随机成分，并借助地图数据模块保证所有运动步态均发生在可达区域；测量数据生成模块用于仿真计步、步长估计以及方向测量过程，步长估计和方向测量均在真实运动数据的基础上添加噪声成分；Landmark 选取模块用于在定位环境中随机生成 Landmark 点作为位置矫正信息；地图数据模块主要用于检测坐标位置是否处于可达区域；粒子滤波模块主要用于完成粒子滤波和位置校正功能，并输出位置信息与定位误差。

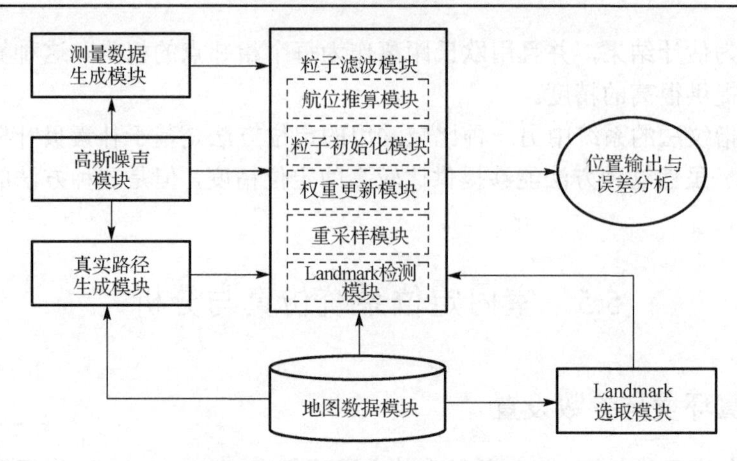

图 5-30　仿真系统模块与架构

实验过程中的所有数据均通过一定的数学模型生成。其中，真实运动数据包括运动步长和方向，由标准值和随机噪声构成，其数学表达如式（5-58）所示；测量运动数据由标准值、固定偏差和随机噪声构成，其数学表达如式（5-59）所示。在式（5-58）中，lengthSdd 为固定常量，在系统中设为 0.7m；oriSdd 是目标当前位置的建筑物方向，根据地图信息的取值空间为[0,90,180,270]；为模拟步态的变化特征，使用正态分布 $N(0, \sigma_{\mathrm{lr}})$、$N(0, \sigma_{\mathrm{or}})$ 生成一个随机值，其中 $\sigma_{\mathrm{lr}}=0.1$，$\sigma_{\mathrm{or}}=10$。在式（5-59）中，lengthMeas 和 oriMeas 分别为测量的步长和方向；$\mathrm{bias_l}$ 和 $\mathrm{bias_o}$ 分别表示测量时的固定偏差，在生成数据时为固定常量；正态分布 $N(0, \sigma_{\mathrm{lm}})$、$N(0, \sigma_{\mathrm{om}})$ 分别表示测量时的随机噪声。以上数据中的时间下标 t 表示步数。在生成真实运动数据时，需要保证运动的合理性，即运动目标一直在运动区域内。

$$\begin{cases}\mathrm{lengthReal}_t = \mathrm{lengthSdd} + N(0,\sigma_{\mathrm{lr}}) \\ \mathrm{oriReal}_t = \mathrm{oriSdd}_t + N(0,\sigma_{\mathrm{or}})\end{cases} \tag{5-58}$$

$$\begin{cases}\mathrm{lengthMeas}_t = \mathrm{lengthReal}_t + \mathrm{bias_{lm}} + N(0,\sigma_{\mathrm{lm}}) \\ \mathrm{oriMeas}_t = \mathrm{oriReal}_t + \mathrm{bias_{om}} + N(0,\sigma_{\mathrm{om}})\end{cases} \tag{5-59}$$

$$\begin{cases}\mathrm{lengthParticle}_t = \mathrm{lengthMeas}_t + N(0,\sigma_{\mathrm{lp}}) \\ \mathrm{oriParticle}_t = \mathrm{oriMeas}_t + N(0,\sigma_{\mathrm{op}})\end{cases} \tag{5-60}$$

粒子的属性包括位置坐标（x, y）、权重（weight）、统计测量偏差（$\mathrm{bias_l}$,$\mathrm{bias_o}$），其数据格式为$[x, y, \mathrm{weight}, \mathrm{bias_l}, \mathrm{bias_o}]$。在粒子初始化及重采样过程中，每个粒子的步长和方向均在测量数据的基础上添加噪声成分，如式（5-60）所示。

此外，仿真系统还需设置的参数有：Landmark 点生成数量 landmarkNum 及信任度区间[confidenceMax, confidenceMin]；用于改变仿真环境的路宽 roadWidth；粒子数量 particleNum；计步准确度 counterAccuracy；初始位置 startPoint 以及运动路线信息 line。所有输入的默认值如表 5-3 所示。

表 5-3　仿真系统变量及默认值

系统属性	默认值	说明
lengthSdd	0.7m	固定步长
oriSdd	[0°,90°,180°,270°]	建筑物方向
σ_{lr}	0.1	真实步长取样方差
σ_{or}	10	真实运动方向取样方差
σ_{lm}	0.2	测量步长取样方差
σ_{om}	20	测量方向取样方差
σ_{lp}	0.1	粒子步长取样方差
σ_{op}	10	粒子运动方向取样方差
$bias_l$	0.0m	固定步长偏差
$bias_m$	20°	固定方向偏差
landmarkNum	10	Landmark 数量
confidenceMax	0.5m	Landmark 最大信任度
confidenceMin	3m	Landmark 最小信任度
roadWidth	3m	环境路宽
particleNum	100	粒子数量
counterAccuracy	0.95	计步准确度
startPoint	—	起始位置
line	—	运动路线

5.5.2　航位推算与粒子滤波

图 5-31 是一次仿真结果的定位效果图，包含实际运动路线、航位推算（DR）定位路线、航位推算与粒子滤波（DR+PF）定位路线以及航位推算、粒子滤波和 Landmark 矫正（DR+PF+LM）综合定位路线，仿真参数均使用默认值。由于方向测量存在 20°的固定偏差，因此简单航位推算路线出现了一个大约 20°的旋转，这种现象在磁场干扰较为严重的室内环境下是非常常见的。图 5-32 是本次定位误差的统计结果，由图可以看出，当测量数据存在固定的偏差时，航位推算存在误差累积现象，其误差会随时间增长。而采用粒子滤波方法的航位推算能够在极短时间内通过对粒子的偏差进行统计来去除影响，因此在方向测量或步长估计算法存在缺陷时也能够很好地进行定位。

粒子滤波在不知道初始位置的情况下，通过大量、均匀地分布粒子的初始位置，能够在多数情况下寻找到目标的实际位置，其过程如图 5-33 所示。

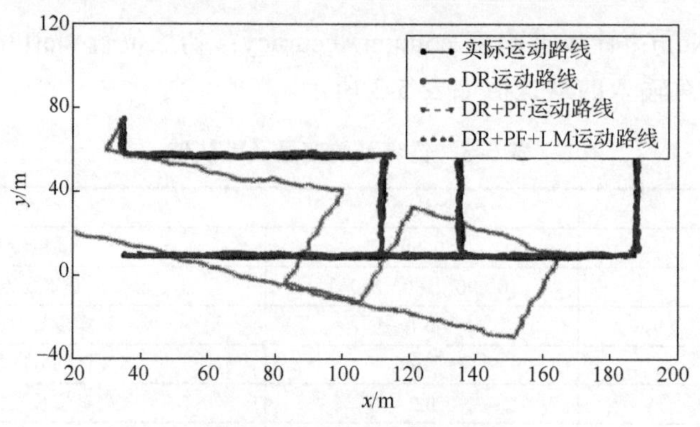

图 5-31　仿真定位路线

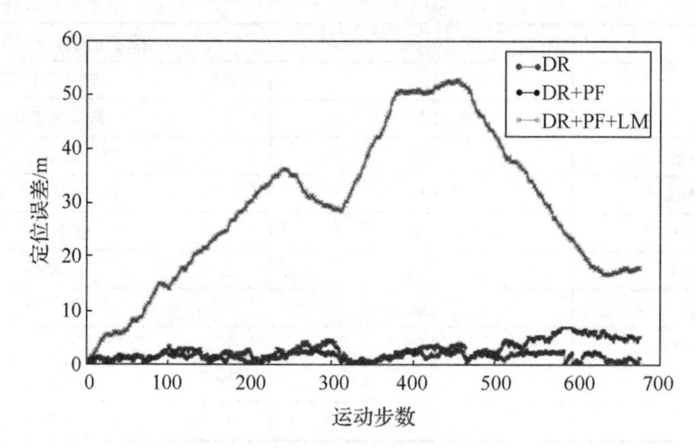

图 5-32　定位误差统计

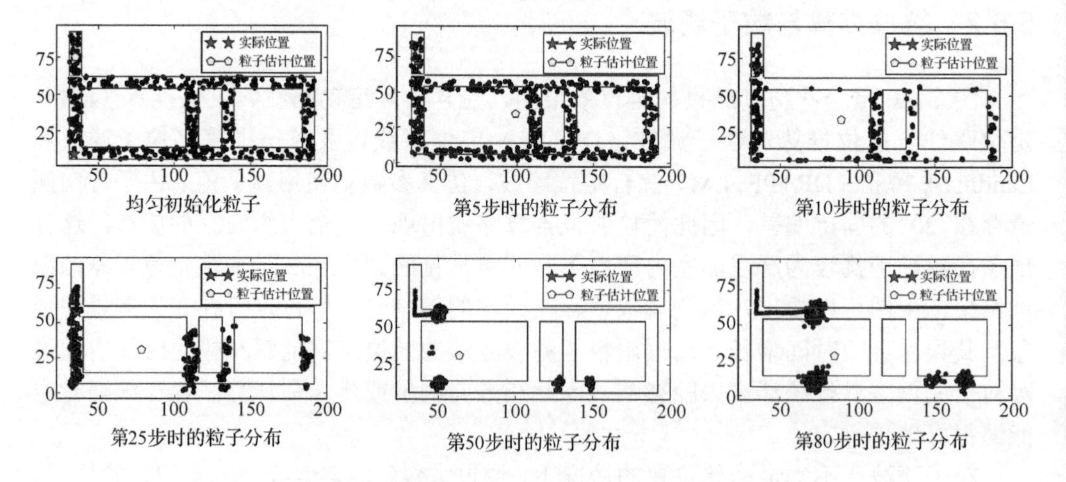

图 5-33　初始位置未知情况下的粒子滤波过程

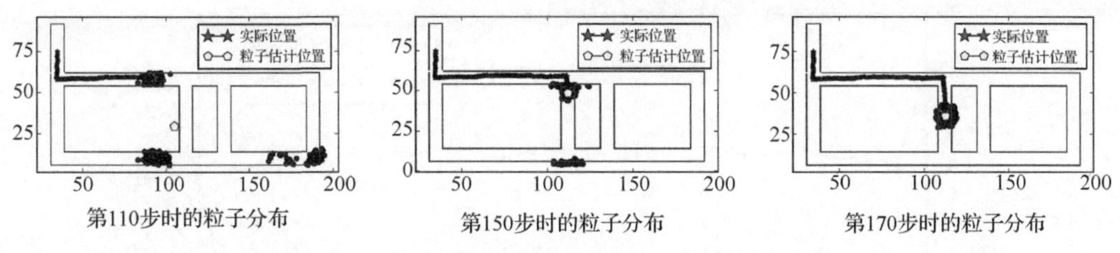

图 5-33　初始位置未知情况下的粒子滤波过程（续）

5.5.3　计步与方向误差容忍

图 5-34 是计步准确度对定位结果的影响，每组数据进行 50 次仿真。可以看出，在计步准确度低于 90%时，其定位成功率出现明显下滑，这主要是因为粒子距离不足，在转弯时因权重更新引起的粒子群体性死亡。当计步准确度高于 90%时，定位成功率已经非常接近 100%，且随着准确度的提高，其定位误差逐渐下降。

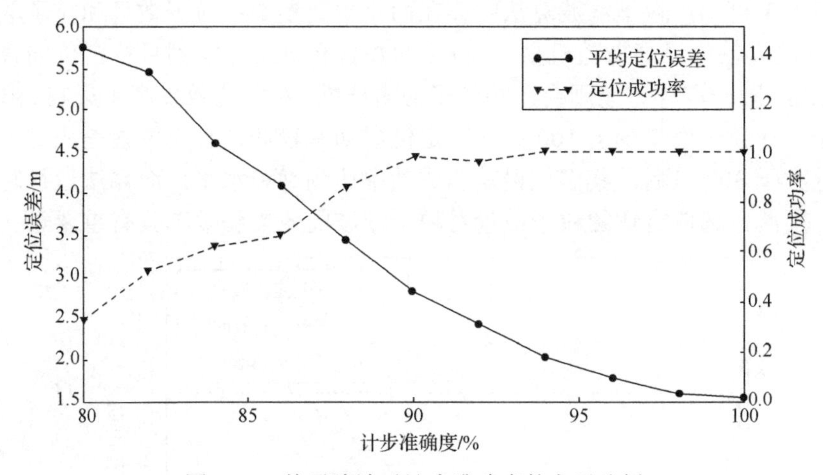

图 5-34　粒子滤波对计步准确度的容忍分析

图 5-35 是方向测量偏差对定位效果的影响，每组数据进行 50 次仿真。方向测量偏差在实际定位过程中主要由两个因素引起：其一是磁场干扰引起的姿态结算误差；其二是手机指向与运动方向存在的偏差，特别是在基于 PCA 的方向测量方法中。由仿真结果可以看出，在方向偏差小于 40° 时，粒子滤波都能够很好地排除偏差带来的影响；而在方向偏差大于 60° 时，定位成功率会出现较为明显的下降。不过由第 3、4 章的实验结果可知，目前的计步算法和方向测量方法都可以达到该水平。

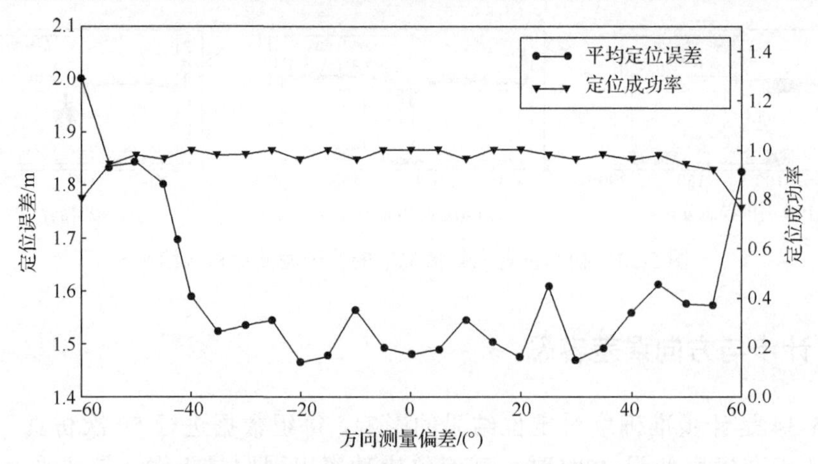

图 5-35　粒子滤波对方向测量偏差的容忍分析

5.5.4　粒子滤波参数分析

由表 5-3 可知，粒子滤波算法中存在两个主要参数：粒子数目和粒子取样时步长/方向中的方差值（高斯随机量）。粒子的数目会直接影响到目标定位的误差和算法的复杂度；粒子取样方差则会影响粒子的多样性，对定位效果产生影响。由图 5-36 可以看出，在粒子数量少于 100 时，其定位成功率较低，且定位误差相对较大；而当粒子数大于 300 以后，其定位误差和成功率达到饱和水平，而算法运行时间则继续增长。因此，选取合适的粒子数量对粒子滤波的效果和效率具有重要意义。

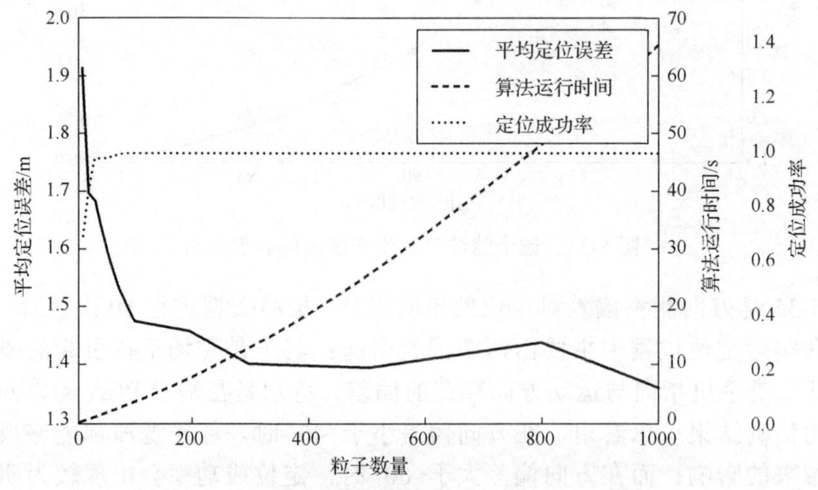

图 5-36　粒子数量对粒子滤波定位效果的影响

图 5-37 是在改变粒子取样方差的情况下的定位结果，其横坐标表示粒子取样方差占测量方差的百分比，每组数据进行 50 次仿真。由图可以看出，取样方差较小时，

粒子多样性较差，对噪声的容忍较差，容易出现定位失败现象；取样方差较大时，粒子发散程度较高，其位置估计结果出现较大的偏差。综合考虑来讲，在粒子取样方差为测量方差的 50%时，其定位结果较为理想。

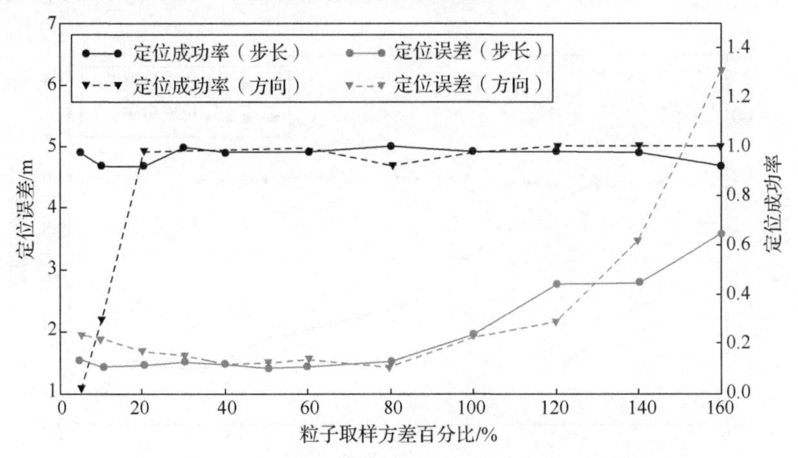

图 5-37　粒子取样方差对粒子滤波定位效果的影响

5.5.5　环境参数分析

在粒子滤波过程中，粒子权重更新过程的一项重要指标是粒子是否发生了不可能行为（如穿墙），通过这项检测可以及时对步长和方向测量误差进行矫正，从而获得更好的定位结果。图 5-38 是仿真环境开阔度对粒子滤波定位的影响，每组数据进行 50 次仿真。由图可以看出，定位误差会随着定位环境变得开阔而增长，这主要是由于测量偏差得不到及时矫正导致的。因此在室外环境下采用粒子滤波进行航位推算时，最好辅以 GPS 信息来更新粒子的权重，否则可能出现严重的粒子发散现象。

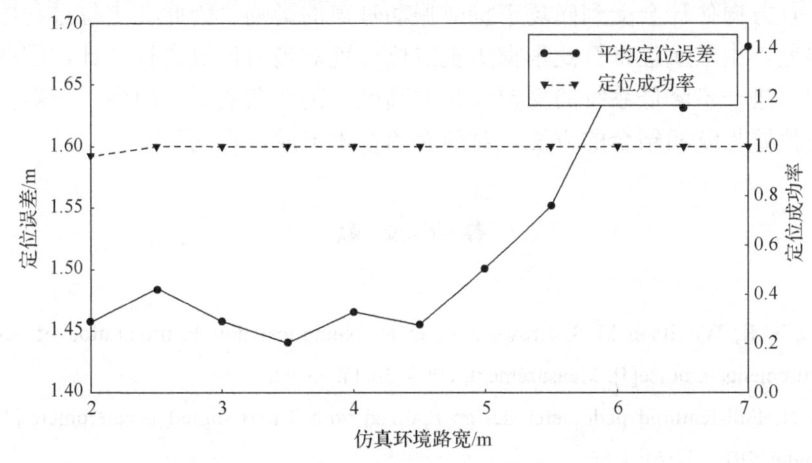

图 5-38　仿真环境开阔度对粒子滤波定位的影响

图 5-39 是 Landmark 数量对定位误差的影响，每组数据进行 50 次仿真。可以看出，Landmark 数量越多，其定位效果越好，这主要得益于 Landmark 对航位推算误差累积的矫正作用。

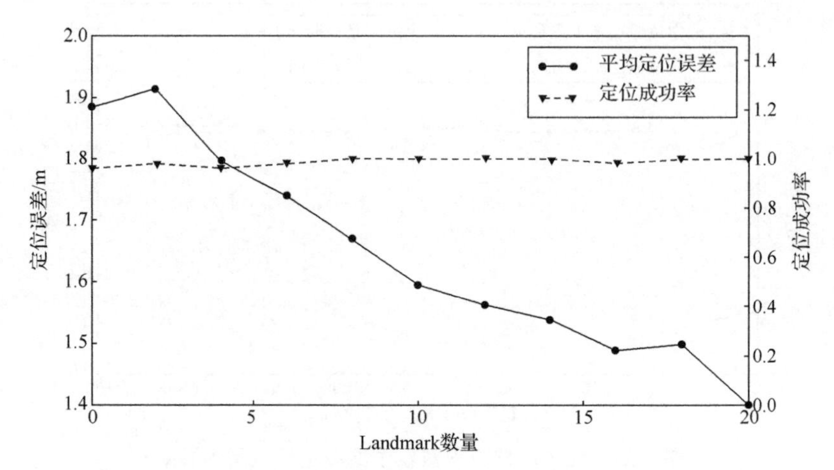

图 5-39　Landmark 数量对粒子滤波定位矫正的影响

5.6　本 章 小 结

本章主要讲述了基于航位推算的室内定位方法。该方法在定位过程中需要确定目标运动的方向和距离，其中距离的测定使用计步算法和步长估计来完成，而方向的估计可以通过磁场传感器或主成分分析来实现。由于步长估计难以建立准确的数学模型，且方向估计会受到磁场干扰或振动噪声的影响，因此在定位过程中会产生一定的误差。由于航位推算是根据历史定位位置对当前位置进行估计，因此会导致误差累积，进一步降低系统的稳定性和准确度。因此在实际应用中，一般多采用航位推算与位置指纹相结合的方法，对两者的技术形成优势的互补。

参 考 文 献

[1] Thong Y K, Woolfson M S, Crowe J A, et al. Numerical double integration of acceleration measurements in noise[J]. Measurement, 2004, 36(1): 73-92.

[2] Zhao N. Full-featured pedometer design realized with 3-axis digital accelerometer[J]. Analog Dialogue, 2010, 44(6): 1-5.

[3] 付梦印. Kalman 滤波理论及其在导航系统中的应用[M]. 北京：科学出版社, 2010.

[4] Tran K, Le T, Dinh T. A high-accuracy step counting algorithm for iPhones using accelerometer[C]// Proceedings of the IEEE International Symposium on Signal Processing and Information Technology (ISSPIT), 2012: 213-217.

[5] Jayalath S, Abhayasinghe N, Murray I. A gyroscope based accurate pedometer algorithm[C]// Proceedings of the International Conference on Indoor Positioning and Indoor Navigation, 2013: 551-555.

[6] 王巍, 高德远. 有限状态机设计策略[J]. 计算机工程与应用, 1999(7):54-55.

[7] Alzantot M, Youssef M. UPTIME: Ubiquitous pedestrian tracking using mobile phones[C]// Proceedings of the Wireless Communications and Networking Conference (WCNC), 2012: 3204-3209.

[8] Ying H, Silex C, Schnitzer A, et al. Automatic step detection in the accelerometer signal[C]// Proceedings of the 4th International Workshop on Wearable and Implantable Body Sensor Networks, 2007:80-85.

[9] Ojeda L, Borenstein J. Personal dead-reckoning system for GPS-denied environments[C]// Proceedings of the IEEE International Workshop on Safety, Security and Rescue Robotics, 2007:1-6.

[10] Ladetto Q. On foot navigation: continuous step calibration using both complementary recursive prediction and adaptive Kalman filtering[C]//Proceedings of the 14th International Technical Meeting of the Satellite Division of The Institute of Navigation, 2000: 1735-1740.

[11] Hatano Y. Use of the pedometer for promoting daily walking exercise[J]. International Council for Health, Physical Education, and Recreation, 1993, 29(4): 4-8.

[12] Weinberg H. Using the ADXL202 in pedometer and personal navigation applications[J]. Analog Devices AN-602 Application Note, 2002, 2(2): 1-6.

[13] Kim J W, Jang H J, Hwang D H, et al. A step, stride and heading determination for the pedestrian navigation system[J]. Positioning, 2004, 1(8): 273-279.

[14] Scarlett J. Enhancing the performance of pedometers using a single accelerometer[J]. Application Note, Analog Devices, 2007: 41.

[15] Levi R W, Judd T. Dead reckoning navigational system using accelerometer to measure foot impacts: U.S. Patent 5,583,776[P]. 1996-12-10.

[16] Lee S W, Mase K. Recognition of walking behaviors for pedestrian navigation[C]//Proceedings of the 2001 IEEE International Conference on Control Applications, 2001: 1152-1155.

[17] Bylemans I, Weyn M, Klepal M. Mobile phone-based displacement estimation for opportunistic localisation systems[C]// Proceedings of the Third International Conference on Mobile Ubiquitous Computing, Systems, Services and Technologies, 2009: 113-118.

[18] Cho S Y, Park C G, Yim H Y. Sensor fusion and error compensation algorithm for pedestrian navigation system[C]. ICCAS, Gyeongju, 2003.

[19] Yoo T S, Hong S K, Yoon H M, et al. Gain-scheduled complementary filter design for a MEMS based attitude and heading reference system[J]. Sensors, 2011, 11(4): 3816-3830.

[20] Ayub S, Heravi B M, Bahraminasab A, et al. Pedestrian direction of movement determination using smartphone[C]// Proceedings of the 6th International Conference on Next Generation Mobile Applications, Services and Technologies, 2012.

[21] Kourogi M, Kurata T. Personal positioning based on walking locomotion analysis with self-contained sensors and a wearable camera[C]//Proceedings of the 2nd IEEE/ACM International Symposium on Mixed and Augmented Reality, 2003:103.

[22] Madgwick S O H. An efficient orientation filter for inertial and inertial/magnetic sensor arrays[R]. Report x-io and University of Bristol (UK), 2010.

[23] Jiménez A R, Seco F, Prieto J C, et al. Indoor pedestrian navigation using an INS/EKF framework for yaw drift reduction and a foot-mounted IMU[C]// Proceedings of the 2010 7th Workshop on Positioning Navigation and Communication (WPNC), 2010: 135-143.

[24] Doucet A, Godsill S, Andrieu C. On sequential Monte Carlo sampling methods for Bayesian filtering[J]. Statistics and Computing, 2000, 10(3): 197-208.

[25] Del Moral P. Non-linear filtering: Interacting particle resolution[J]. Markov Processes and Related Fields, 1996, 2(4): 555-581.

[26] Liu J S, Chen R. Sequential Monte Carlo methods for dynamic systems[J]. Journal of the American Statistical Association, 1998, 93(443): 1032-1044.

[27] Gordon N J, Salmond D J, Smith A F M. Novel approach to nonlinear/non-Gaussian Bayesian state estimation[C]//IEEE Proceedings of Radar and Signal Processing, 1993, 140(2): 107-113.

[28] Tian Y, Denby B, Ahriz I, et al. Hybrid indoor localization using GSM fingerprints, embedded sensors and a particle filter[C]// Proceedings of the 2014 11th International Symposium on Wireless Communications Systems (ISWCS), 2014: 542-547.

[29] Zhu N, Zhao H, Feng W, et al. A novel particle filter approach for indoor positioning by fusing WiFi and inertial sensors[J]. Chinese Journal of Aeronautics, 2015, 28(6): 1725-1734.

[30] Huang C, He S, Jiang Z, et al. Indoor positioning system based on improved PDR and magnetic calibration using smartphone[C]// Proceedings of the 2014 IEEE 25th Annual International Symposium on Personal, Indoor, and Mobile Radio Communication (PIMRC), 2014: 2099-2103.

[31] Jiménez A R, Zampella F, Seco F. Improving inertial pedestrian dead-reckoning by detecting unmodified switched-on lamps in buildings[J]. Sensors, 2014, 14(1): 731-769.

[32] Ban R, Kaji K, Hiroi K, et al. Indoor positioning method integrating pedestrian dead Reckoning with magnetic field and WiFi fingerprints[C]// Proceedings of the 2015 Eighth International

Conference on Mobile Computing and Ubiquitous Networking (ICMU), 2015: 167-172.

[33] Evennou F, Marx F. Advanced integration of WiFi and inertial navigation systems for indoor mobile positioning[J]. Eurasip Journal on Applied Signal Processing, 2006: 164-164.

[34] Wang H, Sen S, Elgohary A, et al. No need to war-drive: Unsupervised indoor localization[C]// Proceedings of the 10th International Conference on Mobile Systems, Applications, and Services, 2012: 197-210.

[35] Bahl P, Padmanabhan V N. RADAR: An in-building RF-based user location and tracking system[C]// Proceedings of the Nineteenth Annual Joint Conference of the IEEE Computer and Communications Societies. 2000, 2: 775-784.

[36] Li B, Salter J, Dempster A G, et al. Indoor positioning techniques based on wireless LAN[C]// Proceedings of the First IEEE International Conference on Wireless Broadband and Ultra Wideband Communications, 2006.

[37] Youssef M, Agrawala A. The Horus WLAN location determination system[C]// Proceedings of the 3rd International Conference on Mobile Systems, Applications, and Services, 2005: 205-218.

第 6 章　CSS 定位技术

6.1　基于 CSS 的无线网络技术简介

6.1.1　Chirp 信号与脉冲压缩理论

1. Chirp 信号

Chirp（啁啾）信号是一种扩频信号，在一个 Chirp 信号周期内会表现出线性调频的特性，信号频率随着时间的变化而线性变化，因为 Chirp 信号的频率在一个信号周期内会“扫过”一定的带宽，所以 Chirp 信号又被形象地称为“扫频信号”。Chirp 信号的扫频特性可以应用在通信领域，表达数据符号，达到扩频的效果。这种用 Chirp 信号进行扩频的通信方式被称为 Chirp 扩频（Chirp spread spectrum）[1]。

典型的 Chirp 信号数学表达式为

$$s(t)=\begin{cases}\cos\left[2\pi\left(f_0t\pm\dfrac{kt^2}{2}\right)\right], & -\dfrac{T}{2}\leqslant t\leqslant\dfrac{T}{2}\\ 0, & \text{其他}\end{cases} \tag{6-1}$$

式中，f_0 表示 Chirp 信号的中心频率；T 是 Chirp 信号的持续时间；$k(k\neq 0)$ 是调频因子（Chirp rate/frequency sweep rate），单位是 Hz/s，它控制着 Chirp 信号瞬时频率的变化速率，当 k 是一个常数的时候，Chirp 信号的瞬时频率呈线性变化，故被称为线调频率信号；当 $k>0$ 时，$s(t)$ 是 Up-Chirp 信号，当 $k<0$ 时，$s(t)$ 是 Down-Chirp 信号。由式（6-1）可知，$s(t)$ 的瞬时频率为

$$f_0k(t)=f_0+kt \tag{6-2}$$

图 6-1 和图 6-2 分别给出了上下扫频信号的时域波形图和扫频示意图，并且它们是一对匹配信号。可以看出此信号波形与基本正弦信号相似，但其频率不是恒定不变，其频率随时间线性变化。

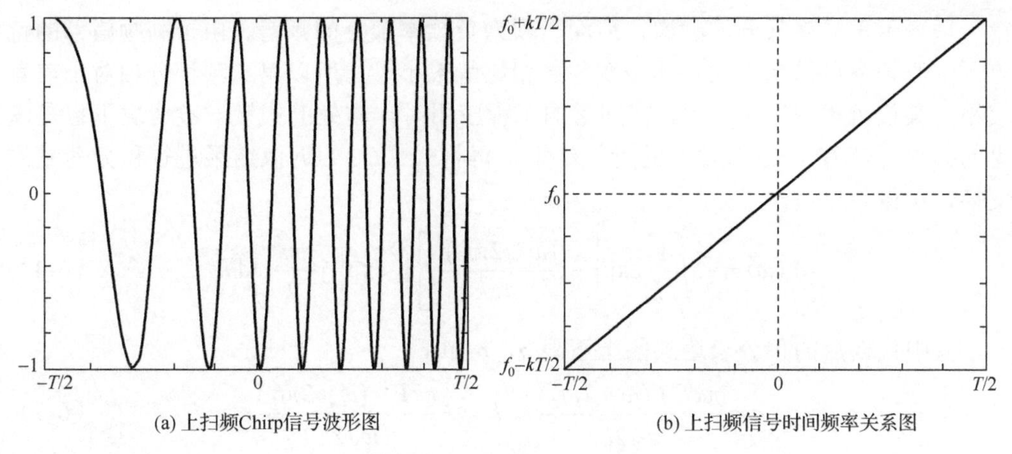

(a) 上扫频Chirp信号波形图　　(b) 上扫频信号时间频率关系图

图 6-1　上扫频 Chirp 信号

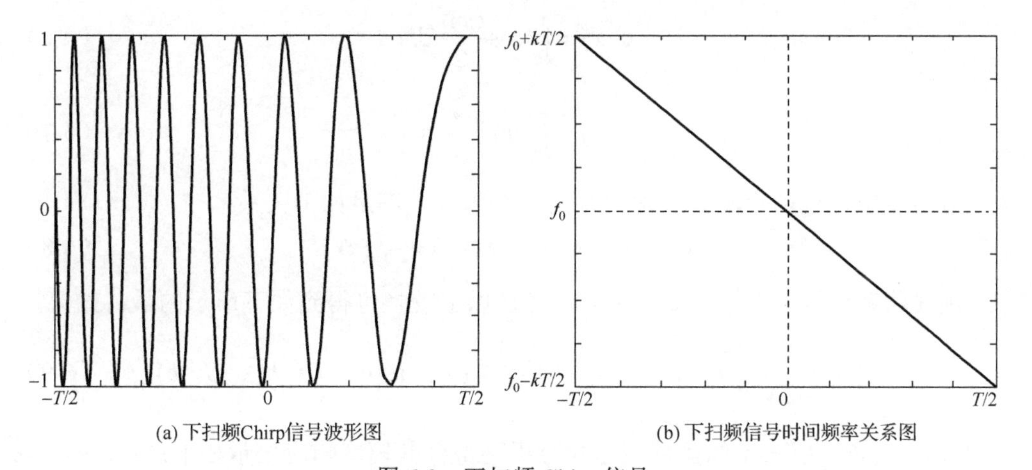

(a) 下扫频Chirp信号波形图　　(b) 下扫频信号时间频率关系图

图 6-2　下扫频 Chirp 信号

以一个上扫频的 Chirp 信号为例，将其做一次连续傅里叶变换，可以得到如下所示的信号频谱表达式：

$$
\begin{aligned}
Y(\omega) &= \int_{-T/2}^{T/2} \mathrm{COS}\left[2\pi\left(f_0\tau + \frac{k\tau^2}{2}\right)\right]\exp(-\mathrm{j}\omega t)\mathrm{d}t \\
&= \frac{1}{2}\int_{-T/2}^{T/2} \exp[\mathrm{j}(2\pi f_0 - \omega)t + \mathrm{j}\pi k t^2]\mathrm{d}t \\
&\quad + \frac{1}{2}\int_{-T/2}^{T/2} \exp[-\mathrm{j}(2\pi f_0 + \omega)t - \mathrm{j}\pi k t^2]\mathrm{d}t \\
&\approx \frac{1}{2}\int_{-T/2}^{T/2} \exp[\mathrm{j}(2\pi f_0 - \omega)t + \mathrm{j}\pi k t^2]\mathrm{d}t
\end{aligned}
\tag{6-3}
$$

第一项表示正频率部分的频谱，后面一项为负频率部分的频谱。由于高频信号的特点，中心频率可以相当大，其带宽与之相比就很小了，所以第二项积分相对于前者较小，其值可以忽略不计[2]。在通常的工程应用时，本处的假设一般情况下也是满足的。这样就有了式（6-3）的近似结果。再将式（6-3）近似结果进行积分变量的变换，可得

$$Y(\omega)=\frac{1}{2}\sqrt{\frac{1}{2k}}\exp\left[-\mathrm{j}\frac{(\omega-2\pi f_0)^2}{4\pi k}\right]\int_a^b\exp\left(\mathrm{j}\frac{\pi m^2}{2}\right)\mathrm{d}m \tag{6-4}$$

其中代换后的积分表达式的上下限 a，b 如下：

$$a=\frac{\pi kT+(\omega-2\pi f_0)}{\pi\sqrt{2k}},\quad b=-\frac{\pi kT-(\omega-2\pi f_0)}{\pi\sqrt{2k}} \tag{6-5}$$

式（6-5）积分的结果不能表示成普通式子，此时引入菲涅耳积分表达式[3]如下：

$$C(x)=\int_0^{\pi}\cos\frac{\pi m^2}{2}\mathrm{d}m \tag{6-6}$$

$$S(x)=\int_0^{\pi}\sin\frac{\pi m^2}{2}\mathrm{d}m \tag{6-7}$$

容易看出，这两个积分表达式是两个奇函数，满足如下关系：

$$C(-x)=-C(x),\quad S(-x)=-S(x) \tag{6-8}$$

现在将菲涅耳积分代入式（6-4），经过以上变换可得到如下所示的最终结果：

$$Y(\omega)=\frac{1}{2}\sqrt{\frac{1}{2k}}\exp\left[-\mathrm{j}\frac{(w-2\pi f_0)^2}{4\pi k}\right][C(a)+\mathrm{j}S(a)+C(-b)+\mathrm{j}S(-b)] \tag{6-9}$$

对式（6-9）所表示的频域表达式分析可得到其幅度响应表示如下：

$$|Y(\omega)|=\frac{1}{2}\sqrt{\frac{1}{2k}}\left\{[C(a)+C(-b)]^2+[S(a)+S(-b)]^2\right\}^{\frac{1}{2}} \tag{6-10}$$

$$\Phi(\omega)=-\frac{(\omega-2\pi f_0)^2}{4\pi k}+\arctan\left[\frac{S(a)+S(-b)}{C(a)+C(-b)}\right] \tag{6-11}$$

当 BT=6000 时，可得到如图 6-3 所示的结果。

2. 脉冲压缩理论

上文所述的 Chirp 信号对应的匹配信号表达式如下：

$$h(t)=\begin{cases}\alpha\cos\left[2\pi\left(f_0t\mp\dfrac{kt^2}{2}\right)\right], & -\dfrac{T}{2}\leqslant t\leqslant\dfrac{T}{2}\\ 0, & \text{其他}\end{cases} \tag{6-12}$$

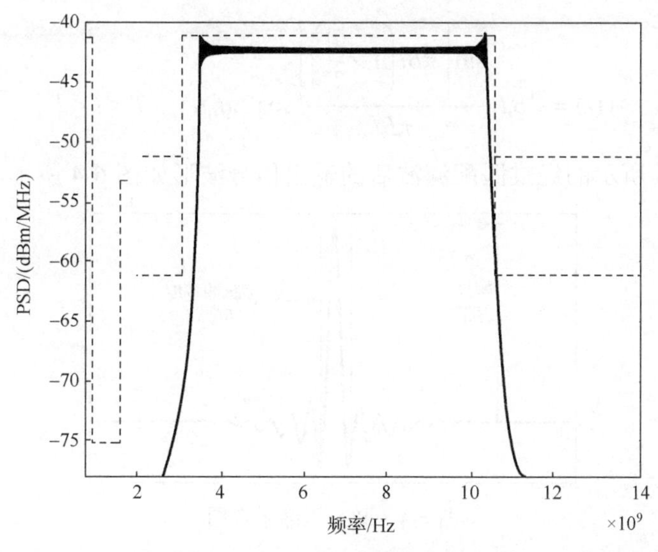

图 6-3　Chirp 信号频谱的幅度响应

其中匹配滤波器增益 $\alpha = 2\sqrt{k}$ 是为了保证匹配滤波后输出信号在中心频率处的增益值为 1。现在，将一个上扫频 Chirp 信号通过其对应的匹配滤波器，得到如下结果：

$$
\begin{aligned}
y(t) &= \alpha \int_{-T/2}^{T/2} \cos\left[2\pi\left(f_0\tau + \frac{k\tau^2}{2}\right)\right] \cos\left\{2\pi\left[f_0(t-\tau) - \frac{k(t-\tau)^2}{2}\right]\right\} \mathrm{d}\tau \\
&= \frac{\alpha}{2}\int_{-T/2}^{T/2} \cos\left[2\pi\left(f_0 t + kt\tau - \frac{kt^2}{2}\right)\right] \mathrm{d}\tau \\
&\quad + \frac{\alpha}{2}\int_{-T/2}^{T/2} \cos\left[2\pi\left(2f_0\tau - f_0 t + k\tau^2 - kt\tau + \frac{kt^2}{2}\right)\right] \mathrm{d}\tau \\
&\approx \frac{\alpha}{2}\int_{-T/2}^{T/2} \cos\left[2\pi\left(f_0 t + kt\tau - \frac{kt^2}{2}\right)\right] \mathrm{d}\tau
\end{aligned} \tag{6-13}
$$

直接将两信号卷积表达式积化和差，得到两个积分项。其中第二个积分项包含了高频分量，在实际的工程应用中可以将其忽略，因此只将第一项的计算结果作为匹配滤波器的输出。将第一积分项的计算分为 $t>0$ 和 $t<0$ 两种情况进行讨论，但是得出的结果可以只用一个式表示如下：

$$
y(t) = \alpha \frac{\sin[\pi kt(T - |t|)]}{2\pi kt} \cos 2\pi f_0 t, \quad -T < t < T \tag{6-14}
$$

将 $\alpha = 2\sqrt{k}$ 和 $k = \dfrac{B}{T}$ 代入式（6-14），可以得到最终的结果，表达式如下：

$$y(t)=\sqrt{BT}\frac{\sin\left[\pi Bt\left(1-\frac{|t|}{T}\right)\right]}{\pi Bt}\cos 2\pi f_0 t,\quad -T<t<T \tag{6-15}$$

式（6-15）所示的经过匹配滤波后的输出信号波形如图 6-4 所示。

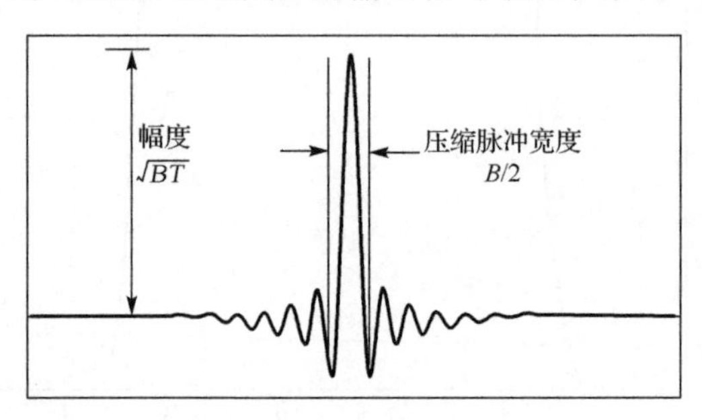

图 6-4　脉冲压缩示意图

从中可以看到输出波形包络近似为一个 Sinc 函数，具有十分尖锐的时域特性。幅度为 1 的 Chirp 信号输出压缩脉冲的包络幅度放大为原来的 $\sqrt{BT}$ 倍，其持续时间 T 压缩为 4dB，主瓣时间为 $2/B$ 的脉冲。这就是 Chirp 信号十分重要的脉冲压缩特性[4]。相对于输出信号，持续时间在时域上就被压缩了 $0.5BT$ 倍，符号宽度减小，多径叠加的效应被减弱。可以利用这一特性在多径信道环境中进行距离测量和定位处理。由持续时间压缩易知，两条多径之间的最小分辨率为 $1/B$。而上下扫频 Chirp 信号做互相关后，其峰值与自相关相比就很小，与自相关旁瓣相当。

对于 Chirp 信号而言，它的一个重要指标就是时间带宽积（BT）的大小。根据上述分析可知，随着 BT 积的增大，匹配滤波后的时域脉冲压缩就越厉害，其峰值就越高，冲激时间就越短。BT 积越大，其幅度响应就越接近一个理想的带通滤波器[5]。对于持续时间较长的 Chirp 信号，其能量在频域上能扩展到一个很大的带宽。

6.1.2　MDMA 调制技术

无线电通信的发展过程中，随着各种新的应用需求不断发展出各种信号调制技术。最早的调制方式是调幅（Amplitude Modulation，AM），调幅通信对噪声非常敏感，为提高通信质量，降低对噪声的敏感度，后来开发了调频（Frequency Modulation，FM）技术，但调频需要占用更多的无线电频谱资源，随着频谱资源越发稀缺和数字时代的到来，调相（Phase Modulation，PM）技术被引入到无线电通信系统中，但调相技术有着自己的缺点，如载波频率的波动等。调幅、调频和调相有着各自的优点和缺点，然而可以将三者有机地结合到一起，充分发挥各自的优点又能避免各自的缺点，这便是 MDMA（Multi-Dimensional Multiple Access）调制技术[6]。

无线电通信系统中，有两个基本的问题需要考虑，这也是 MDMA 调制技术要解决的问题。

（1）数据一般需要以载波的形式由发送端传输到接收端，载波需要使用调制技术进行调制，如调幅、调频以及调相，但这三种调制方式都有着各自特定的优点与缺点。

（2）信号传输时，应考虑到不同信号的特殊传输需求以及传输环境，因此为保证信号的成功传输，需要基于最大可允许的比特错误率（Bit Error Rate，BER）准确地计算出每个信号所需的能量。

MDMA 调制使用两种信号形式用于信号的处理与传输，分别是 Sinc 信号与 Chirp 信号[7]。Sinc 信号用于发送端与接收端的基带信息处理，在给定的带宽 B 下，根据香农式，Sinc 信号的持续时间 T 可以实现最短，即其时间带宽积 BT 较小，这便有利于基带信号的处理。此外，Sinc 信号在发送端生成相对比较容易，在接收端也可以利用简单的幅值检测进行信号的接收。MDMA 技术信号转换基本原理如图 6-5 所示。Sinc 信号可由如下的数学表达式表示：

$$U(t)=\begin{cases}U_0\dfrac{\sin(\pi Bt)}{\pi Bt}, & -\dfrac{T}{2}\leqslant t\leqslant\dfrac{T}{2}\\ 0, & \text{其他}\end{cases} \tag{6-16}$$

Chirp 信号可以实现远大于 1 的时间带宽积 BT，其时间带宽积 BT 越大，Chirp 信号在传输过程中的抗干扰性能越好。Chirp 信号可由如下的数学表达式表示：

$$U(t)=\begin{cases}\dfrac{U_0}{\sqrt{Bt}}\cos\left[2\pi\left(f_0t\pm\dfrac{kt^2}{2}\right)+\varphi\right], & -\dfrac{T}{2}\leqslant t\leqslant\dfrac{T}{2}\\ 0, & \text{其他}\end{cases} \tag{6-17}$$

式中，f_0 表示 Chirp 信号的中心频率；T 表示 Chirp 信号的持续时间；$k(k\neq 0)$ 称为调频因子或扫频因子（Chirp rate / frequency sweep rate），单位是 Hz/s，调频因子 k 控制着 Chirp 信号瞬时频率的变化速率，当 k 是一个常数的时候，Chirp 信号的瞬时频率呈线性变化，称为线调频率（Linear Frequency Modulated，LFM）信号；当 $k>0$ 时，$s(t)$成为上扫频（up-Chirp）信号；当 $k<0$ 时，$s(t)$成为下扫频信号（down-Chirp）信号。

Sinc 信号与 Chirp 信号之间可以方便地互相转换，且转换是可逆的，二者之间的转换可以通过色散延迟线（Dispersive Delay Line，DDL）[8]进行，例如，模拟器件声表面波（Surface Acoustic Wave，SAW）滤波器便可以用于 Sinc 信号与 Chirp 信号之间的转换。Sinc 信号与 Chirp 信号之间联合及其相互转换，便构成了 MDMA 调制技术的基础。

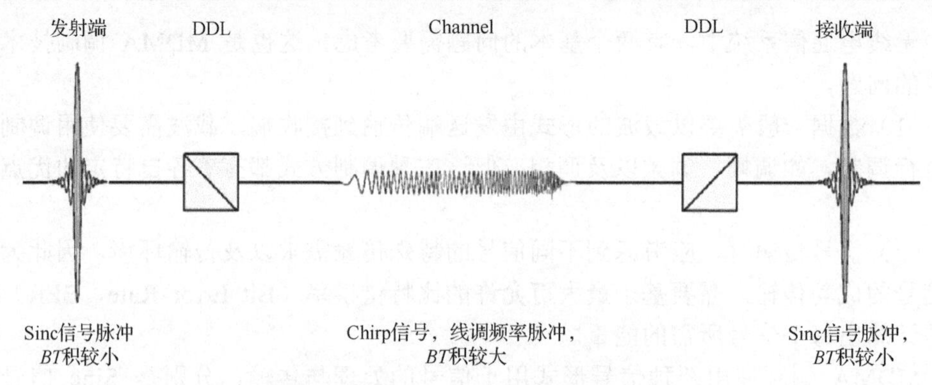

图 6-5　MDMA 技术信号转换基本原理

6.1.3　CSS 的发展及技术特点

1. CSS 技术的发展

CSS 技术是 Chirp Spread Spectrum 的简称，即线性调频扩频技术。Chirp 信号及与其相关的脉冲压缩技术长期以来被广泛应用于雷达领域，能够很好地解决冲击雷达系统测距长度和测距精度不能同时优化的矛盾[9]。冲激雷达采用冲激脉冲作为检测信号，要增加测量距离，则必须牺牲测量精度；增加测量精度，则必须牺牲测量距离，而脉冲压缩技术使用具有线性调频特性的 Chirp 信号代替冲激脉冲，可以同时增加测量距离和测量精度。随着技术的发展，目前 Chirp 超宽带信号不仅被应用到了精确测距和车载雷达，而且还被应用于扩频通信中。而随着 2005 年由 Nanotron 技术公司提交的 Chirp 扩频技术被 IEEE 802.15.4a 列为物理层的可选标准之一，其相关理论与应用正得到学术界以及工业界越来越多的关注。此外，SAW 器件技术的发展使得全被动、低成本的 SAW Chirp 延迟线（SAW chirp delay lines）技术被进一步应用于 Chirp 信号的产生和匹配滤波器/相关器的实现[10]。

1962 年，CSS 技术开始应用于通信领域。Winkler 首先提出把 Chirp 信号应用到通信领域的想法，但是这仅仅是想法，并没有给出完整的系统实现方案。1966 年，Hata 和 Gott 独立地提出基于 CSS 的 HF 传输系统，利用了 CSS 技术对多普勒频移免疫的特性。需要注意的是，当时没有使用 SAW 滤波器来产生 Chirp 信号，直到 1973 年，Bush 首次提出了使用 SAW 产生 Chirp 信号的方法[11]。因为 SAW 是模拟设备，成本低廉，被 CSS 通信的研究者广泛采用。

1975 年以后，限于 SAW 制作工艺的发展，CSS 研究进入了低谷。直到 20 世纪 90 年代初人们开始关注室内无线通信的时候，CSS 被 Tsai 和 Chang 再度提起[12]。因为 CSS 的频带较宽，特别适合在室内多径信道中使用。1998 年，Pinkley 和奥地利的一个小组发表了关于 CSS 的两篇文章，提出了适用于室内通信的两种新的系统方案。

CSS 技术的一些优良特点已经引起一些组织和厂商的关注。在工业界，Nanotron 公司提出了基于 CSS 的 WPAN 应用方案，并在 IEEE 802.15.4a 的标准化进程中起到了主导作用。在 2005 年 3 月，致力于低速率 WPAN 标准化工作的 IEEE 802.15 TG4a 工作组通过投票，以 100%的赞成，把基于 IR 的超宽带和基于 Chirp 的 CSS 宽带技术作为 IEEE 802.15.4a PHY 的最后两个备选方案。在 2006 年 10 月，IEEE 委员会在 802.15.4a 的物理层草案中把 CSS 技术列为标准。

2. CSS 技术优点

由于 Chirp 信号在时域和频域上的特点，CSS 技术在应用于无线定位上有着许多独特的优点，结合上文对 Chirp 信号分析，主要介绍以下四点。

（1）具有很强的多径分辨能力。

由前文分析可知，对于匹配滤波后的 Chirp 信号输出压缩脉冲，在纵轴上的幅度被放大的同时，横轴上的持续时间被急剧压缩。持续时间为 T 的信号为被压缩为主瓣时间宽度为 $2/B$ 的脉冲。从而在多径信道中，两条多径之间的最小分辨率为 $1/B$。从理论上说，只要提高信号的带宽就能够获得足够的分辨率。Chirp 信号的这个特性不但对通信而言有很大的好处，而且对无线定位更是具有非凡的意义。在多径分辨率提高的情况下，由于多径叠加带来的测量误差就有可能加以消除。信号的到达时间就可以尽量避免峰值偏移带来的影响。不论是基于 TOA 还是 TDOA 的定位算法都能获得到较为准确的时间信息。

（2）具有很强的抗噪声能力。

由上述讨论可知，滤波后的 Chirp 信号的输出压缩脉冲的包络幅度放大为原来的 $\sqrt{BT}$，该信号与其他信号间的互相关很弱，匹配滤波就不会使噪声等信号获得增益。即使当 Chirp 信号中叠加的高斯白噪声很大，甚至比信号功率大的情况下，匹配滤波后得到的压缩脉冲峰值仍然较大。BT 积越大，抗噪声的能力就越强。如图 6-6 所示，当一个时间带宽积等于 100 的 Chirp 信号附加 SNR=5 的高斯白噪声后，仍然能够通过匹配滤波的办法将信号和噪声进行分离。从这个仿真中可以看出 Chirp 信号具备很强的抗干扰能力。

（3）受频率偏移影响小。

对于一个上扫频信号 $s_1(t)$，由于各种原因，其中心频率 f_0 产生了 Δf 的频率偏移，具体表达式如下所示：

$$s_1(t)=\cos\left[2\pi\left((f_0+\Delta f)t+\frac{kt^2}{2}\right)\right],\quad -\frac{T}{2}\leqslant t\leqslant\frac{T}{2} \tag{6-18}$$

现将其通过匹配滤波器 $h(t)=\cos[2\pi(f_0(t)-kt^2/2)]$，其持续时间与 $s_1(t)$ 同。得到滤波后的信号 $y_1(t)$，如下所示：

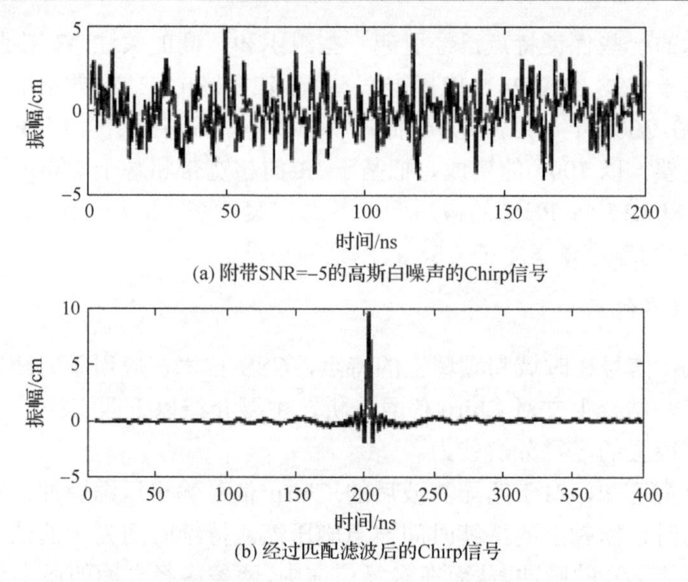

(a) 附带SNR=−5的高斯白噪声的Chirp信号

(b) 经过匹配滤波后的Chirp信号

图 6-6　低信噪比下 Chirp 信号及其匹配滤波信号

$$
\begin{aligned}
y_1(t) &= \int_{-\infty}^{+\infty} s(\tau)h(t-\tau)\mathrm{d}\tau \\
&= 2\sqrt{k}\,\frac{\sin[\pi(\Delta f + kt)(T-|t|)]}{2\pi(\Delta f + kt)}\left(\cos 2\pi\left(f_0 + \frac{\Delta f}{2}\right)t\right)
\end{aligned}
\tag{6-19}
$$

与式（6-14）比较可得，两种波形大体相同，都产生了脉冲压缩的效果，它们的包络也都是 Sinc 函数。频偏Δf将使脉冲主瓣峰值幅度减小为原来的$1-|\delta|$，其中$\delta = \Delta f / B$；同时脉冲主瓣中心点还会发生δT的时移。由于信号B通常很大，而Δf通常比其小若干个数量级，因此相比较后得到的δ相应就小。这样脉冲主瓣的峰值幅度减小十分有限，时移也不大。

在无线定位中，由于被测物体与基站之间存在相对运动，所以存在多普勒频移现象。但是这一现象往往给信号的时延测量带来很大的影响，导致定位精度急剧下降。根据 Chirp 信号的这一性质，通过加大信号的带宽，有可能将此影响降至可以容忍的程度。

（4）发射的瞬时功率低。

当 Chirp 信号的平均功率与高斯脉冲等普通超宽带信号相当的情况下，其瞬时功率一般要小许多。因为 Chirp 信号将能量分散在了整个持续时间内，而不是集中在一个很短的脉冲内发射。在工程应用中，这个特点就降低了对器件的要求，极大地降低了成本。

此外 CSS 技术还具有发生器件成本低、传输距离比较远等优点。这一系列特性都说明了其在无线定位方面具有广泛的应用前景。

3. CSS与其他扩频技术比较

无线扩频手段包括DSSS（如ZigBee）、跳频、跳时以及CSS。这四种技术中，最常用的是前三种，以及其混合系统；第四种广泛应用于雷达系统中。有时第四种CSS手段也会作为前三种系统的补充应用，用于抵抗这些系统的频移特性。

CSS技术的基本原理是采用Chirp信号来承载数据符号，因为Chirp信号本身是宽带信号，所以使用 Chirp 信号来表示数据符号可以达到扩展带宽的目的。CSS和DSSS，跳频扩频（Frequency Hopping Spread Spectrum，FHSS）都有类似的地方，DSSS和CSS都是采用一段特定的具有一定扩展带宽效果的信号来表示原始数据符号。不同的是前者采用PN序列，后者采用Chirp信号。FHSS和CSS的瞬时频率都会随着时间的变化而变化，但是前者的变化规律由PN序列决定，后者的变化规律由Chirp信号本身的特性相关，而且是连续的变化。CSS扩频的频谱示意图如图6-7所示。

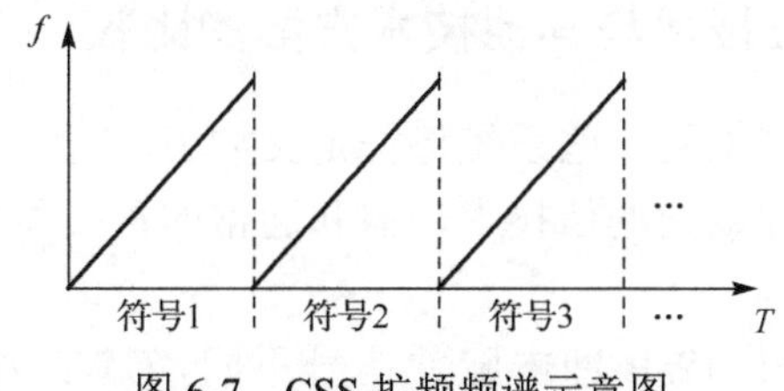

图6-7 CSS扩频频谱示意图

CSS的解扩原理和DSSS、FHSS也很相似，DSSS和FHSS是利用本地的生成端和发送端相同的PN序列和接收信号进行相关运算从而进行解扩并恢复出原始信号的，因为PN序列具有与随机二进制序列相同的统计特性，其自相关远远大于互相关，所以可以通过求自相关的方法来把数据符号提取出来，达到最终的解扩效果[13]。而CSS在接收端应用了脉冲压缩原理，匹配滤波过程在很短的时间内获得很大的能量，接收机可以通过对能量的捕获把数据符号提取出来，因匹配滤波在一定程度上可以看作是自相关运算。所以CSS和DSSS、FHSS在解扩方式上可以认为是一致的，即通过对扩频序列（信号）求自相关来获取符号信息。

DSSS、跳频、跳时系统的缺点各自如下。

（1）DSSS：处理增益容易受到PN码速率限制；时间同步要求高；捕获时间相对长，也受到PN码长度影响。

（2）跳频扩频：获取高处理增益的同时，容易受到脉冲和全频带干扰影响；快速跳频系统设计复杂、频率合成难度高；慢速跳频时隐蔽性差。

（3）跳时扩频：连续波干扰严重；需要峰值功率高，时间同步难。

容易看出，DSSS系统由于同步时间的问题，以及PN码的限制，在定位与测距系统中很难获得较好的测量结果；跳频系统容易受到干扰，不易应用于恶劣环境；

跳时系统则在功耗和干扰问题上难以适用于现代的低功耗健壮系统的应用；本节中已经介绍CSS系统的特性，不难看出，CSS系统由于采用了脉冲压缩的处理机制，在避免使用PN码的同时，有效实现了脉冲捕获时间精准的需求；而对于脉冲和连续波干扰信号，脉冲压缩处理过程也进行了过滤以及能量分散，同时有用脉冲能量压缩加大，避免了电磁信号干扰；在解扩过程获取高增益、脉冲压缩能量集中的特性，使得发射机并不需要通过增加Chirp线性脉冲能量来获取射频功率，大大降低了峰值功率的需求。

因此总的来说，CSS技术除了具有传统扩频技术如DSSS、FHSS共同的优点，即抗衰减能力强、保密性好、处理增益大等，还具有功率谱密度低、抗频率偏移能力强、传输距离远、射频功耗低等特点。这些特点使得CSS技术从脉冲压缩雷达的特殊应用，到构建现代室内外通信系统成为可能：较低的发射功率、较好的保密性、通信稳定性、抗干扰、低功耗等特点，使CSS能够应用于大多数具有挑战性的环境。

6.1.4 CSS无线定位技术与其他技术方案的比较

CSS技术用于无线定位的一些系统特征定义如下。

（1）CSS通信是一种载波通信技术，但和通常的正弦型信号载波不同，该信号是脉冲载波。

（2）CSS脉冲信号与UWB冲击脉冲信号不同，UWB冲击脉冲可直接携带信息；CSS运用一串脉冲携带信息，并在发送端进行调制后发出，接收端经过滤波压缩后提取信息。

（3）CSS信号最大技术特征是利用脉冲压缩技术，该技术使得接收脉冲能量非常集中，极其容易检测出来，提高了抗干扰和多路径效应能力。

（4）由于上述技术而使得接收机端可以直接捕获脉冲压缩，从而利用锁相环电路进行时间同步；且由于脉冲压缩技术有很好的抗频率偏移特性，并不需要进行频率同步。

（5）由于CSS信号在时域和频域上同时被扩展，信号频谱密度降低；又因为采用脉冲压缩技术，信号通过匹配滤波器获得较大的处理增益，使得整体功耗很低。

（6）CSS脉冲信号的产生过程，可以同时运用调频、调幅、调相等技术手段。

（7）CSS作为有载波的通信手段，能够运用于载波UWB系统的开发，从而与目前基于冲击脉冲的UWB系统形成互补。

1. CSS定位与ZigBee定位方案比较

IEEE 802.15.4a标准作为IEEE 802.15.4标准的修正版，增加了UWB和CSS的物理层标准，一个很重要的方面便是添加了测距功能，这也是无线定位的关键。然而由于ZigBee技术的广泛应用和先发优势，目前对于ZigBee定位的研究和开发很多，下面从测量原理、测量精度、测量范围、功率控制、适配协议、抗干扰性和安全性等方面对 CSS 与 ZigBee 在定位上的特点进行一些比较。

1）测量原理

从原理上说，任何定位系统首先需要获取邻节点之间的距离。CSS 采用 SDS-TW 的测量方法，获取双向传输的时间，进而获取节点距离；ZigBee 采用测算节点之间连接信号强度的方法，利用无线信号的空间传输衰减模型估算出节点间传输距离。

CSS 进行了精确的双向到达时间测量以及内部反应时间测量。由于采用了高质量的时钟电路，精确度可以达到 1ns，因而实际测量精确度可以达到 1m 以下。

ZigBee 进行 RSSI 测量估算的原理。这种测量是区域性的，和节点前端的低噪声处理电路有很大关系。空间自由传输模型的 RSSI 衰减估算式如下：

$$\mathrm{Loss} = 32.44 + 10k\lg d + 10k\lg f \tag{6-20}$$

式中，d 为节点距离（km）；f 为频率（MHz）；k 为路径衰减因子。在实际应用环境中，由于多径、绕射、障碍物等因素，无线电传播路径损耗与理论值相比有较大变化。而由于在不同的空间环境中，上述干扰因素是不确定的，K 因子具有较大的不确定性。有研究人员对环境干扰进行进一步的处理，期望获取更接近于实际空间传输特性的模型，如用对数-常态分布模型。进一步用对数-常态分布模型绘制 RSSI 曲线图观察，发现有如下的明显结论。

（1）节点到信号源的距离越近，由 RSSI 值的偏差产生的绝对距离误差越小。

（2）而当距离大于 80 m 时，由于环境随机数 X_σ 的影响，由 RSSI 波动造成的绝对距离误差将会很大。

2）测量精度

在实际的野外应用中，精度的要求并没有室内定位系统高。假设实际的需求是 5m，那么 CSS 系统肯定可以满足需求；根据 ZigBee 的衰减模型，ZigBee 系统在 30m 以内能够进行大约 5m 级的距离分辨，80m 以内能够进行 10m 级的分辨，而 80m 以外对信号波动已经无法识别。实际应用中这些值将都有所降低。

3）测量范围

CSS 系统：测量范围将达到节点双向通信所覆盖的范围，也就是说只要节点之间能够通信，系统就能够进行实际的距离测量，因此采用功率放大器后，800～2000m 的应用不会存在问题，其测量特性也不会因为增加功率放大器这一环节而有所变化。

ZigBee 系统：出于分辨率的考虑，0dBm 理想最大测量距离在 80m，实际测量距离将在 30m 以下。这将使得普通的传感器网络应用，所部署的点十分密集。如果大范围应用，只能利用其他的概率估算方法进行粗略定位，而此时的误差将可能达到网络覆盖半径的 30%。

如果采用功率放大器，测量范围将进一步扩展，但是仍然存在的问题如下。

（1）功率放大器的差异性将影响测量距离，需要用户进行逐一校准。

（2）根据衰减曲线，在通信距离末端的 30%范围内，将仍然因为 RSSI 的波动而难以识别。

4）功率控制

CSS 系统和 ZigBee 系统都有着很好的功率控制特性：休眠、唤醒、常态收发。从能量消耗上来看，ZigBee 为 25mA@3.3V，CSS 为 33mA@2.5V，CSS 功耗相当。CSS 系统一个更优越的地方在于，由于采用 Chirp 信号，射频前端设计容易，能够快速地增加功率模块，进一步增大测量范围。ZigBee 难以做到这一点，且做起来有着相当大的校准难度。

5）适配协议

目前支持 ZigBee 的芯片以及 CSS 虽然物理层不同，但是网络协议层均可以一致。采用这两种解决方案，并不存在太大的区别与难度。

6）抗干扰性

带宽：CSS 系统由于采用了 80MHz 的带宽（属宽带系统），获得了相对较低的频谱密度；而处理信号时又能够获取较大的处理增益以及较好的到达脉冲分辨率，能够很好地抵御环境干扰；ZigBee 系统只有几兆带宽的窄带系统，所以频谱密度高，极易受到外界干扰。

天线：利用 ZigBee 定位，需要天线进行良好的处理，避免由于天线以及部署位置的不同而导致原先的校准失效。举个例子说，如果一个 ZigBee 节点的定位校准工作是在距地面 1.5m 高度进行的，那么当放在地上，天线方向也变了的时候，前面的一切校准工作已经失效，甚至测不出数据。CSS 系统在这种情况下只会缩短测量范围，但仍然能够保证测量精度。

环境：当雨天、雾天、丛林中使用该系统时，由于 ZigBee 的信号强度基本上被吸收，会严重偏离运算模型，而 CSS 因为信号的吸收问题，只会缩短距离。

7）安全性

如上所述，CSS 系统由于采用了 80M 的带宽，属于宽带系统，有着较低的频率密度，再加上 CSS 本身的线性调频特性，具有较好的低截获特性；由于支持 128 位加密，整个系统将具有较好的安全性。

ZigBee 系统采用 DSSS 调制，虽然也同样具有较好的保密性，但是相对于 CSS 而言频谱密度仍然相对较高，易于受到外界施加的干扰。

2. CSS 定位与 UWB 定位方案比较

UWB 技术是一种使用 1GHz 以上带宽且无需载波的先进无线通信技术。虽然是无线通信，但其通信速度可以达到几百 Mbit/s 以上[14]。由于不需要价格昂贵、体积庞大的中频设备，UWB 冲激无线电通信系统的体积小且成本低。而 UWB 系统发射的功率谱密度可以非常低，甚至低于美国联邦通信委员会（Federal Communications Commission，FCC）规定的电磁兼容背景噪声电平，因此短距离 UWB 无线电通信系统可以与其他窄带无线电通信系统共存。

近年来，UWB 通信技术受到越来越多的关注，并成为通信技术的一个热点。作为室内通信用途，FCC 已经将 3.1～10.6GHz 频带向 UWB 通信开放。IEEE 802 委员会也已将 UWB 作为个人区域网的基础技术候选对象来探讨。UWB 技术被认为是无线电技术的革命性进展，巨大的潜力使得它在无线通信、雷达跟踪以及精确定位等方面有着广阔的应用前景。

选用 UWB 窄脉冲进行定位根本上是基于以下的考虑。

（1）脉冲系统具有精准的到达时间计算能力，系统带宽越宽，脉冲分辨率越高，越容易检测，则实现精确定位越容易。

（2）脉冲系统具有良好的抗干扰性以及抗多路径效应能力。

（3）由于较小能量传输较远距离，类似噪声的 UWB 信号具有良好的隐蔽性，并不易对其他的通信系统产生干扰。

对比以上 UWB 脉冲定位系统的特征，CSS 系统能够满足的特性如下。

（1）采用脉冲压缩定位技术，事实上在进行扩频宽带通信的同时，进行了窄脉冲的提取工作，这个脉冲的检测提取过程能够做到非常精确，因此也能够实现精确的时间检测。

（2）由于脉冲压缩通信过程，匹配滤波器分散了干扰信号、多路径信号的能量，但叠加了有用脉冲的能量，使系统获得较高的信噪比；脉冲容易检测，也就体现了系统的良好抗干扰能力。

（3） CSS 信号由于利用线性调频，将能量均匀分布在一定带宽上，使得脉冲发射功率很低；经过脉冲压缩后，又能获取较大的处理增益并很容易地检测出来。因此这个过程降低了射频功率，同样具有低截获特性，满足隐蔽通信的需求，并不会对其他系统产生干扰。

CSS 系统虽然能够满足上述特性，但是由于频率低、带宽窄，以及载波调制上的特性，测距分辨率、功耗上肯定不如宽频带的 UWB。例如，UWB 在 7G 的高频下，利用 6～8G 带宽进行最大距离 40m 的定位，精确度可以达到 0.1m，功率仅在 −41dBm 左右，不足 0.1μW/MHz。利用 CSS 信号进行 40m 长度的定位，精度达到 0.6m，功率在 −9dBm 左右，大概为 1.5μW/MHz。

在系统的环境适应性方面，由于 UWB 定位信号频率达到 6～8GHz，其多路径效应方面好于 CSS 系统；在介质吸收方面，UWB、CSS 信号都会被含水物质部分吸收，但也都能够抵抗人体的“电子烟雾”，这也是 ZigBee 等信号所不具有的特征。

但是在实际的应用中，考虑系统的实现难度，实际的 UWB 系统一般在–25dBm 左右难以提高，且复杂性增加较大，难以小型化，造价也随之升高。考虑到 UWB 信号对其他系统的影响，冲击脉冲也会造成更大的通信干扰。一般的商业应用，只能维持在 10～20m 内。

因此综合来说，CSS 系统是 UWB 系统性能的折中版本，运用 CSS 系统能够实现比 UWB 略差的定位性能，而性价比却大大提高。CSS 系统在一般的定位场合，可以替代 UWB 系统。

6.1.5 基于 CSS 的无线测距方法

1. 测距时延处理

基于 CSS 的无线测距是根据无线电传输时间与无线电传播速度来求得距离值的，在给定的介质中，无线电的传播速度是已知的，因此关键是得到无线电传播的时间值。CSS 无线网络节点使用测距数据包与硬件确认两种传输类型来获取两个时间度量值。

1）发射传播时延

数据包和硬件确认数据包从一个节点发送到另外一个节点需要传播时间，在这个时间中，信号以已知的速度在空气中传播（光速）。测得这个时间延迟，便可根据已知的传播速度求得两个节点间的距离。

2）处理时延

在接收到数据包以后，硬件需要对数据包进行分析和处理，并生成确认数据包发送给对方节点。这些过程产生的时间延迟也需要进行测量，并用于节点间距离的计算。

以上两个时间值确定后便可使用确定的测距式来求出两个 CSS 无线网络节点的距离值。

2. 基于 CSS 的无线测距方法

IEEE 802.15.4a 标准中给出了两种测量距离的方法，一种称为双边对等两次测距法（Symmetric Double-side Two-way，SDS-TWR），测距原理如图 6-8 所示。

如图 6-8 所示，该算法“对等”是指测距过程是对等的，本地 CSS 网络节点

A 向远程节点 B 测距时，远程节点 B 也在向本地节点 A 测距；“双边”是指在一次测距中需要两个节点参与，一个本地节点 A，一个远程节点 B；“两次”是指节点发送数据包后，对方节点接收到数据包并自动进行硬件确认，将确认包发送给原节点。

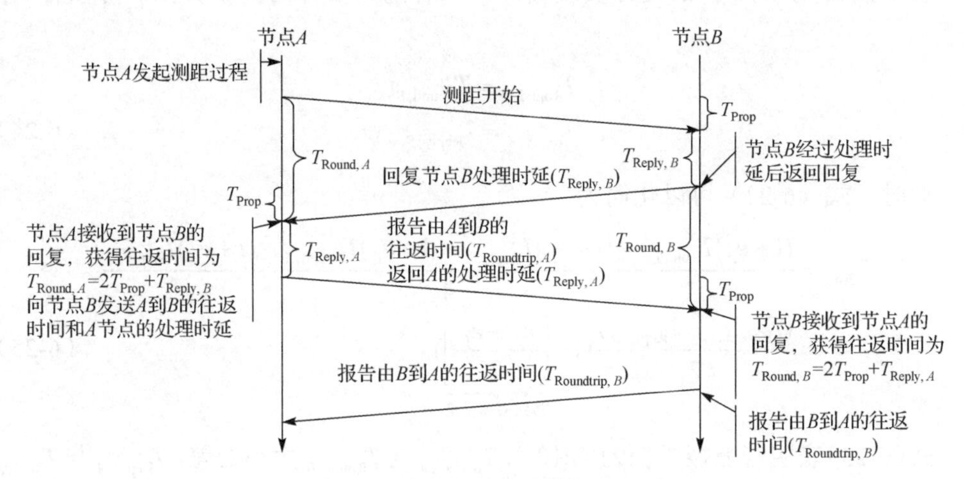

图 6-8　SDS-TWR 测距原理图

在 SDS-TWR 测距算法中，两个节点间距离为

$$d = c\frac{T_{\text{Round},A} - T_{\text{Reply},B} + T_{\text{Round},B} - T_{\text{Reply},A}}{4} \tag{6-21}$$

式中，$T_{\text{Round},A}$ 为本地节点 A 到远程节点 B 的往返时延；$T_{\text{Reply},B}$ 为远程节点 B 的处理时延；$T_{\text{Round},B}$ 为远程节点 B 到本地节点 A 的往返时延；$T_{\text{Reply},A}$ 为本地节点的处理时延；c 为无线电信号的传播速度。

另外一种称为非对等单次测距法（Half SDS-TWR），使用该方法测距时，仅进行一次测量，即双边对等两次测距方法的第一次测量，而第二次则省略，直接采用第一次测量的数据作为第二次测量值。在 Half SDS-TWR 测距算法中，两个节点间距离为

$$d = c\frac{T_{\text{Round},A} - T_{\text{Reply},B}}{2} \tag{6-22}$$

上述的 $T_{\text{Round},A}$ 与 $T_{\text{Reply},A}$ 两个时间量由本地节点 A 根据自身晶振测得，$T_{\text{Round},B}$ 与 $T_{\text{Reply},B}$ 两个时间量由远程节点 B 根据自身晶振测得。基于 CSS 的无线测距，无线节点间不进行时间同步，通过 SDS-TWR 测距算法可以有效地避免因无线网络节点本地晶振频偏造成的测距误差。假设节点 A 与节点 B 的晶振偏移分别为 e_A、e_B，无

线信号由节点 A 到节点 B 传播时间为

$$T_{\text{Prop}}=\frac{(1+e_A)T_{\text{Round},A}-(1+e_B)T_{\text{Reply},B}+(1+e_B)T_{\text{Round},B}-(1+e_A)T_{\text{Reply},A}}{4} \tag{6-23}$$

若节点 A 与节点 B 的硬件实现相同，二者的通信行为基本类似，可以有如下假设：

$$\begin{aligned}T_{\text{Round},A}&=T_{\text{Round},B}\\T_{\text{Reply},A}&=T_{\text{Reply},B}\end{aligned} \tag{6-24}$$

此时，式（6-22）可以化简为

$$\begin{aligned}T_{\text{Prop}}&=\frac{(1+e_A)T_{\text{Round},A}-(1+e_B)T_{\text{Reply},A}+(1+e_B)T_{\text{Round},A}-(1+e_A)T_{\text{Reply},A}}{4}\\&=\frac{(T_{\text{Round},A}-T_{\text{Reply},A})}{2}(1+\underbrace{\left[\frac{e_A+e_B}{2}\right]}_{\text{最终测量误差}})\end{aligned} \tag{6-25}$$

式(6-25)表明若晶振频偏为 4×10^{-5}，$T_{\text{Round},A}$ 与 $T_{\text{Round},B}$ 大小之差，$T_{\text{Reply},A}$ 与 $T_{\text{Reply},B}$ 大小之差都最大为 20μs 时，时间测量很容易达到 1 ns 的精度，因此即便节点间不进行时间同步，SDS-TWR 测距算法仍可有效消除因无线网络节点本地晶振频偏造成的测量误差，获得精度可接受的测量结果。

6.2　非视距传播问题

对于基于时间或角度测量的无线电定位技术，非视距传播是一个关键问题。基于时间测量的无线定位技术，通过测量无线信号的传播时间进而测得节点间的距离，该距离通常假设为直线距离，即假设两个节点间的信号传播是通过直射径（Direct Path，DP）传播，也称为视距传播（LOS），这也是可以利用 TOA/TDOA 等信息进行定位的基本假设之一。同样，基于角度测量的无线定位技术，通过测量无线信号的发射角度或者到达角度，进而确定节点间的相对位置，这同样需要假设节点间的信号传播为视距传播。然而，节点间的视距传播路径有可能被阻断，尤其是在障碍物较多的环境，如高楼林立的市区或者室内环境。当视距传播路径不存在时，无线信号仍可以通过衍射、反射等方式进行传播，称为非视距传播（NLOS）[15]。NLOS 环境下，已经不满足节点间信号通过直射径传播的假设，必然给基于时间或角度测量的无线定位带来较大误差。

本节将主要以 TOA 定位为例，分别讲述 NLOS 误差产生原因，NLOS 识别、NLOS 误差抑制，同时也简要讲述 DOA、DOD 等角度信息用于 NLOS 识别的方法。

如图 6-9 所示，在 NLOS 环境中，发送节点发出的无线信号经过反射等方式到达接收节点，信号传播经过的路径要比直射径长，因此测得的 TOA 值包含正值偏差，比实际值偏大，从而导致两节点间的距离测量值偏大，以 CSS 无线网络为例，CSS 节点在 LOS 环境与 NLOS 环境的 TOA 测距结果如图 6-10 所示。

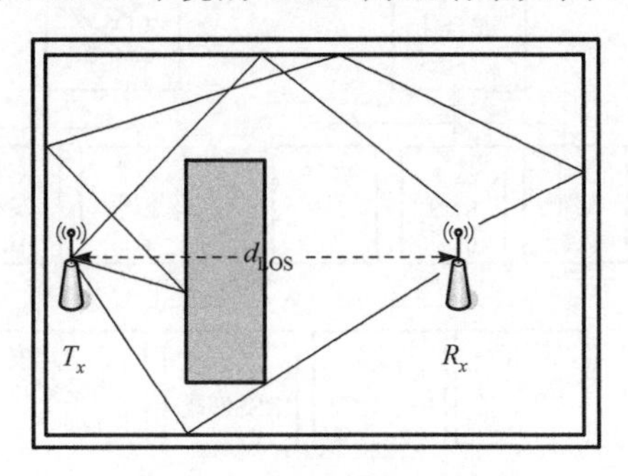

图 6-9　非视距传播示意图

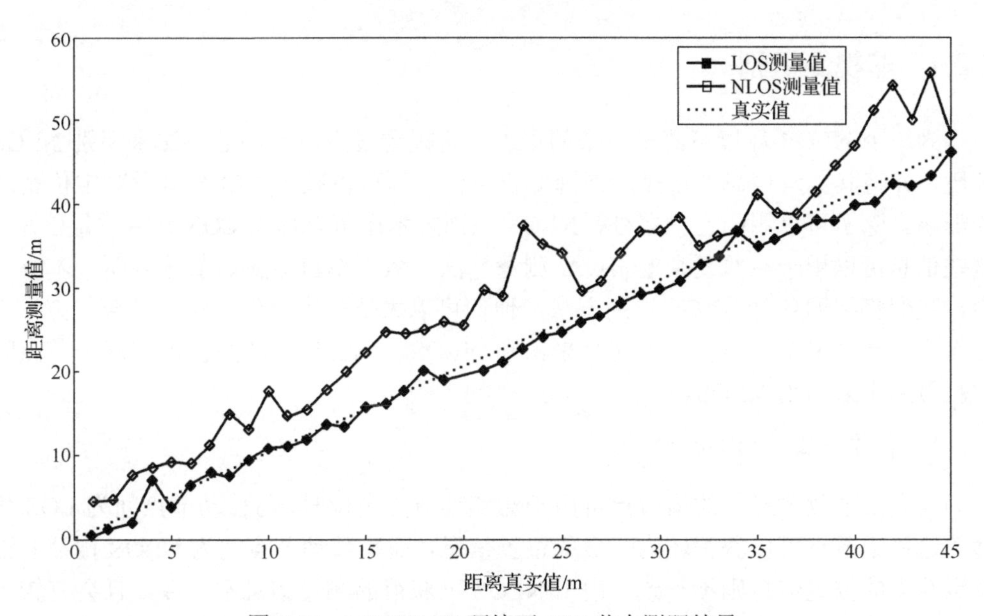

图 6-10　LOS/NLOS 环境下 CSS 节点测距结果

从图 6-10 所示的 CSS 节点测距结果可以看出，NLOS 环境下，测距结果明显要偏大，这也会给 NLOS 环境下的节点定位带来不可忽视的误差。为解决这个问题，目前已研究了多种方法用于 NLOS 传播的识别以及抑制由于 NLOS 传播带来的测距与定位误差，其分类如图 6-11 所示，下面将分别从 NLOS 识别与 NLOS 误差抑制两方面进行讲述。

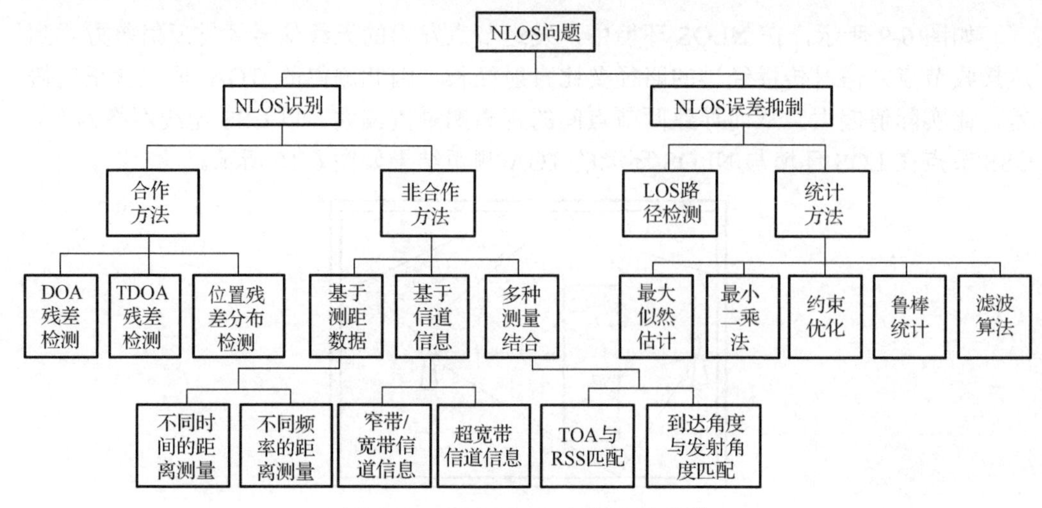

图 6-11　解决 NLOS 问题方法分类

6.2.1　非视距识别

为减少 NLOS 环境下测量带来的误差，可以通过各种不同的方法来识别 NLOS 环境，并将其测量信息予以排除或降低权重，从而可以减少 NLOS 测量对定位精度的影响。除了可以用于定位之外，NLOS 识别技术还可以提供 LOS 链接质量信息，这些信息可以用于一些复杂的 TOA 测量算法、数据率自适应调节等方面。本小节中，我们将回顾各种 NLOS 识别方法，他们可以大致分为合作方法与非合作方法，合作方法通过多个网络节点的配合来识别 NLOS，非合作方法则仅依靠两个节点间的测量结果来识别 NLOS。

1. 合作方法识别 NLOS

当有多个位置已知的锚节点可用于对移动节点定位时，与移动节点间为 LOS 传播的这些锚节点可以获得较为一致的位置信息，而与移动节点间为 NLOS 传播的锚节点获得的位置信息则不一致。由于 NLOS 下获得的测量信息不一致，且会有较大的残差，因此残差检测可以作为识别 NLOS 的有效方法。这些残差测试方法大致可以分为 DOA 残差检测、TDOA 残差检测、位置残差分布检测三类。

1）DOA 残差检测

假设各位置已知的锚节点都可以进行 DOA 测量，则可以根据所有的 DOA 测量值对移动节点位置进行最大似然估计，根据估计位置可计算每一个锚节点的 DOA 残差（即 DOA 测量值与根据估计位置计算的 DOA 二者之差），然后可以应用相应的残差检测算法估计每个锚节点与移动节点间的链路状态[16]。比如，可以计算 DOA

残差的均方根，并定义 DOA 残差大于残差序列均方根 1.5 倍时为 NLOS 状态。在对 NLOS 状态判定完成后，可将处于 NLOS 位置的锚节点排除，仅利用 LOS 位置的锚节点重新对移动节点的位置进行最大似然估计，从而提高定位的精度。

2）TDOA 残差检测

类似于 DOA 残差检测方法，首先，移动节点与每个位置已知的锚节点进行 TDOA 测量，并使用所有 TDOA 测量值对移动节点进行位置估计，然后根据估计位置再次计算各 TDOA 值，并将两次 TDOA 值进行残差检测，判断各锚节点与移动节点间的链路状态[17]。仿真实验表明，在共有 6 个锚节点，且其中一个处于 NLOS 位置时，NLOS 识别的准确度为 79%，当锚节点数量减少或者处于 NLOS 位置锚节点数量增加时，NLOS 识别的准确度或快速下降。

3）位置残差分布检测

位置残差分布检测算法可以用于找出所有处于 LOS 位置的锚节点集合。假设共有 N 个位置已知的锚节点可用，则可进行定位的不同锚节点组合个数为 $S=\sum_{i=3}^{N}C_N^i$（平面二维定位），此外，还可以利用所有锚节点的 TOA 测量值得到移动节点的估计位置 $(\hat{x},\hat{y})$ 以及由第 k 个锚节点组合的 TOA 测量值确定的估计位置 $(\hat{x}(k),\hat{y}(k))$，则可定义归一化的位置残差如下：

$$\begin{cases} x_x^2=\dfrac{[\hat{x}(k)-\hat{x}]^2}{B_x(k)} \\ x_y^2=\dfrac{[\hat{y}(k)-\hat{y}]^2}{B_y(k)} \end{cases} \tag{6-26}$$

式中，$k=1, 2, 3, \cdots, S-1$，$B_x(k)$ 与 $B_y(k)$ 分别为 x、y 轴上定位误差的克拉美罗下界。此时，若假设 LOS 时的定位误差服从零均值的高斯分布，当锚节点都处于 LOS 位置时，上述定义的归一化位置残差服从中心卡方分布，而当有锚节点处于 NLOS 位置时，其对应的位置残差会受到 NLOS 误差的影响而偏大，位置残差序列服从非中心卡方分布。这样，我们便可以设置合适的置信度，利用检验算法检验位置残差的分布从而判定锚节点是否处于 NLOS 位置。

基于锚节点间合作的 NLOS 识别方法，其优点是显而易见的，可以较好地识别出处于 NLOS 位置的锚节点，能够减少由 NLOS 带来的误差，从而在很大程度上提高移动节点的定位精度。然而其缺点也很明显，主要有以下几点。

（1）需要冗余的锚节点，至少为 4 个。

（2）需要预先知道每个锚节点的具体位置。

（3）计算复杂度很高，且随着锚节点数目的增加，计算复杂度也不断增大。

由于上述缺点，合作方法识别 NLOS 在许多场合下不适用。下面将介绍采用非合作方法来识别 NLOS，不需要多个锚节点间合作，也不需要知道锚节点的位置，计算复杂度一般也不高。

2. 非合作方法识别 NLOS

不同于锚节点间合作来识别 NLOS 的方法，非合作的识别方法通过移动节点与锚节点间的通信与测量，每次只确定相应锚节点的当前状态。这可以归结为一个假设检验问题，检验相应锚节点处于 LOS 还是 NLOS 位置的假设，为完成这个假设检验，需要找到合适的衡量指标来区分二者。常用的方法主要有根据测距数据序列、信道统计信息、多种测量匹配度检测等，下面分别展开介绍。

1）基于测距数据

此处，我们以 TOA 测距为例，移动节点与某一锚节点间进行测距时，其测距数据在 LOS 环境与 NLOS 环境是有区别的，分别可以从不同时间得到的测距数据和不同频率得到的测距数据两个方面来观察到它们的区别。

（1）不同时间的测距数据：分别对应于 LOS 与 NLOS 情形，移动节点与第 i 个锚节点间的 TOA。

测距可以按如下建模：

$$\begin{cases} r_i = d_i + n_i & \text{(LOS)} \\ r_i = d_i + n_i + e_i & \text{(NLOS)} \end{cases} \tag{6-27}$$

式中，i=1, 2, …, N；d_i 为真实的距离值；n_i 代表测量噪声，服从均值为 0，方差为的高斯分布；e_i 代表 NLOS 误差，通常认为服从指数分布或者服从均值为 μ_{e}，方差为 σ_{e}^2 的高斯分布。同时，一般认为 n_i 与 e_i 是互相独立的，且 $\mu_{\mathrm{e}} > 0$，$\sigma_{\mathrm{e}}^2 > \sigma^2$，且 σ^2 一般是可知的，因此可以根据测量数据的方差 $\hat{\sigma}^2$ 作为假设检验的指标，即

$$\begin{cases} H_0 : \hat{\sigma}^2 \leqslant \sigma^2 & \text{(LOS)} \\ H_1 : \hat{\sigma}^2 > \sigma^2 & \text{(NLOS)} \end{cases} \tag{6-28}$$

此处，检验 $\hat{\sigma}^2$ 的阈值可以根据已知先验知识的多少而定，如仅知道测量噪声的方差，阈值可为 σ^2，若已知 NLOS 误差的方差，则阈值可设为 $\sigma_{\mathrm{e}}^2/2$，阈值也可以与移动节点的移动速度等信息相关。另外，还可以根据假设的 LOS 与 NLOS 误差概率模型进行似然度检测，也有若干不需要先验知识的非参数检验算法，这些算法都利用了不同时间的测距数据序列，根据其不同的分布判断是否为 NLOS 环境。

基于不同时间测距数据的 NLOS 识别方法，实现简单，相关的研究工作也已经很多，其最重要的一个缺点是有一定的时延，因为要取一段时间内的数据用于检

测[18]，还有一点就是当进行测距的两个网络节点通信路径保持不变时，该算法就会失效，无法区别 NLOS 与 LOS 情形。

（2）不同频率的测距数据。该方法是基于这样一个事实，即使用不同频带进行测距时，在 LOS 情况下的测距数据基本一致，而在 NLOS 情况下则出现很大的变化。这可以由不同频率无线信号的传播特性不同来解释。一般而言，频率越高的信号，其穿过障碍物的能力越差，相反地，当低频信号遇到障碍物时，其有相对大的可能性穿过障碍物完成通信，即仍为 LOS 传播。因此，不同频率下的测距数据，其方差在 LOS 环境下要比在 NLOS 环境下小，据此可以检测某一位置不同频率下测距数据的方差，若大于门限值就认为相应的锚节点与移动节点间属于 NLOS 传播情形。该 NLOS 识别方法可以在正交频分复用系统中实现，要求射频前端具有快速跳频的能力，因此成本和系统复杂度都相应较高。

2）基于信道特征信息

信道特征信息也可用于 NLOS 的识别，这些信道特征信息基本都是提取自接受信号的功率延迟谱，而不同带宽的无线系统，其功率延迟谱具有明显区别，因此我们分为窄带/宽带系统和 UWB 系统两块，分别讲述各自基于信道特征的 NLOS 识别算法。

（1）窄带和宽带系统。在窄带和宽带系统中，主要使用接受信号的功率包络分布来识别 NLOS，因为通常认为第一条到达路径在 LOS 的情形下为瑞森（Rician）衰落，在 NLOS 情形下为瑞利（Rayleigh）衰落[19]。该方法的识别过程如下。

① 估计第一到达径功率的概率密度函数（Probability Density Function，PDF）。为准确估计该 PDF，需要事先设定的衰落系数集合，假设各衰落系数间相互独立。

② 将估计的 PDF 与瑞森分布、瑞利分布等参考的 PDF 做比较，比较方法可以采用皮尔逊检验（Pearson's test）或者柯尔莫诺夫-斯米尔诺夫检验（Kolmogorov-Smirnov test）等。

③ 根据比较结果给出 NLOS 的识别结果。该方法有两个主要的问题：一是为较精确地估计第一到达径的功率，需要足够长的观测时间间隔，典型的时间间隔为 1s；二是当第一个到达径中，LOS 部分远小于 NLOS 部分时，该算法无法分辨出 NLOS 与 LOS 的区别。

（2）UWB 系统。UWB 系统通过短脉冲可以提供精确的测距和定位功能，是很有发展潜力的精确室内定位方案。UWB 系统可以有效地抑制多径效应对定位精度的影响，但仍受 NLOS 传播影响，因此 NLOS 识别与抑制是 UWB 定位技术的一个相当重要的研究方面[20]。另外，UWB 信道模型已内在刻画了 LOS 与 NLOS 情形下的信道特征，许多用以区分 LOS 与 NLOS 的信道参数指标也已经被研究，这些信道参数主要有接收信号强度（Receive Signal Strength，RSS）、平均过量时延（mean excess delay）、延迟扩展（delay spread）、峰态（kurtosis）、偏度（skewness）以及第一径强度与最强径的到达时间与强度等信息。

上述用以识别 UWB 系统 NLOS 的信道参数，都可以从接收的多径信号中提取得到，因此不需要等待一定的观察时间，识别速度是相对较快的。这些信道参数可以单独使用，也可以进行组合，构造自定义的参数指标，然后对组合参数指标进行检验用于 NLOS 识别。在对这些参数指标进行似然度检验时，需要知道各自的 PDF，然而在很多情况下，各个参数的 PDF 是无法事先获取的，此时可利用一些自学习方法，如支持向量机、人工神经网络等，先使用部分事先获取相应状态的数据集进行训练，在根据训练结果完成 NLOS 的匹配与识别过程。

3）多种测量融合

无论在 LOS 还是 NLOS 情形下，不同的信道参数指标均具有相关性，例如，在 LOS 情形下，随着 TOA 值增大，RSS 也应按照 LOS 的路径衰落模型递减。因此，不同信道参数指标间的一致程度可以用于 NLOS 的识别。

以上述 TOA 与 RSS 间的关系为例，可以依据二者的一致程度来识别 NLOS。在测量 TOA 的同时也测量相应的 RSS 值，另外以 TOA 测量的距离值分别计算在 LOS 与 NLOS 情形下的路径衰落，并将计算结果分别与真实测得的 RSS 值进行比较，依照他们之间的符合程度判断该次 TOA 测量属于 LOS 还是 NLOS 情形。用于表示比较结果的似然比可以定义如下：

$$\theta = \frac{f(\hat{L}_{\mathrm{p}} | \hat{d}, H_{\mathrm{n}})}{f(\hat{L}_{\mathrm{p}} | \hat{d}, H_{1})} \tag{6-29}$$

$$\begin{cases} \theta > k; & H_{\mathrm{n}} \\ \theta < k; & H_{1} \end{cases} \tag{6-30}$$

式中，H_{n} 与 H_1 分别为 NLOS 与 LOS 的假设；$\hat{d}$ 为根据 TOA 计算的距离估计值；$\hat{L}_{\mathrm{p}}$ 为相应假设下的路径衰落值；阈值 k 则可根据给出的误报概率而相应进行确定。

当移动节点与锚节点都可以进行角度测量时，也可以根据 DOD 与 DOA 的匹配程度来识别 NLOS，在此不展开叙述。

6.2.2 非视距误差抑制

NLOS 误差的出现会严重影响定位的精度，假设可以获得足够多的定位所需信息，如 TOA、TDOA、DOA 等，且 LOS 测量的数量可以满足定位计算的要求，那就可以识别 NLOS 测量，NLOS 测量误差也可以得到抑制。6.2.1 节中，回顾了 NLOS 识别的方法，本小节将关注定位过程中，NLOS 误差抑制的方法。

1. LOS 路径检测方法

NLOS 传播对定位性能的影响可以从其物理特性上来考虑。一般而言，NLOS 传播导致无线信号传播需要的时间较 LOS 传播要长一些，从而导致 TOA 测量值偏大，测得的距离值包含正值偏差，这便导致计算出的节点位置出现偏差。因此，我们可以检测最先到达的信号，以此计算 TOA，从而提高测距的精确度。此时，可以根据接收到的信号将测距过程分为两种情况：一是可检测到直射径（Detected Direct Path，DDP），另一种是无法检测到直射径（Undetected Direct Path，UDP）[21]。在 DDP 情形下，可以将检测到的直射径用于计算 TOA，不包含 NLOS 误差，而 UDP 情形下无法检测到直射径，即 NLOS 情形，测距值包含 NLOS 误差，这样基于直射径检测的方法既可用于 NLOS 识别也可以用于 NLOS 误差抑制。此处，我们只关注抑制 NLOS 误差的方法，以 Heidari 等提出的方法为例，可先将信道冲激响应使用带通滤波器进行滤波，然后应用波峰检测算法检测第一条到达径，第一条到达径的到达时间作为 TOA 测量值，将测量值再减去 TOA 统计误差，结果即为最终 TOA 估计值。

2. 统计方法

利用 NLOS 传播的特性，也可以使用统计方法，在 LOS 与 NLOS 混合场合中抑制 NLOS 传播对定位的影响[22]。例如，可以计算由 NLOS 正值偏差导致位置误差的条件概率，然后导出相应位置的最大似然估计。除此之外，还有的 NLOS 误差抑制算法将定位问题转化为超定方程，然后求其（加权）最小二乘解，基于最小二乘法的抑制算法可以进一步分为丢弃识别出的 NLOS 测量与 NLOS 测量参与位置计算两类。除了基于最大似然估计与最小二乘法两类 NLOS 误差抑制算法之外，还有基于约束优化、鲁棒统计、滤波算法等其他 NLOS 误差抑制方法，下面给出这几种 NLOS 误差抑制方法的比较，如表 6-1 所示。

表 6-1　NLOS 误差抑制方法比较

NLOS 误差抑制方法	优点	缺点
最大似然估计	可提供渐近最优的定位方法	当观测数据与事先假定的概率模型不匹配时，性能下降得非常厉害
最小二乘法	计算复杂度低于最大似然估计方法，且一般不需要预先获得位置度量的统计信息	当位置解算方程欠定时，无法进行定位；通常未利用 NLOS 测量中包含的信息（RWLS 等算法除外）
约束优化方法	可以根据地理场景信息，灵活地向优化方程中添加相应约束条件，从而提高定位精度	计算复杂度通常较高，且复杂度随着约束条件的增加而不断增大
基于鲁棒统计方法	计算复杂度最低，易于实现	算法实际效果依赖于目标函数的选择，实际的地理场景会影响算法性能；算法需要一定大小的统计窗口，会有相应的延时；当测量中包含不多于 50%的 NLOS 测量时，算法可提供较为稳健的估计结果
位置滤波	可递归地给出位置估计结果；可灵活地选择合适的滤波算法以适应不同的应用场合	一些滤波算法计算复杂度较高；在滤波模型与实际系统不匹配时，性能会严重下降

6.3 本 章 小 结

在这章中，主要介绍了 CSS 的定位技术，以及非视距传播问题，并将 CSS 与 ZigBee 定位、UWB 定位方案进行了比较。UWB 技术是一种使用 1GHz 以上的带宽且无需载波的最先进的无线通信技术，其关键技术包括脉冲信号的产生、信号调制、信道模型、天线设计和收发信机设计等。由于 UWB 具有高速率、低功耗和低成本的特点，因此它非常适合于无线个域网，可方便地应用于高精度定位导航和智能交通系统中。但是在实际的应用中，实际的 UWB 系统实现难度较大，且复杂性增加较大，难以小型化，造价也随之升高。CSS 系统能够实现比 UWB 略差的定位性能，而性价比却大大提高，所以 CSS 系统在一般的定位场合，可以替代 UWB 系统。

参 考 文 献

[1] Tsai Y R, Chang J F. The feasibility of combating multipath interference by chirp spread spectrum techniques over Rayleigh and Rician fading channels[C]// Proceedings of the IEEE Third International Symposium on Spread Spectrum Techniques and Applications, 1994: 282-286.

[2] Xia X. Discrete chirp-Fourier transform and its application to chirp rate estimation[J]. IEEE Transactions on Signal Processing, 2000, 48(11): 3122-3133.

[3] van Yzeren J. Moivre's and Fresnel's integrals by simple integration[J]. American Mathematical Monthly, 1979, 86(8): 690-693.

[4] Schober A M, Imeshev G, Fejer M M. Tunable-chirp pulse compression in quasi-phase-matched second-harmonic generation[J]. Optics Letters, 2002, 27(13): 112-113.

[5] Virolainen T, Eskelinen J. Frequency domain low time-bandwidth product chirp synthesis for pulse compression side lobe reduction[C]// Proceedings of the IEEE International Ultrasonics Symposium, 2009: 1526-1528.

[6] Brown P L, Kiyatkin E A. Brain hyperthermia induced by MDMA (ecstasy): Modulation by environmental conditions[J]. European Journal of Neuroscience, 2004, 20(1): 51-58.

[7] Wysocki T. Generalized chirp modulation technique[J]. European Transactions on Telecommunications, 1995, 6(6): 679-683.

[8] Fetterman H R, Tannenwald P E, Parker C D, et al. Real - time spectral analysis of far-infrared laser pulses using an SAW dispersive delay line[J]. Applied Physics Letters, 1979, 34(2): 123-125.

[9] Cho H, Kim S W. Mobile robot localization using biased chirp-spread-spectrum ranging[J]. IEEE Transactions on Industrial Electronics, 2010, 57(8): 2826-2835.

[10] Haspel M. Iterative synthesis of optimized surface acoustic wave chirp waveform conpression filter impulse response[C]// Proceedings of the IEEE 1987 Ultrasonics Symposium, 1987: 209-212.

[11] Bush H, Martin A, Cobb R F, et al. Application of chirp SWD for spread spectrum communications[C]// Proceedings of the 1973 Ultrasonics Symposium, 1973: 494-497.

[12] Zhao Q, Zhang Q, Zhang N. A Novel Transmission Scheme Based on Sine/Chirp Hybrid Carriers[M]. Berlin: Springer, 2011.

[13] Falsafi A, Pahlavan K. A comparison between the performance of FHSS and DSSS for wireless LANs using a 3D ray tracing program[C]// Proceedings of the IEEE 38th Vehicular Technology Conference, 1995: 569-573.

[14] Molisch A F, Balakrishnan K, Cassioli D, et al. A comprehensive model for ultrawideband propagation channels[C]// Proceedings of the IEEE Global Communications Conference (GLOBECOM), 2005.

[15] Yu K, Bengtsson M, Ottersten B, et al. Modeling of wideband MIMO radio channels based on NLOS indoor measurements[J]. IEEE Transactions on Vehicular Technology, 2004, 53(3): 655-665.

[16] Monica N, Najar M. TOA and DOA estimation for positioning and tracking in IR-UWB[C]// Proceedings of the IEEE International Conference on Ultra-Wideband, 2007: 574-579.

[17] Cong L, Zhuang W. Non-line-of-sight error mitigation in TDOA mobile location[C]// Proceedings of the Global Telecommunications Conference, 2001: 680-684.

[18] Chan Y T, Tsui W Y, So H C. Time-of-arrival based localization under NLOS conditions[J]. IEEE Transactions on Vehicular Technology, 2006, 55(1): 17-24.

[19] Benedetto F, Giunta G, Toscano A, et al. Dynamic LOS/NLOS statistical discrimination of wireless mobile channels[C]// Proceedings of the IEEE 65th Vehicular Technology Conference, 2007: 3071-3075.

[20] Marano S, Gifford W M, Wymeersch H, et al. NLOS identification and mitigation for localization based on UWB experimental data[J]. IEEE Journal on Selected Areas in Communications, 2010, 28(7): 1026-1035.

[21] Ciurana M, Barceló F, Cugno S. Multipath profile discrimination in TOA-based WLAN ranging with link layer frames[C]// Proceedings of the 1st International Workshop on Wireless Network Testbeds, Experimental Evaluation & Characterization, 2006: 73-79.

[22] Venkatraman S, Caffery Jr J. Statistical approach to non-line-of-sight BS identification[C]// Proceedings of the 5th International Symposium on Wireless Personal Multimedia Communications, 2002: 296-300.

第 7 章　无线定位技术应用

候机时，乘客凭手机定位就能找到登机口；停车场中，手机导航可将车主准确引领到车位；咖啡厅里，手机能告诉这附近有你的朋友；在家里，家长就能实时获取出门老人与孩子的位置……

作为战略性新兴产业，地理信息产业对于我国转变经济发展方式、促进信息消费等方面具有重要作用。在移动化智能时代，每个人都将成为地理信息的生产者、使用者和传播者，地理信息的价值需要围绕“人”进行重新定义。目前，微软、Google，BAT（百度、阿里巴巴、腾讯）三大互联网巨头，以及华为、中兴、中国移动等 IT 企业在位置服务领域纷纷加大布局。同时，电子商务、通信服务、汽车等领域的企业也纷纷涉足地理信息应用，形成了遥感应用、导航定位与位置服务等产业新的增长点。

在移动互联网和大数据时代，位置和地理信息已经成为越来越受到重视的一个入口。《国家地理信息产业发展规划（2014—2020）》[1]指出，“十二五”以来，地理信息产业服务总值年增长率在 30%左右，2015 年地理信息产业规模将达到 3750 亿元，2020 年将达到 8000 亿元，触摸万亿元关口，未来年均增长将超过 20%，成为国民经济发展重要的新增长点。地理信息服务作为“云+端+大数据”的服务，不管是移动设备、智能车还是其他物联网设备，通过这些设备进行信息采集、分析和接收工具，再通过地图串联起移动、智能的生活。

位置服务（LBS）通过移动终端和移动网络的配合，确定移动用户的实际地理位置，从而提供用户与位置相关的服务信息。基于位置的服务，它是通过电信移动运营商的无线电通信网络（如 GSM 网、CDMA 网）或外部定位方式（如 GPS）获取移动终端用户的位置信息（地理坐标或大地坐标），在地理信息系统（Geographic Information System，GIS）平台的支持下，为用户提供相应服务的一种增值业务[1]。LBS 是移动互联网最核心、最基础的服务之一，大量移动应用所提供的产品服务都与位置信息相关。

虽然室外定位技术已经非常成熟并开始被广泛使用，但是作为定位技术的末端，室内定位技术发展一直相对缓慢。现代人类生活越来越多的时间都处在室内，据统计，现代人平均有 70%的时间在室内生活和工作，室内定位技术的前景非常广阔。室内定位技术的商业化必将带来一波创新高潮，各种基于此技术的应用将出现在我们的面前，其影响和规模绝不会亚于 GPS。未来，基于地理信息的精准推送将会带来无法想象的生活体验。

无线定位的应用领域概括起来可以包括四方面内容：①基于位置的各种增值服务，如基于位置的安全控制、广告推送等；②导航，通过了解移动物体在坐标系中的位置，指导移动物体成功到达目的地；③虚拟现实，直观展示定位物体的位置和方向；④跟踪，实时了解物体所处位置和移动轨迹。

虽然作为LBS最后一米的室内定位饱受关注，但技术不够成熟依然是不争的事实，以下方案是当前较为成熟的应用方案。

7.1　煤矿井下定位系统

煤炭工业在我国国民经济建设中占有重要地位，但是由于煤矿井下环境复杂，作业点多且面广，造成井下作业人员分布复杂，管理不便，因此实时动态掌握井下人员的分布情况，实现人员精确定位显得十分重要。特别是在井下发生事故时，能及时知道井下人员的信息及确切位置，制定出切实有效的救援方案。

目前我国大中型煤矿井下虽然已大量装备了以RFID技术为主的人员定位系统，但该系统仍无法很好地解决高精度定位和快速大量人员流下井的漏检等问题。ZigBee技术作为一种短距离无线通信的关键技术，具有双向通信、可靠性高、低功耗、低成本、网络容量大、响应速度快、抗干扰性强、定位范围广且精确、漏检率和误码率低等特点，被大量应用在煤矿井下通信，实现复杂、大规模的井下人员检测和跟踪定位任务[1]。由于煤矿井下的空间狭小，无线通信环境差，多径效应明显，信号衰落快等特点[2]，都给煤矿井下通信带来一定的难度，使得目前还难以满足生产和救援的要求，特别一旦发生矿难、井下事故，对井下人员的救援缺乏准确可靠的定位信息，抢险救灾的效率低，成功率小。有效的定位算法能够提高定位的精确度。

7.1.1　ZigBee技术优势

ZigBee是一种新兴的短距离、低速率无线网络技术，它介于射频识别和蓝牙之间，也可以用于室内定位。它有自己的无线电标准，在数千个微小的传感器之间相互协调通信以实现定位。这些传感器只需要很少的能量，以接力的方式通过无线电波将数据从一个传感器传到另一个传感器，所以它们的通信效率非常高。其最显著的技术特点是它的低功耗和低成本。

ZigBee室内定位技术通过若干个待定位的盲节点和一个已知位置的参考节点与网关之间形成组网，每个微小的盲节点之间相互协调通信以实现全部定位。

ZigBee是一种新兴的短距离、低速率无线网络技术，这些传感器只需要很少的能量，以接力的方式通过无线电波将数据从一个节点传到另一个节点，作为一个低功耗和低成本的通信系统，ZigBee 的工作效率非常高。ZigBee 室内定位已经被很多大型的工厂和车间作为人员在岗管理系统所采用。

7.1.2 煤矿井下定位系统设计

基于 ZigBee 技术的煤矿井下定位系统[2]，是由可多达 65000 个 ZigBee 无线传感器模块组成的一个无线网络定位系统。网络一般采用自适应组网的网状拓扑结构网络。无线定位模块分为两种：一种 ZigBee 模块主要作为 ZigBee 网络中的锚节点，是由全功能器件组成，这些锚节点的位置是固定、已知的；另一种 ZigBee 模块是井下人员佩戴的移动定位模块，是简化功能器件组成。此外，整个 ZigBee 网络连接着网关，可以与现有的其他各种网络连接。例如，可以通过互联网在北京监控山西某地的一个 ZigBee 煤矿井下控制网络，煤矿井下定位系统的网络结构如图 7-1 所示。

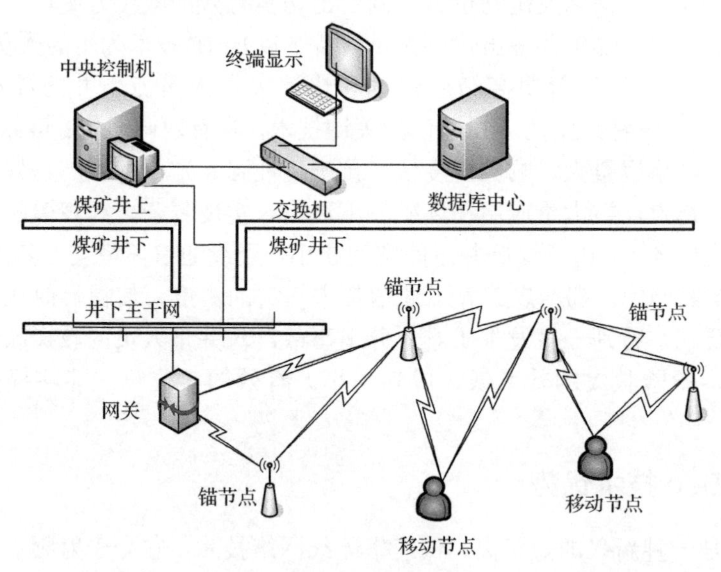

图 7-1　煤矿井下定位系统结构

井下的协调器和路由器安装在指定位置组成 ZigBee 无线网络，当携带移动终端节点的人员进入网络覆盖范围时，终端节点会自动从与其相连的协调器获得定位所需要的 RSSI 值和坐标值，然后计算出自己的位置，再将自身存储的信息及获得的位置通信息过路由节点、协调器、交换机、光网络传至地面，信息经处理后储存并显示。地面控制中心也可以通过上位机发送指定信息，对特定人员进行呼叫或者紧急情况下进行群呼。

7.1.3　ZigBee 网络架构与实现

1. ZigBee 网络总体结构

对于 ZigBee 网络的构建，具体实现如下：作业人员作为 ZigBee 终端节点，使用电池供电的 RFD 设备，随身佩带，可以随时与上层的路由器设备（FFD）保持无线连接，在井下有选择性地给一定位置的巷道安装许多个协调器节点，协调器的供电依靠有线电缆，通信也是有线通信，数据经由协调器实时汇总，被传送到地面的 PC 终端，在监控终端可以实时获取井下作业人员的数据，协调器是 FFD 设备，该处考虑到电源的功耗和同步问题，一般使用有线电缆供电，同时备有在灾害发生、电缆中断时使用的备用电源，使用双电源有利于保证系统的可靠性。

搭建系统的目的是实现井下工作人员的跟踪与定位。首先在地面控制中心有一主控机负责接受来自井下传送的信息，然后根据 ZigBee 技术在井下每隔一定距离布置一个协调器模块，每一模块进行无线网络的创建。由于矿井下一片漆黑，必须安装矿灯，所以可以把协调器节点安装到矿灯附近，这样就有更丰富的能源供应了。每个下井人员都随身佩戴一个有无线通信的模块，作为移动节点，这些移动节点将自己的信息发送到固定节点上，再借助固定节点把信息及它自身的 ID 号传给地面监控中心，在监控中心大屏幕上实时显示出来。这样地面的监控中心就能知道井下人员的具体位置。基于 ZigBee 技术井下人员定位系统[3]的总体架构图如图 7-2 所示。

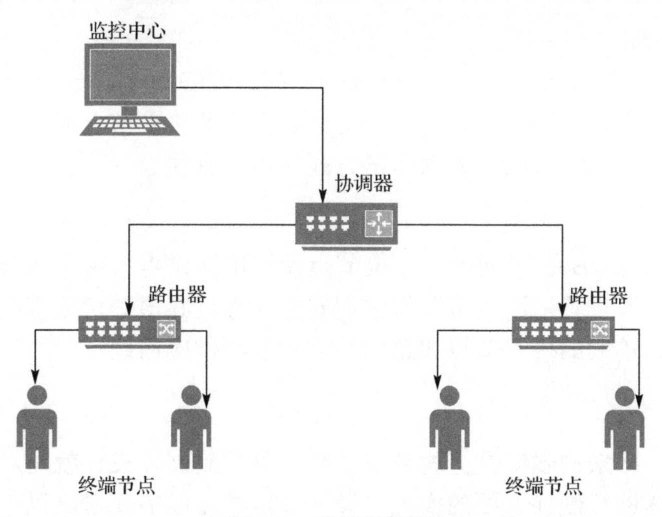

图 7-2　总体架构图

2. ZigBee 子网

为保证 ZigBee 网络的稳定性和可靠性，长型的巷道中将由数个 ZigBee 网络所覆盖，每个 ZigBee 网络覆盖一定的范围（具体覆盖的范围由现场状况一一决定，约每 300m 为一个 ZigBee 子网），每个 ZigBee 网络可以有 255 个节点。各个 ZigBee 网络之间可由两种方法进行区分：网络 ID 和频段 Channel。

井下人员定位系统的主要组成部件如下。

（1）定位节点：从功能划分，为精简功能设备。定时发出存在信息，用于携带它的工作人员的定位。

（2）路由节点：从功能划分，为全功能设备。接收定位节点发出的信息，并将此信息路由（跳传）至接入节点。

（3）接入节点：接收来自路由节点数据，并将其通过以太网络发送至监察系统。接入节点是一个 ZigBee 组织者，他通过一个以太网关与以太网相连。网关与 ZigBee 接入节点通过 RS232 串口进行通信连接。系统工作时，需要将定位节点附着在井下人员身上，将其位置信息通过 ZigBee 网络和以太网络送入地面的数据接收解析模块，最后借助 GIS 技术将人员的位置信息在地图上实时地标出。

3. 步骤

以太网 Ethernet（IEEE 802.3）有线网络组成数据传输骨干通道。大多数煤矿企业已经建设了“煤矿安全监控系统”，这些网络大部分为以太网 Ethernet（IEEE 802.3）有线网络，使用矿用阻燃电缆连接，具有传输速率高、供电平稳等特点。

本系统提出的设计方案混合使用无线、有线传输方式和供电方式。

1）传输方式

结合使用以太网 Ethernet（IEEE 802.3）有线网络和 ZigBee 无线网络，前端的无线 ZigBee 子网负责定位信息采集，ZigBee 子网的接入节点汇总信息后，通过以太网关将信息传送到以太网，信息传送方式转换为有线。

2）供电方式

前端的无线 ZigBee 子网叶子定位节点使用电池供电，由于系统的接入节点和路由节点可以预先布置，所以可以将它们安排在靠近巷道矿灯处等有电源供应处，这样解决了功耗较大的接入节点和路由节点的能源供应问题。

4. 硬件实现

使用 mesh 网来构建矿井无线通信系统，具体到硬件设计就是对每一个节点、路由器和协调器进行硬件方面的实现。设计节点的时候需要考虑以下几方面因素。

1）低功耗

为满足长时间工作的需要，节点必须达到低功耗的要求。节点工作时无线射频通信将消耗大量能量，必须设法尽量减少无线射频通信的时间。因此节点不仅要采用低功耗的硬件芯片，而且需要引入周期工作的机制，在信道被占用的时候节点可以进入睡眠状态，用来节省功耗。

2）低成本

评价一个系统或产品是否成功的最重要的两个因素，除了性能，就是价格，也就是成本。成本会成为制约今后应用及推广的重要因素，所以在进行节点设计的时候，要尽量选用性价比比较高的产品。

3）通信范围

这里提出的节点设计需要考虑通信范围。通信范围选择得小，节点就要布置得更密集，将会增加节点成本的投入；通信范围选择得大，节点的能耗就会增加。

4）强大的微处理器

由于本设计对数据传输有一定的实时性要求，接收数据和处理数据时，需要处理器对有关数据进行初步处理，丢掉冗余数据，有时还要融合邻居节点的数据信息，并及时将有效数据发送出去，功能的实现都需要依靠微处理器足够强大的计算能力。

7.1.4　小结

基于ZigBee技术的矿井内人员无线定位系统的设计，利用ZigBee无线网络的低功耗和定位精确的特点，实现了地面控制中心对井下人员的精确定位，不仅可以在井下发生事故时起到重要作用，而且可用于日常的考勤管理，另外还可以提供较多的实用功能，例如，可在移动节点处加入瓦斯传感器、一氧化碳传感器、湿度传感器、温度传感器等，实现ZigBee网络井下更多的监控功能，组成井下无线感知网络。此系统比较适合煤矿企业的需求，具有较好的市场前景，对于进一步提高和发展井下人员安全定位管理系统技术的应用具有一定借鉴意义。

对移动节点进一步进行测距精确计算，从而提高了移动节点的定位精确度，达到了在煤矿井下对移动节点的实时精确定位的要求，为煤矿井下监控和救援提供了高效的精确定位解决方案，为煤矿安全生产发挥重要的作用，具有重要的现实意义和应用的社会价值。但ZigBee的信号传输受多径效应和移动的影响都很大，而且定位精度取决于信道物理品质、信号源密度、环境和算法的准确性，造成定位软件的成本较高，提高空间还很大。

7.2　基于Wi-Fi的商场定位系统

商场内的商品成千上万，往往客户进入商场后要花费很多的时间寻找其需要的商品，浪费时间和浪费精力，购物和消费的效率不高。停车难、找商品难、找人难、找场所难成为困扰各大商场的头疼问题。

现在国内城市化速度越来越快，商场分布在城市的各个角落，现在商场的硬件要求也越来越高，装修豪华，商场之间的差异化并不明显，起到关键性的因素就是服务。

Wi-Fi 定位[4]可以在广泛的应用领域内实现复杂的大范围定位、监测和追踪任务，总精度比较高，但是用于室内定位的精度只能达到 2m 左右，无法做到精准定位。由于 Wi-Fi 路由器和移动终端的普及，定位系统可以与其他客户共享网络，硬件成本很低，而且 Wi-Fi 的定位系统可以降低射频干扰可能性。现在很多公共场所都提供了免费的 Wi-Fi，商场也不例外，而商场内部署免费的 Wi-Fi 也已成为一种趋势，如何利用商场的 Wi-Fi 来提高商场的竞争力和品牌宣传是商家共同考虑的问题。

随着竞争的日益激烈，商场必将向提供丰富智能化服务转变，除为客户提供舒适、方便的购物环境条件外，还应该向顾客提供先进的通信条件，如各种商铺介绍、商品打折信息等。而且商场对顾客物品的保管也越来越重视，这就促进了 Wi-Fi 定位技术的发展。

零售业一直是这个应用的重点，因为它对位置及其分析非常敏感。目前已经可以看到，很多解决方案专注于对粗略的 RSSI 数据以及更高级别的分析，来评估客户流量模式、捕捉率、回报率等。通过更多的信息，零售中心甚至可以基于典型的客户流量路径来优化店铺布局，或者对优质位置的店铺业主收取更多的门面费，也可以为高收视率的广告位置收取更高的费用。在大型购物广场，定位系统可以实时追踪消费者的位置信息，通过这些位置数据分析消费者的购物喜好，确定消费集中区域和消费较少的区域，以便商场管理者优化商品的放置位置。

对于基于 WLAN 网络的专业定位场景（如医院精密仪器、监狱人员位置定位等需要专门定位 Tag 的应用场景），由于需要多种技术弥补 Wi-Fi 定位精度上的不足，并遵循 RTLS 的行业标准，技术专业且比较独立，通常与专业的定位厂家进行合作形成整体方案以满足用户需求。

7.2.1 Wi-Fi 定位研究现状

Wi-Fi 定位由于 Wi-Fi 网络的普及，变得非常流行。Wi-Fi 定位可以达到米级定位（1～10m），传统的 Wi-Fi 定位产品主要应用在专业行业领域（矿井、监狱、医院、石油石化等），如 Aeroscout 和 Ekahau 公司的 Wi-Fi 定位产品。一些 Wi-Fi 网络设备厂商如 Cisco、Motorola 等公司也有自己的 Wi-Fi 定位产品，并随着其 Wi-Fi 网络设备的推广，已经有很多应用。随着市场（特别是大众消费相关行业）对室内定位需求的增加，Google 把 Wi-Fi 室内定位和室内地图引入了 Google 地图，已经覆盖了北美和欧洲一万家大型场馆。近期也涌现出一批 Wi-Fi 定位很有特色的公司，如

Wifislam、Meridian、智慧图、Wifarer、Wifront 等公司。百度、高德、四维等公司也在研发 Wi-Fi 室内定位产品。

目前国外基于 WLAN 的典型室内定位系统有：RADAR 室内定位系统、Ekahau 室内定位系统和 iSPOTS 系统。

RADAR 室内定位系统[5,6]是由 Microsoft 基于现有无线通信网研制的。移动终端与无线 AP 之间的距离可以使用三角剖分来计算。雷达系统通过确定的移动终端和无线 AP 的关系，并基于无线信号强度衰落、最佳距离参数估计算法，利用无线电波传输模型来计算移动终端之间的距离。由于无需添加额外的硬件系统，人们可以利用现有的 WLAN 网络，实现低成本、平均约 3m 的准确的定位。由于不同建筑的内部空间格局各异，其准确性可能会受到影响，但在采用单一的无线电传输模型时，需根据不同的建筑功能要求构建模型。

由芬兰一家专门从事研发的 Ekahau 室内定位系统[7]是基于 WLAN 的室内定位技术的。Ekahau 系统属于商业化产品，主要由 Wi-Fi 定位标签、应用软件（导航功能、探测、追踪）、定位引擎、场所测量等部分组成。该定位系统实现原理为：在测试区域布置一定数量的采样点，在各个采样点上由定位引擎实时采样所发送的信号强度值，对于室内无线 AP 通过已知采样点位置坐标和无线信号强度值的关系，推测整个待测区域位置信息和无线信号强度值的参考模型，只需在移动终端运行相应的应用软件，将参考模型和获取的信号强度值进行匹配，根据导航得到有关位置信息实现移动终端定位。该系统是室内定位导航系统目前最为成熟的，适用基于 802.11 网络的设备，如 PDA、Wi-Fi 标签、无线上网功能笔记本等。

Ekahau 公司的 Ekahau 实时定位系统核心专利技术来源于芬兰赫尔辛基大学的实时定位技术，是一个基于 Wi-Fi 网络的定位技术，能够在任何品牌的 Wi-Fi 网络上进行定位工作并且提供房间、楼层或者大楼级别的定位精确度。作为基于纯软件的解决方案，Ekahau 实时定位系统不需要操作者、新的电缆和硬件驱动。

iSPOTS 系统是美国麻省理工学院为监视和收集校园中 Wi-Fi 网络的使用数据而建立。整个系统采用 2300 个接入点，几乎全部覆盖面积为 168 英亩（1 英亩≈4046.86m^2）的整个校园，除提供全校的无线上网外还提供基于 Wi-Fi 的校园定位，并在校园图书馆前以投影仪投影超大校园地图，标明校区使用无线网络的使用情况。同时还可以查询某个地方最近 12 个小时的无线网使用记录，通过无线网络的日志了解全校师生的生活工作情形。该系统还允许通过 MAC 地址接入无线网络，建立自己个人日志和移动轨迹，在同意分享的情况下朋友可以在校园追踪自己的位置，从网络上获取自己使用无线网的日志和移动轨迹。

国内外 Wi-Fi 室内定位系统提供商有优频科技、智慧图和 Combain 等公司。优频科技是我国最早的 Wi-Fi 实时定位系统提供商之一。该 Wi-Fi 实时定位系统，实际上是对既有 Wi-Fi 网络功能进行扩充，消费者只需购买软件系统和 WIFIRFIO

标签就能轻松实现实时定位功能。该系统的工作原理中定位标签或者无线设备周期性地发出无线信号；AP 接收到信号后，将信号传送给定位服务器；定位服务器根据信号的强弱或信号到达时差判断标签或无线设备所处位置，并通过电子地图显示。

智慧图主要是利用指纹和较窄的 3m 左右的通道进行地图路径约束以达到较高精度的体验，但这种做法对空旷地带，如半径在 5m 以上的开阔区域定位效果较差，并且指纹的成本较高。路径约束并不代表 Wi-Fi 定位技术的精度，随便用一个定位技术如最不准的地磁配合路径约束也可以到很高的精度体验，配合路径约束的室内定位已经很成熟地用在商业，例如，采用有源 RFID 标签在一些大厦里进行定位，实际测试效果实时性在 1～2s，不像文献所提到的较慢的速度，同样采用了路径约束，体验也很准确，而且无需指纹，成本比 Wi-Fi 更便宜。

基于室内 Wi-Fi 的实时定位技术，利用智能终端设备，为用户提供 LBS 服务，如图 7-3 所示，为商家营造现代化的温馨购物环境，赢得更多顾客。

图 7-3　商场 LBS 服务

基于 Wi-Fi 指纹的高精度定位技术——Wi-Fi Positioning 使用 IEEE 802.11b/g/n 标准，在不需要增加额外硬件设备的情况下（如读卡器、天线等），就可以利用现有 Wi-Fi 无线网络实现导航。

7.2.2　商场定位系统概要

当人们进入到一个陌生的室内环境，常常需要知道自己身在何处。此时，室内定位系统就凸显了其重要性。利用手持移动设备确定自身位置，进而实现位置服务的需求，如打印文件、寻找会议室等。

基于 Wi-Fi 网络的手机室内定位系统利用 RSS 信号进行定位，能够充分利用现有的无线局域网基础设施，不需改变或额外添加任何硬件设施，以纯软件的方式即可实现定位服务。RSS 信号可以通过带有 Wi-Fi 接口的笔记本电脑、PDA、智能手机或定位标签的网卡中获取，以非常低的成本即可实现对人们经常工作和活动的室内场所提供位置服务。

基于 Wi-Fi 网络的手机室内定位系统是以接收信号强度为参考值，通过提取无线 AP 发送的信号强度值等相关信息，并存储于远程服务器中的接收信号强度数据库，再由接收信号强度数据库模式匹配算法计算出移动终端位置坐标，反馈于终端用户地图显示定位导航。

商场覆盖无线局域网，顾客 Wi-Fi 智能终端连接上商场 Wi-Fi 后周期性地发出信号，无线局域网访问点接收到信号后，将信号传送给定位服务器。定位服务器根据信号的强弱或信号到达时差判断出人员的位置，并通过电子地图显示具体位置。

基于定位的无线局域网络有别于一般的通信网络，要求在任一位置点，均可以收到 3 个以上的 AP 信号。定位算法采用基于 RF 指纹识别（fingerprinting）的定位方法。在定位区域内设置多个采样点，将定位终端放在这几个采样点。场景规划工具可以把定位终端发射的信号特征记录下来，根据这些特征和不同位置的信号建立信号指纹来指示定位终端的位置。利用信号指纹和相对应的位置信息建立起数据库后，定位系统根据实时收集到的信号特征，就能计算位置了。

7.2.3　总体设计需求

Wi-Fi 定位标签安装在要跟踪的目标物体（资产或人员）上，定位标签周期性地发出无线信号，AP 接收到信号后，将信号传送给定位引擎 EPE，EPE 根据收到的无线信号的强弱，计算判断出该标签所处位置，并通过 Ekahau Vision 可视化界面，显示其具体位置，实现实时精确定位跟踪与管理。

系统的总体设计需求包括以下几个方面。

（1）实现普适性，使系统不再局限于特定的环境中。实现系统的工程应用性，经过简单的准备阶段后，在不同类型的室内环境中实现定位需求。具体指是在大于 300m 的开放式环境中，实现预测 RSSI 平均误差在 4～6dB，测试点定位误差在 5m 以内。

（2）能够对接收到的 AP 信号进行数据处理，降低波动范围使数据平滑，以满足定位需求。

（3）当发射设备 AP 数目、位置发生变化时，通过参数调整仍然能够进行计算信号分布图、提供定位服务的过程，即系统具有一定的灵活性和扩展性，并且，测试方便，系统维护成本低。

（4）充分利用现有的无线局域网环境，设计开发纯软件的定位系统，不需要添加额外的硬件设施，不需要对已有 AP 的管理软件进行改造。

（5）初步建立一个显示界面友好、面向实际应用的定位系统。信息可视化和界面友好是系统设计必须考虑的方面，特别是对于提供位置服务的定位系统，如果能够图形化显示用户位置，则易于被用户理解和接受。

根据手机室内定位系统原型的架构，需要开发实现以下功能模块。

（1）RSSI 信号实时获取。

（2）RSSI 数据采集数目设置。

（3）RSSI 信号可暂停、继续采集功能。

（4）离线采样和在线定位随时切换。

（5）日志数据库建立，事后可查询。

（6）地图数据库建立。

（7）地图导入功能，地图大小设置。

（8）用户信息设置、查看、修改。

（9）支持多个移动终端同时管理。

（10）人员位置及时查询。

（11）运动目标移动轨迹跟踪显示。

7.2.4 具体实施

整体系统设计如图 7-4 所示。

1. 系统组成

定位器（AP locator）：定位器搜集 Wi-Fi 终端的信息，把这些信息发送到后台定位服务器。

Wi-Fi 终端（handheld terminal）：Wi-Fi 终端周期性地发射 Wi-Fi 信号，信号包含唯一 MACID。Wi-Fi 终端与客户绑定。后台系统将 Wi-Fi 终端的信号 ID 和客户姓名等信息绑定。

定位服务器（locating server）：定位服务器含有定位引擎服务器、IIS 服务器、数据库服务器 3 台，能根据信号计算位置。

内容服务器（content server）：内容服务器支持和展品有关的信息内容以及用户信息，这些功能需要二次开发。

2. 工作流程

用户持有手持 Wi-Fi 终端，打开 Wi-Fi，定期向外发送自身相关信息。同时，AP 定位器搜集相关数据之后转发到定位服务器。

定位服务器根据定位终端的 ID 和信号强度，判断出离商户大概的距离。当手持终端距离商户 3～5m，手持终端触发推送程序。

定位服务器获得手持终端的信息以及定位标签的信息，计算出设备或标签的位置，并将设备 ID、位置信息等发送到内容服务器。

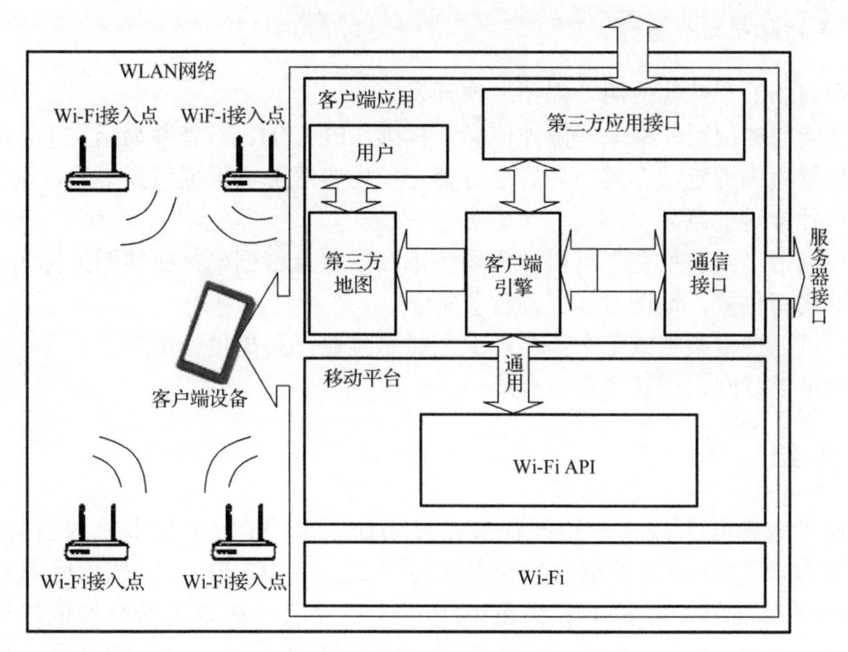

图 7-4　整体系统设计

内容服务器根据位置实时将相关内容发送到终端设备上，并且能和终端设备实现实时互动。

商场定位系统架构如图 7-5 所示。

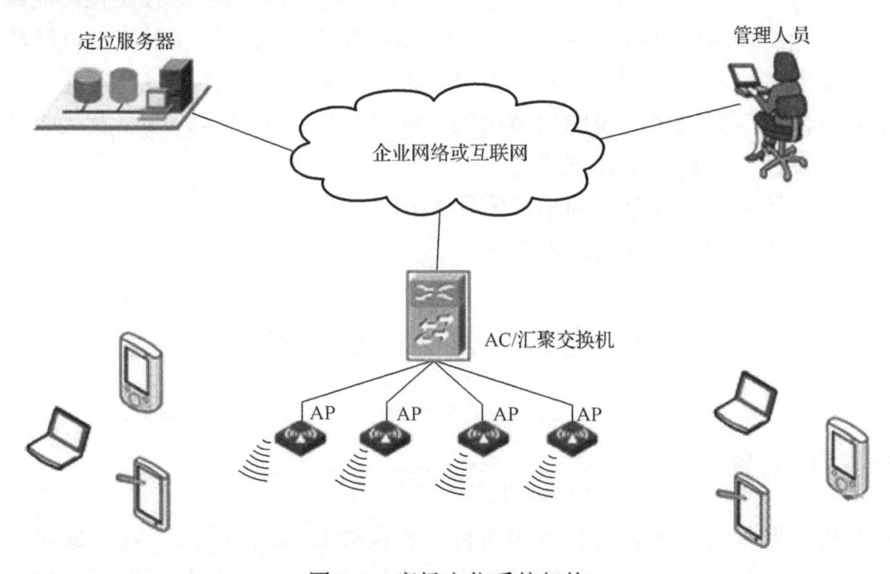

图 7-5　商场定位系统架构

3. 手持终端功能描述

结合商场的个性化应用，需要二次开发。

根据当前的位置，播放多媒体信息，视频、FLASH、录音并显示文字。多媒体内容和位置事先绑定，存储在内容服务器上，内容服务器根据位置触发，选择在何地播放何种推送信息。

用户点击“当前位置”可以弹出场所地图，并且根据坐标在地图上标出。用户可以手动刷新位置，地图可以更新位置标示。

用户可以搜索某类或某个商户，地图显示位置，并提供行走路线。

用户可以联网，浏览更多内容。

7.2.5 小结

从技术成熟与大规模应用的现实角度考虑，Wi-Fi 定位技术成为当前主流，也是未来最具发展潜力的室内定位技术手段之一。Wi-Fi 定位技术除具有良好的精度和可用性外，其独特优势在于 Wi-Fi 芯片已经在各类用户智能终端（智能手机、平板电脑等）中得到广泛普及，并且随“无线城市”的发展，国内各大城市电信运营商、公司与家庭均已安装了大量的 Wi-Fi 热点与网关，通过利用现有的这些 Wi-Fi 设施，能够显著降低建设与长期运营成本，快速实现项目预定目标。

研究的基于 Wi-Fi 网络的手机室内定位系统利用 RSS 信号进行定位，能够充分利用现有的无线局域网基础设施，不需改变或额外添加任何硬件设施，以纯软件的方式即可实现定位服务。本节研究了手机室内定位系统的设计方案，首先进行了系统需求分析，然后提出了系统的总体构架，并且分别对手机客户端以及接收信号强度数据库的设计方案进行了详细研究。

在大型商场中，实现定位的不仅需要 Wi-Fi，还要配合蓝牙和各种 MEMS 传感器，从而实现楼层的定位和精准的定位。

7.3 老人关爱室内定位系统

7.3.1 项目背景

基于传感器网络对顾客进行室内定位，不需要终端用户使用 APP 或是接入网络，只要开启 Wi-Fi 或蓝牙，就能对其进行定位，是实现客流统计分析、空间大数据挖掘等的数据来源。

老人关爱室内定位系统主要关注的对象为老年人，实际中也涉及护理人员和管理人员的管理。针对这样的需求，专门设计并开发了一套软硬件结合的管理系统。使养老院的管理工作可以用更低的成本和时间成本，采集整理信息，工作人员能够针对老人的起居生活进行管理。在出现意外特殊情况的时候，系统会及时启动报警，工作人员能够据此做出最快的响应，从而为老年人的生命安全与健康舒适的生活提供保障。

手机自主惯性传感器定位导航的代表是 Broadcom 和 Intel，他们推出利用手机的惯性传感器数据进行定位计算的硬件解决方案，但由于手机初始姿态的不确定性和手机惯性传感器的精度问题，室内定位效果不佳。现在越来越多的人用自主惯性传感器定位导航进行辅助导航，特别是 iOS 系统手机不开放 RSSI 等接口的情况下。

整个系统结合 RFID 技术、无线传输、通信等技术，和老人关爱应用相结合，融入了新的技术信息理念。在软件平台集合了养老管理的功能应用，具体功能为人员基本信息的管理、位置定位、监控报警、信息查询、数据维护等，实现集中养老服务和管理工作的信息化、智能化。

7.3.2　航位推算系统

航位推算定位是指在已知初始位置的前提下，利用设备中的传感器如里程计、陀螺仪等计算出相对位移，将其与先前的已估计出的位置相加来推算物体的当前位置。航位推算定位方法的优点在于它不依赖于其他额外基础设施且受环境变化的影响较小，但也存在着不足之处。由于目前计算相对位移的方法主要是通过对传感器测得的加速度进行二重积分来实现，这导致了快速的误差积累，因此航位推算定位方法不能长时间使用。

虽然采用行人航位推算方法代替了传统航位推算方法中的惯性积分方法来推算行人的位置信息，在低成本传感器的使用环境下，能够有效地避免误差随时间的快速增长，但由于行人行走行为的复杂性和多变性，以及步数检测的准确度、步长估计的精度和方向的判断等因素的影响，误差仍然会随着距离的增长而积累。因此需要合理的校正策略对其进行位置校正。手机中的 Wi-Fi 模块和室内环境中的无线网络基础设施组成了本书提出的定位方案中的位置校正模块。

7.3.3　系统设计

1. 方案设计需求的信息

根据航位推算的原理要实现向前（或向后）推位必须要知道航向信息、初始位置信息和采样时间内的位移信息。

1）航向信息

航向是载体航迹线在水平面上投影与正北方向的夹角。航向是航位推算系统中实现位置信息推位的必要条件之一。目前可以提供航向信息的传感器有：电子罗盘和惯性传感器。

2）初始位置信息

航位推算的必要条件之二即得到初始的经度纬度信息，用以计算要推位的位置信息。提供位置信息的传感器主要是 GPS 接收机。

3）位移信息

位移信息在采样时间内可近似为路程信息。位移信息不能直接得到，而是利用采样时刻的速度、加速度信息和运动学理论计算出位移信息。目前能用以测量速度、加速度信息的传感器主要有惯性传感器和里程仪。

2. 系统组成

本系统采用如图 7-6 所示的系统架构，实现定位功能。该系统由四个部分组成，分别是信息采集、数据处理、信息融合、信息处理。

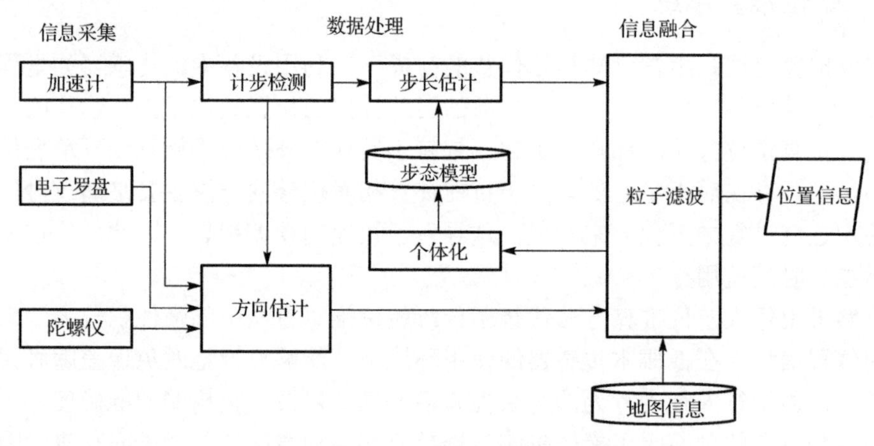

图 7-6　系统架构图

1）信息采集

通过移动设备或可穿戴设备实时获取传感器（加速计、电子罗盘和陀螺仪）数据。

2）数据处理

步数检测，人在行走过程中会引起加速度值的周期性变化，利用这一原理可以利用加速度的信号值来检测步数。本书在第 5 章中对如何利用加速度进行步数检测进行了详细的介绍。利用第 5 章提出的步数检测算法可实现准确计步。

3）信息融合

结合地图信息，通过粒子滤波等信息处理技术，分析得出人员的实时位置。

4）信息处理

客户端主要用基本信息的录入及数据的界面显示。录入的信息包括人员的基本信息、基站信息、地图的基本信息；显示的信息包括人员图标及位置显示、各类报警信息、各类查询结果显示、各分类统计信息显示等。数据采集端、服务器端、客户端共同组成了人员定位管理系统，通过三个部分的有机结合，实现各类数据的上传、数据的分析处理、数据的显示，从而实现实时、全面的人员监控。

3. 系统基本原理

首先根据区域现场具体情况，放置一定数量的定位基站。人员携带惯性传感器设备，当人员活动时，传感器产生运动信息，并将信息进行解析获取运动状态，然后上传至服务器，经系统软件处理可计算出人员在地图上的坐标信息，并在地图上以人员图标+姓名的方式显示出来，如图 7-7 所示。

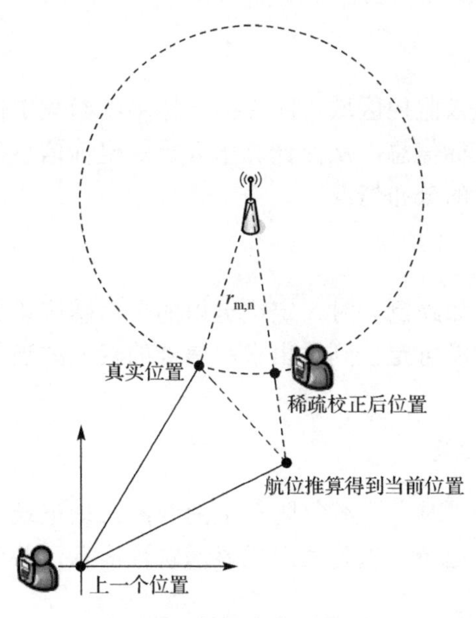

图 7-7　航位推算原理图

当经过航位推算的位置有偏差时，通过与相邻的 AP 进行测距操作，结合测出的数据及已知位置信息计算出当前的坐标，从而确定人员的具体位置，实现定位，具体流程如图 7-8 所示。

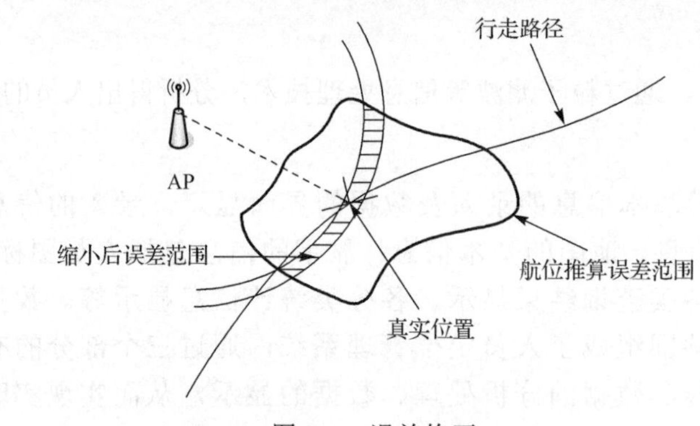

图 7-8　误差修正

7.3.4　意义与改进

利用惯性传感器、加速度传感器和压力传感器，传感器定位可以达到很好的相对精度。优点是功耗低，可给出极好的相对位置，缺点在于给不出对象的具体位置，易受干扰（如磁场传感器、人的晃动等）。

该系统结合 RFID 设备可进行如下优化。

1. 人员实时定位

人员携带定位卡进入监控区域，四周固定标签不断与定位卡进行测距，系统根据测距结果及基站的坐标信息，从而计算出人员的坐标信息，实现定位。基于实时定位，可实时观察人员的分布情况。

2. 老人跌倒报警

当老人发生事故（如跌倒）时，定位卡内的重力感应装置会发出求救信号发送给系统，系统的定位功能可定位到发出求救信号的老人的当前位置，医护人员能够对老人及时救援。

3. 人员历史轨迹回放

人员携带定位卡行进时，系统每隔一定的距离自动记录该人员所到达的地点，由此形成人员历史轨迹记录，以列表形式显示轨迹信息，并可进行动画播放轨迹。

7.4　基于 Ubisense 平台的仓储物流系统

UWB 技术可以实现标记位置的精确追踪，即使有障碍物和无线电干扰也不受影响，甚至在几十个或几百个标签一起发出信号时也能正常工作[8]。

一些公司已经将 UWB 技术推向市场，用于体育训练。UWB 在即使受到干扰的情况下也能发送准确的位置与距离测量信号。当窄带无线电信号经过或绕过障碍物时，在另一端会被多次接收而相互抵消。而 UWB 发送的脉冲信号更短更清晰，即使有障碍物或是多条路径传送也可以保持不变。此外，UWB 系统对位置的测量是根据信号的折射率，而非信号强度。这点很重要，因为信号强度容易受人体和其他干扰的影响，市面上大多数基于无线电的定位系统都是基于接收信号强度进行测量。

7.4.1　UWB 技术优势

UWB 技术是一种全新的、与传统通信技术有极大差异的通信新技术。它不需要使用传统通信体制中的载波，而是通过发送和接收具有纳秒或纳秒级以下的极窄脉冲来传输数据，从而具有 GHz 量级的带宽。UWB 可用于室内精确定位，如战场士兵的位置发现、机器人运动跟踪等。UWB 系统与传统的窄带系统相比，具有穿透力强、功耗低、抗多径效果好、安全性高、系统复杂度低、能提供精确定位精度等优点。因此，UWB 技术可以应用于室内静止或者移动物体以及人的定位跟踪与导航，且能提供十分精确的定位精度。

UWB 定位技术利用事先布置好的已知位置的锚节点和桥节点，与新加入的盲节点进行通信，并利用三角定位或者"指纹"定位方式来确定位置。但由于新加入的盲节点也需要主动通信使得功耗较高，而且事先也需要布局，使得成本还无法降低。

UWB 室内定位可用于各个领域的室内精确定位和导航，包括人和大型物品，如汽车地库停车导航、矿井人员定位、贵重物品仓储等。

7.4.2　系统部署

基于 Ubisense 平台的仓储物流系统以 Ubisense UWB 硬件为底层平台，RFID 系统为辅助手段，以太网（有线或无线）为骨干传输网，将现场划分为多个监控单元；每个运到仓库的包裹都贴有 RFID 标签，提供货品的 ID 号，进入仓库时采用（无线）扫描仪读取 RFID 标签，并通过（无线）局域网连接将日期、时间、货物 ID 号和运送该货品的叉车 ID 号发送到仓库后端的定位平台。每个扫描仪都装有 1 个 UWB 有源标签，标签通过超宽带信号将标签的位置信息发送到传感器基站上。扫描仪与 UWB 标签上的一个振动传感器相互配合，通常标签处于睡眠状态，一旦振动传感器检测到振动信息时，标签被唤醒并开始发送 UWB 信号；传感器基站接收到 UWB 信号，即可获知哪个扫描仪被使用，其扫描到的物品信息也一并传入后台。在条形码扫描仪没有使用时，标签处于静止状态，从而延长标签电池寿命。一般在货物到达或离开仓库时都经过扫描处理，当一个包裹从一个地方移到另一个地方时，也要求再次扫描。在运载货物进出仓库的叉车臂上也安装 UWB 标签：当叉车安放货物的时候，通过 UWB 标签向感应器发送信号，便可记录下该货物存放的位置。

本系统采用 RFID 标签，即是从系统的实际应用方式出发，利用 RFID 廉价特性和 UWB 主动监测特性，大大节约了系统部署的成本。图 7-9 是系统在仓库的部署场景图。

图 7-9　基于 Ubisense 平台的仓储物流系统的部署场景

图 7-9 中，整个仓库分成若干个定位子单元。UWB 传感器按照定位单元的结构部署在仓库的周围，一般安装在墙壁上，其信号覆盖整体监控区域。根据系统的定位原理，每个 UWB 定位子单元由 UWB 传感器节点、移动目标构成，其网络结构如图 7-10 所示。

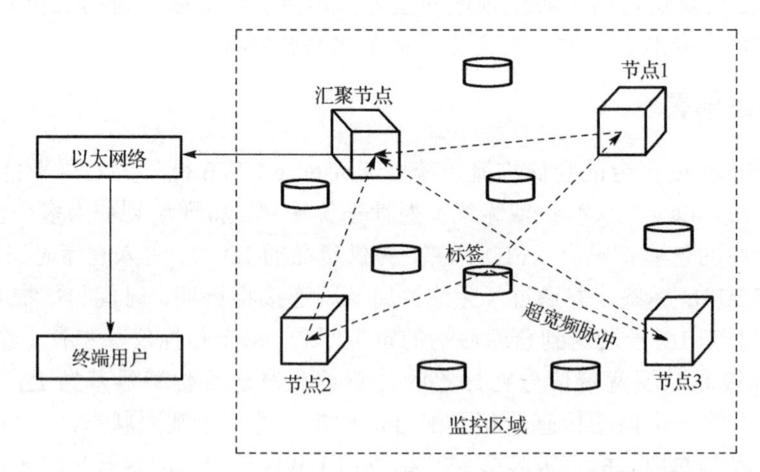

图 7-10　基于 Ubisense 平台的仓储物流系统定位子单元网络结构示意图

7.4.3　叉车与货盘定位

仓储物流类定位，主要是对叉车、货盘、工作人员的定位（图 7-11）。传统仓储物流系统中，叉车和货盘经常走错位，带来不必要的额外成本，基于 Ubisense 平台的仓储物流系统很好地解决了这一点。它通过对定位标签绑定在叉车、货盘上来实现定位，当进入错误区域时，系统会自动报警，提示工作人员及时调整方向，将货物安放到正确的位置。具体来说，包括以下三个方面的内容。

（1）叉车通过系统平台被跟踪限制在允许的方向和姿态；

（2）提供虚拟平台地图定义敏感区域并且通过 RFID 定义货盘；

（3）通过系统，实时了解货盘信息和它所在位置。

图 7-11　叉车和货盘定位

7.4.4　系统结构

系统的 UWB 定位传感器是集超宽带定位、2.4G 通信于一体的智能化设备，可以根据实际情况，安装在场地周围特别部署的立杆上，高度为 3～5m 为宜。系统可以采用有线方式进行传感器的通信（也可以为无线方式通信）。各子单元的传感器运算数据、RFID 物品信息均传到装有定位引擎和后台服务软件的服务器。后台服务软件是具有 3D 定位功能的定位软件。客户可以通过该软件对场地内的移动叉车进行管理，并设置监控参数。系统还可根据贵重物资的监管规则，设定部分人员的场地禁区。当人员进入该区域后，立刻进行提醒并做记录。用户可根据需要定制软件的数据报表等应用功能。系统的结构模块如图 7-12 所示。

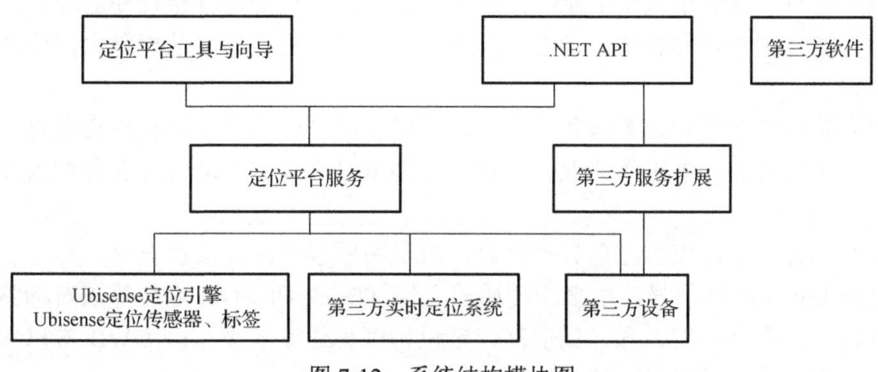

图 7-12　系统结构模块图

7.4.5 实现功能

（1）货物信息采集与编码。

（2）提货、封装与归放优化。

（3）叉车、货箱停泊与运输管理。

（4）货单管理与补给。

（5）工人、任务和场地管理。

仓储物流系统的现场图如图 7-13 所示。

图 7-13 仓储物流系统现场图

7.4.6 技术优势

在仓储物流领域应用 Ubisense 定位系统，具有以下基本功能。

（1）支持 2D/3D 定位，在 3D 模式下，定位精度达到 15cm。

（2）能对货物的出入库信息、摆放位置、运输路线等进行查询和追踪。

（3）能够实时查询货位、动态分配货位、实现随机存储，从而最大限度利用存储空间。

（4）能够自动精确地更新各种信息，实现系统综合盘点、随机抽查盘点。

（5）实时监控人员工作情况、分析货物调度管理数据，动态综合分配人力物力资源。

（6）实时统计报表，汇总各类信息，满足关联客户内部数据查询。

采用 UWB 脉冲信号，由多个传感器采用 TDOA 和 AOA 定位算法对标签位置进行分析，多径分辨能力强、精度高，定位精度可达亚米级。但 UWB 难以实现大范围室内覆盖，且手机不支持 UWB，定位成本非常高。

7.5　定位方案

7.5.1　其他室内定位方案

1. 红外线室内定位技术

红外线室内定位技术定位的原理是，红外线 IR 标识发射调制的红外射线，通过安装在室内的光学传感器接收进行定位。虽然红外线具有相对较高的室内定位精度，但是由于光线不能穿过障碍物，红外射线仅能视距传播。直线视距和传输距离较短这两大主要缺点使其室内定位的效果很差。当标识放在口袋里或者有墙壁及其他遮挡时就不能正常工作，需要在每个房间、走廊安装接收天线，造价较高。因此，红外线只适合短距离传播，而且容易被荧光灯或者房间内的灯光干扰，在精确定位上有局限性。

红外线室内定位有两种：第一种是被定位目标使用红外线 IR 标识作为移动点，发射调制的红外射线，通过安装在室内的光学传感器接收进行定位；第二种是通过多对发射器和接收器形成红外线网覆盖待测空间，直接对运动目标进行定位。

红外线的技术已经非常成熟，用于室内定位精度相对较高，但是由于红外线只能视距传播，穿透性极差（如家里的电视遥控器），当标识被遮挡时就无法正常工作，也极易受灯光、烟雾等环境因素影响明显。加上红外线的传输距离不长，使其在布局上，无论哪种方式，都需要在每个遮挡背后，甚至转角都安装接收端，布局复杂，使得成本提升，而定位效果有限。红外线室内定位技术比较适用于实验室对简单物体的轨迹精确定位记录以及室内自走机器人的位置定位。

2. 超声波室内定位技术

超声波室内定位[9]系统是基于超声波测距系统而开发，由若干个应答器和主测距器组成。主测距器放置在被测物体上，向位置固定的应答器发射无线电信号，应答器在收到信号后向主测距器发射超声波信号，利用反射式测距法和三角定位等算法确定物体的位置。

超声波室内定位整体精度很高，达到了厘米级，结构相对简单，有一定的穿透性而且超声波本身具有很强的抗干扰能力，但是超声波在空气中的衰减较大，不适用于大型场合，加上反射测距时受多径效应和非视距传播影响很大，造成需要精确分析计算的底层硬件设施投资，成本太高。

超声波定位技术在数码笔上已经被广泛利用，而海上探矿也用到了此类技术，室内定位技术还主要用于无人车间的物品定位。

超声波测距主要采用反射式测距法，通过三角定位等算法确定物体的位置，即发射超声波并接收由被测物产生的回波，根据回波与发射波的时间差计算出待测距离，有的则采用单向测距法。超声波定位系统可由若干个应答器和一个主测距器组成，主测距器放置在被测物体上，在微机指令信号的作用下向位置固定的应答器发射同频率的无线电信号，应答器在收到无线电信号后同时向主测距器发射超声波信号，得到主测距器与各个应答器之间的距离。当同时有 3 个或 3 个以上不在同一直线上的应答器做出回应时，可以根据相关计算确定出被测物体所在的二维坐标系下的位置。超声波定位整体定位精度较高，结构简单，但超声波受多径效应和非视距传播影响很大，同时需要大量的底层硬件设施投资，成本太高。

3. 蓝牙技术

蓝牙技术[10]通过测量信号强度进行定位。这是一种短距离低功耗的无线传输技术。在室内安装适当的蓝牙局域网接入点，把网络配置成基于多用户的基础网络连接模式，并保证蓝牙局域网接入点始终是这个微微网（piconet）的主设备，然后通过测量信号强度对新加入的盲节点进行三角定位，就可以获得用户的位置信息。蓝牙技术主要应用于小范围定位，如单层大厅或仓库。蓝牙室内定位技术最大的优点是设备体积小，短距离、低功耗，易于集成在 PDA、PC 以及手机中，因此很容易推广普及。理论上，对于持有集成了蓝牙功能移动终端设备的用户，只要设备的蓝牙功能开启，蓝牙室内定位系统就能够对其进行位置判断。采用该技术做室内短距离定位时容易发现设备且信号传输不受视距的影响。其不足在于蓝牙器件和设备的价格比较昂贵，而且对于复杂的空间环境，蓝牙系统的稳定性稍差，受噪声信号干扰大。

蓝牙室内定位主要应用于对人的小范围定位，例如单层大厅或商店，现在已经被某些厂商开始用于 LBS 推广。

4. 射频识别技术

射频识别技术[11]利用射频方式进行非接触式双向通信交换数据以达到识别和定位的目的。这种技术作用距离短，一般最长为几十米。但它可以在几毫秒内得到厘米级定位精度的信息，且传输范围很大，成本较低。同时由于其非接触和非视距等优点，可望成为优选的室内定位技术。目前，射频识别研究的热点和难点在于理论传播模型的建立，用户的安全隐私和国际标准化等问题。优点是标识的体积比较小，造价比较低，但是作用距离近，不具有通信能力，而且不便于整合到其他系统之中。

基于射频的室内定位技术中标签将固定天线的无线电信号感应成电流，然后这些附着于物品上的标签通过电流的能量将存储在芯片中的数据传输出去，以多对双向通信交换数据以达到识别和三角定位的目的。

射频识别室内定位技术作用距离很近，但它可以在几毫秒内得到厘米级定位精度的信息，且由于电磁场非视距等优点，传输范围很大，而且标识的体积比较小，造价比较低。但其不具有通信能力，抗干扰能力较差，不便于整合到其他系统之中，且用户的安全隐私保障和国际标准化都不够完善。射频识别室内定位已经被仓库、工厂、商场广泛使用在货物、商品流转定位上。

7.5.2　新兴的室内定位方案

随着无线通信技术的发展，传统的无线网络定位技术，如 Wi-Fi、ZigBee、蓝牙和超宽带等，在办公室、家庭、工厂等得到了广泛应用，在之前已做详尽介绍，接下来会介绍新兴的室内定位方案。

1. 谷歌方案

谷歌手机地图 6.0 版[12]已经在一些地区加入了室内导航功能，此方案主要依靠 GPS（室内一般也能搜索到 2～3 颗卫星）、Wi-Fi 信号、手机基站以及根据一些“盲点”（室内无 GPS、Wi-Fi 或基站信号的地方）的具体位置完成室内的定位。目前此方案的精度还不是很满意，所以谷歌后来又发布了一个叫“Google Maps Floor Plan Marker”的手机应用，号召用户按照一定的步骤来提高室内导航的精度。

谷歌一直在努力解决两个问题：获取更多的建筑平面图；提高室内导航的精度。建筑平面图是室内导航的基础，就如同 GPS 车用导航需要电子导航地图一样。谷歌目前想通过“众包”的方式解决数据源的问题，就是鼓励用户上传建筑平面图。另外，用户在使用谷歌的室内导航时，谷歌会收集一些 GPS、Wi-Fi、基站等信息，通过服务器进行处理分析之后为用户提供更准确的定位服务。

2. 博通方案

博通公司[13]研制了一种用于室内定位的新芯片（BCM4752），具备三维定位功能（即用户所在位置的高度也算出来）。这种芯片可以通过 Wi-Fi、蓝牙或 NFC 等技术来提供室内定位系统支持。更强大的是，该芯片可以结合其他传感器，如手机里的陀螺仪、加速度传感器、方位传感器等，将用户位置的变化实时计算出来，甚至做到没有死角。博通公司的方案是将这种芯片内置到智能手机里。

3. IndoorAtlas 方案

IndoorAtlas[14]是由芬兰奥卢大学（University of Oulu）的一个研究团队开发的移动地图应用，可以通过识别不同地点的地磁，帮助用户进行室内导航。IndoorAtlas 通过识别地球每个位置独特的地磁进行定位，它甚至可以在没有无线信号的区域进行工作。

现代建筑的钢筋混凝土结构会在局部范围内对地磁产生扰乱，指南针可能也会因此受到影响。原则上来说，非均匀的磁场环境会因其路径不同产生不同的磁场观测结果。地球上每一栋建筑物、每一个楼层，甚至每一个角落，它们的地磁都是不一样的。正因如此，IndoorAtlas 通过探测其地磁，利用地磁在室内的这种变化进行室内导航。

不过使用这种技术进行导航的过程还是稍显麻烦。你需要先将室内楼层平面图上传到 IndoorAtlas 提供的地图云中，然后你需要使用其移动客户端实地记录目标地点不同方位的地磁场。记录的地磁数据都会被客户端上传至云端，这样其他人才能利用已记录过的地磁进行精确室内导航。

4. Qubulus 方案

跟 IndoorAtlas 不同的是，Qubulus 公司根据无线电信号（radio signature）来定位。每一个位置的无线电信号数量、频度、强度等也是不同的，Qubulus 根据这些差异计算出你的具体位置。使用 Qubulus 的方案，你同样需要收集室内的无线电信号。Qubulus 也提供了开发工具包，很容易申请下来。开发工具包里有一个例子，可以使用 Eclipse 直接编译通过。

5. 杜克大学方案

杜克大学则借助现实生活中路标（landmarks）的思想，正在开发一个叫作 UnLoc 的应用[15]。此应用通过感知 Wi-Fi、3G 信号死角，以及一些运动特征，如电梯、楼梯等，并根据这些位置已知的路标来计算你的位置。当你移动的时候，就根据其他感应器（陀螺仪、加速度传感器、方位传感器等）来跟踪你的位置。这一过程精度会逐渐降低，但当你到达下一个路标时，位置就会被校准。

6. Nokia 方案

蓝牙室内定位技术的代表是 Nokia，推出了 HAIP 的室内精确定位解决方案，采用基于蓝牙的三角定位技术，除了使用手机的蓝牙模块外，还需部署蓝牙基站，最高可以达到亚米级定位精度。但由于蓝牙基站不普及，室内精确定位成本较高，在目前公开报道中，尚没有大规模推广的报道。

7. iBeacon

基于 iBeacon[16]的室内定位技术采用最新 iBeacon 蓝牙 4.0 技术，结合自主知识产权的定位算法同时支持近场感应和实时定位支持实时定位，定位速度为毫秒级。基于位置信息，为室内用户提供更优质、更个性化体验。相比其他定位技术（Wi-Fi、经典蓝牙、超声波、磁场等）定位精度高，定位精度可达亚米级，准确度高达 96%以上，iBeacon 重 50 克左右，2 个硬币大小，无需外接电源，纽扣电池供电，可使用 2 年。

超声波定位应用案例的代表是 Shopkic，在店铺安装超声波信号盒，能够被手机麦克风检测到，从而实现定位，主要用于店铺的签到。

8. LED 定位

该技术的原理是将需要传输的信息编译成一段调制信号，用脉宽调制的方法附加到 LED 灯具的驱动电流上，利用户内无处不在的光源作为发射载体，当用户进入灯具照明区域，以不增加任何硬件的智能手机接收并识别光信号，解析出灯具发送的唯一身份识别信息。利用所获取的身份识别信息在地图数据库中确定对应位置信息，完成定位。在技术专家们看来，该技术几乎解决了此前所有室内定位技术存在的缺陷：定位精度达到 1m，信号稳定，信息保密性高，不受环境影响。

LED 定位系统通过往天花板上的 LED 灯具实现，灯具发出像莫斯电报密码一样的闪烁信号，再由用户智能手机照相机接收并进行检测，而且用户不需要将手机相机对准某一个特定方向，亦可以接收到反馈过来的直接光源信号。LED 定位需要改造 LED 灯具，增加芯片，增加成本，尽管如此，LED 定位仍是一种很有潜力的室内定位技术。

美国一家成立于 2011 年的公司 ByteLight[17]是该领域内受关注最多的公司，从最初的研发阶段到融资的完成，该公司即将和照明厂家合作，进入实际的生产阶段。

相对于此，中国的步伐迈得更快些。华策光通信科技有限公司，作为和国家半导体照明创新实验室合作的项目，自主研发出来基于 LED 白光定位技术的 U-beacon 室内定位系统，使用 CMOS 摄像头进行可见光信号接收，不同于使用感光二极管接收可见光，弥补了其他国家在可见光信号接收方面易受周边其他光源干扰的不足。且在 2014 年中旬实现了商业化运营，推出了全球首个具有 3D 360°实景地图的应用 APP——易逛，并已经在江苏省常州市开始了试运营。

9. 基于机器学习的创新技术

墨轨迹[18]是一家提供室内位置服务的云服务平台商。墨轨迹以室内定位为切入口，在综合使用现有各类室内定位算法的基础上，创新地加入人工智能、机器学习和数据挖掘算法，提供高质量、高稳定性、高精度、低成本的室内定位整套服务，并通过云服务的方式交付给客户。

之前的室内定位公司，有的比较偏重信号处理能力，还有的侧重对室内场景的理解，而墨轨迹更偏重用机器学习的方式实现室内定位，这需要非常强的学科交叉能力。

墨轨迹不像之前很多传统室内定位方式，通过一个一个信息点去查找，而是通过建模复原所有的 Wi-Fi 信号，而且也不止做单一信号源，而是利用 Wi-Fi、蓝牙、电磁场、GPS 甚至手机指南针的六轴传感器等多种信号源。对于机器学习来说，需要尽可能增加数据的来源，所以墨轨迹尽可能用手机上所有信号源，从而保证墨轨迹服务的持续、稳定、高精度。

墨轨迹的优势在于形成定位能力的速度快，这依赖于强大的信息提取能力。墨轨迹的信息采集速度快，通过概率网络进行计算。在进行定位的过程中，墨轨迹采用神经网络算法，完成从提取的信息层到给商场提供位置的能力。在获得了大量用户位置后，对用户位置进行梳理和分析，把线上与线下位置关联起来。既有行动轨迹的热图，也有在每家店的停留时间，最终转变形成用户画像的能力，可以描述用户的喜好，甚至猜测年龄、性别等。

10. 时空数据挖掘技术

时空数据挖掘技术是从时空数据库中提取用户感兴趣的时空模式与特征、时空与非时空数据的普遍关系及其他一些隐含在数据库中普遍的数据特征的一种工具，或称时空知识发现（spatiotemporal knowledge discovery）。

11. 基于技术融合的理念

Intel 的室内定位技术，将不同的定位技术融合，可以克服不同技术的局限性，获得更稳健的解决方案。综合多重定位技术和 AP 数据库、指纹数据库，Intel 在低功耗处理单元、引入定位触发，从而进行智能定位，并利用历史信息定位，可降低28%的定位功耗。据 Intel 方面介绍，Intel 实验室的室内定位方案与同类方案相比，可以减少 10 倍的定位时间，并可基于 x86 平台进行多点定位。

目前的物联网已经面临着云计算、大数据时代发展机遇，云计算平台将会进一步推动物联网的发展和日常应用，而大数据则会进一步提升物联网给智慧地球带来的智能化、效率化和高附加值。基于日益发展的物联网和云计算平台，云计算平台将为各个行业（能源、电力、医疗、城市、交通、教育等）提供数据采集、分析、处理和报告。未来十年，世界将被人工智能云计算技术改变，而室内定位技术的发展与应用，正是人工智能云技术的一个组成部分。

除了以上提及的定位技术，还有基于计算机视觉[19]、光跟踪定位、基于图像分析以及信标定位等。此外，目前很多技术还处于研究试验阶段，如基于磁场压力感应进行定位的技术。基于地磁和计算机视觉定位的产品大多用于军事及科学探测，如军事上的水下导航常用地磁导航，火星车的导航用到了计算机视觉导航。此外，还有基于 Tap（触碰）方式的 NFC 定位，基于时间的定位等。其中，基于时间的定位可以很准，实现 3m 的误差，但易受生态链的影响。

7.5.3 室内定位方案比较

室内定位面临着技术挑战，主要包括精度和稳健性，环境影响的容忍度等。同时，室内定位又需要成本低、功耗小、覆盖度广、灵活性高，以及可以接受的精度要求等。

对每种单独的定位技术来说，都有各自的优势和局限性[20]。如果把不同的技术混合运用，取己长，补它短，则可以有很好的定位效果，实现从一个环境到另一个环境的高覆盖度，以及定位功耗的降低。

具体的指标包括：①混合组网和融合定位；②更好的覆盖性（可扩展性）；③低功耗-卸载；④移向接近（简易化）。如来自苹果微定位技术 iBeacon 的大量广告和信息；可以进行 D2D 恢复。⑤组织融合和信息采集。将定位信息、环境信息和个人爱好的一致性集成，可以根据来自物理定位和语义定位的环境推断，从环境推理所在位置，可以更好地支持环境（功耗、历史数据和覆盖）。

表 7-1 介绍了能够满足定位精度的定位技术。从规模上及推广角度来看，由易到难依次为 Wi-Fi、LED、RFID、ZigBee、超声波、蓝牙、计算机视觉、激光、超宽带等。

表 7-1　室内定位技术方案对比

技术名称	精确度	穿透性	抗干扰性	布局复杂程度	成本
红外线定位技术	★★★★☆	☆☆☆☆☆	☆☆☆☆☆	★★★★★	★★☆☆☆
超声波室内定位技术	★★★★★	★☆☆☆☆	★★★☆☆	★★☆☆☆	★★★★★
射频识别（RFID）室内定位技术	★★★★★	★★★☆☆	★★☆☆☆	★★☆☆☆	★★☆☆
蓝牙室内定位技术	★★★☆☆	★★★☆☆	★★☆☆☆	★★★☆☆	★★★☆☆
Wi-Fi 室内定位技术	★☆☆☆☆	★★★☆☆	★★★★★	★☆☆☆☆	★☆☆☆☆
ZigBee 室内定位技术	★★☆☆☆	★★★★☆	★★★☆☆	★★☆☆☆	★★★☆☆
超宽带室内定位技术	★★★★★	★★★★★	★★★★☆	★★★☆☆	★★★★☆

从目前来看，蓝牙、Wi-Fi、超宽带室内定位是最有可能普及 LBS 的三种方式：Wi-Fi 室内定位有着廉价简便的优势，但在能力表现上不够强；而蓝牙室内定位各项指标较为平均；超宽带室内定位有着优秀的性能但成本较高，而且因为其现阶段大小功耗等原因，无法很好地与手机等移动终端融合，暂不利于普及。但不管是哪种方法，未来的室内定位技术必定会随着物联网的发展越来越精确，越来越普及。在保证安全和隐私的同时，室内定位技术也将会与卫星导航技术有机结合，将室外和室内的定位导航无缝精准地衔接。

7.6　本 章 小 结

本章主要介绍了无线定位系统的若干应用案例，包括煤矿井下定位系统、商场定位系统、老人关爱定位系统，以及物流仓储系统，还讨论了其他系统定位方案，并比较了几种经典的定位方案。目的是通过这些应用案例和系统方案阐释无线定位系统这种技术已经逐渐走向成熟，并成为当前物联网应用的核心技术之一。随着物联网应用的普及，无线定位技术越来越受到人们的关注，相信会有更多的人投入相关的研究和开发，取得更好的成果。

参 考 文 献

[1] 国家发改委, 国家检测地信局. 国家地理信息产业发展规划(2014—2020 年)[EB/OL]. http: //www. sdpc. gov. cn/zcfb/zcfbghwb/201408/t20140805_621347. html.
[2] 黄成玉, 李思敏, 肖海林. 基于 ZigBee 技术的矿井人员定位算法研究[J]. 通信技术, 2010, 43(8): 195-198.
[3] 张东伟. 基于 ZigBee 技术的井下人员定位系统的设计[J]. 煤矿机械, 2010: 19-21.
[4] 林浩. 基于智能移动设备的室内定位研究[D]. 无锡: 江南大学, 2014.
[5] Bahl P, Padmanabhan V N. RADAR: An in-building RF-based user location and tracking system[C]//Proceedings of the 19th Annual Joint Conference of the IEEE Computer and Communications Societies, 2000, 2: 775-784.
[6] Bahl P, Padmanabhan V N, Balachandran A. Enhancements to the RADAR user location and tracking system[R]. Technical Report, Microsoft Research, 2000.
[7] Ekahau. Ekahau Wi-Fi Design Solutions [EB/OL]. http: //www. ekahau. com/.
[8] 周正. UWB 无线通信技术标准的最新进展[J]. 世界产品与技术, 2005(11): 24-24.
[9] 罗庆生, 韩宝玲. 一种基于超声波与红外线探测技术的测距定位系统[J]. 计算机测量与控制, 2005, 13(4): 304-306.
[10] 顾永超. 一种基于蓝牙技术的室内定位子系统的设计与实现[D]. 北京: 北京大学, 2009.
[11] 孙瑜, 范平志. 射频识别技术及其在室内定位中的应用[J]. 计算机应用, 2005, 25(5): 1205-1208.
[12] Google. Google Indoor Maps [EB/OL]. https: //www. google. com/maps/about/partners/indoormaps/.
[13] Broadcom. Broadcom Indoor Positioning [EB/OL]. https: //www. broadcom. com/products/ features/ GNSS. Php.
[14] IndoorAtlas. Broadcom Indoor Positioning [EB/OL]. https: //www. indooratlas. com/.
[15] Wang H, Sen S, Elgohary A, et al. No need to war-drive: Unsupervised indoor localization[C]. International Conference on Mobile systems, 2012: 197-210.
[16] IndoorWise. 基于 iBeacon 的室内定位技术[EB/OL]. http: //indoorwise. com/.
[17] ByteLight. http: //www. bytelight. com/.
[18] 墨轨迹. 让你的应用通晓位置[EB/OL]. http: //www. nexd. tech. com.
[19] Adorni G, Gagnoni S, Mordonini M, LandMark-based robot self-localization: A case study for the robocup goal-keeper[C]// Proceedings of the International Conference on Information Intelligence and Systems, 1999, 3(7): 164-171.
[20] 赵军, 李鸿斌, 王智. 无线网络室内定位系统研究[J]. 信息与控制, 2008, 37(4): 465-471.